"十四五"职业教育国家规划教材

职业院校电类"十三五"
微课版规划教材

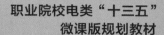

电子技术

附微课视频

徐超明 李珍 / 主编　成俊雯 姚华青 王平康 / 副主编

ELECTRICITY

人民邮电出版社
北京

图书在版编目（CIP）数据

电子技术：附微课视频 / 徐超明，李珍主编. --
北京：人民邮电出版社，2021.5
职业院校电类"十三五"微课版规划教材
ISBN 978-7-115-53867-3

Ⅰ．①电… Ⅱ．①徐… ②李… Ⅲ．①电子技术一高
等职业教育一教材 Ⅳ．①TN

中国版本图书馆CIP数据核字(2021)第058600号

内 容 提 要

本书采用项目化课程模式，以电子技术中的典型项目为载体介绍电子技术的相关内容。全书包括直流稳压电源的设计与制作、低频信号放大电路的分析与设计、信号产生电路的设计与制作、小规模组合逻辑电路的分析与设计、中规模组合逻辑电路的分析与设计、时序逻辑电路的分析与设计 6 个项目，每个项目又分为若干个实训任务。本书以完成实训任务的过程为主线，进行相关的理论知识学习，通过"读、做、想、练"，以及实物实验和计算机仿真等方法，使学生在掌握必要知识的同时，提高分析问题、解决问题的能力。

本书可作为职业院校电子、通信、计算机等专业学习电子技术课程的教材或参考书，也可供有关工程技术人员参考。

◆ 主　　编　徐超明　李　珍
　　副 主 编　成俊雯　姚华青　王平康
　　责任编辑　刘晓东
　　责任印制　王　郁　彭志环

◆ 人民邮电出版社出版发行　　北京市丰台区成寿寺路 11 号
　　邮编　100164　　电子邮件　315@ptpress.com.cn
　　网址　https://www.ptpress.com.cn

三河市君旺印务有限公司印刷

◆ 开本：787×1092　1/16
　　印张：17　　　　　　　　　　　　2021 年 5 月第 1 版
　　字数：427 千字　　　　　　　　　2024 年 12 月河北第 6 次印刷

定价：56.00 元

读者服务热线：(010)81055256　印装质量热线：(010)81055316
反盗版热线：(010)81055315
广告经营许可证：京东市监广登字 20170147 号

前　言

本书全面贯彻党的二十大精神，积极培育和践行社会主义核心价值观，传授基础知识与培养专业能力并重，强化学生职业素养养成和专业技术积累，将专业精神、职业精神和工匠精神融入人才培养全过程，以应用为目的，以理论够用为度，讲清概念，强化训练，突出实用性和针对性，注重"教学与实训"的协调统一，为二十大提出的"加快建设国家战略人才力量，努力培养造就更多大师、战略科学家、一流科技领军人才和创新团队、青年科技人才、卓越工程师、大国工匠、高技能人才"打下坚实的基础。

全书共有 6 个项目，分别为直流稳压电源的设计与制作、低频信号放大电路的分析与设计、信号产生电路的设计与制作、小规模组合逻辑电路的分析与设计、中规模组合逻辑电路的分析与设计、时序逻辑电路的分析与设计。其中项目 1～项目 3 涉及信号的产生、放大及稳压电源内容，项目 4～项目 6 涉及数字逻辑电路的基本知识、组合逻辑电路和时序逻辑电路知识的综合应用。

本书采用项目化课程模式，以电子技术中的典型项目为载体，每个项目又分为若干个实训任务，以完成实训任务的过程为主线，进行相关的理论知识学习。通过"读、做、想、练"等环节，引导学生做中学，学中做，边讲边练，既能激发学生的兴趣，又能加深学生对理论知识的理解，同时还能提高学生动手能力。"做一做"一般在老师指导下完成，而"练一练"一般要求学生在课外自己独立完成。

本书另一个特点是将知识点的讲授、学生实物实验和计算机仿真融为一体，使学生在掌握仪器仪表的操作方法，电子电路设计、安装、调试的同时，采用计算机辅助分析与仿真实验等教学手段，在教学课时普遍紧张的情况下，提高教学效果，更利于学生准确、全面、深刻地接受知识。

本书是"互联网+教育"创新型一体化教材。在重要的知识点或操作步骤中嵌入二维码，通过移动终端"扫一扫"功能，学生可以直接观看动画、视频，以加深对理论知识和操作技能的认识和理解。同时，这也能起到帮助学生课前预习、课后复习的作用。

本书的仿真软件采用 NI Multisim 10，由于篇幅关系，其使用方法可参考该软件的使用手册；类似的仿真软件也可适用本书的仿真实训。

本书由浙江邮电职业技术学院徐超明、李珍任主编，浙江邮电职业技术学院成俊雯、姚华青、王平康任副主编，全书由徐超明统稿。其中徐超明编写项目 4～项目 6，李珍编写项目 2，姚华青编写项目 3，成俊雯编写项目 1，王平康对实验、实训部分的内容进行了指导。

由于编者水平有限，加之时间仓促，书中的疏漏之处在所难免，欢迎读者批评指正。

编　者

2023 年 5 月

目　录

项目1 直流稳压电源的设计与制作

实训任务1.1　半导体二极管的识别和检测

知识要点
- 熟悉二极管器件的外形和电路符号。
- 了解二极管种类。
- 了解半导体和 PN 结的基本知识。

技能要点
- 会使用万用表检测二极管的质量及判断电极。

1.1.1　二极管的认识

常见二极管及其组成的器件如图 1.1 所示。

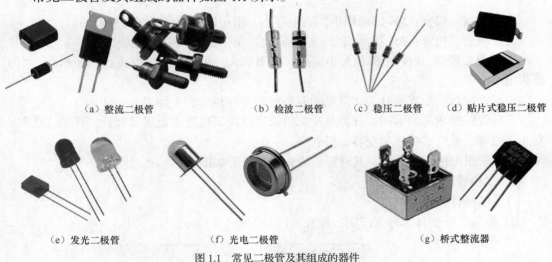

（a）整流二极管　　　　（b）检波二极管　　　　（c）稳压二极管　　　（d）贴片式稳压二极管

（e）发光二极管　　　　　　（f）光电二极管　　　　　　　（g）桥式整流器

图 1.1　常见二极管及其组成的器件

1.　二极管的结构及符号

二极管的基本结构如图 1.2（a）所示，其核心部分是由 P 型半导体和 N 型半导体结合而成的 PN 结，从 P 区和 N 区各引出一个电极，并在外面加管壳封装。二极管的电路符号如图 1.2（b）所示，由 P 端引出的电极是正极，由 N 端引出的电极是负极，箭头的方向表示正向电流的方向，VD 是二极管的文字符号。

二极管的单向导电性

二极管的基本特性是具有单向导电性，即正向电流方向导通，反向电流方向截止。

2.　二极管的种类

二极管按半导体材料来分类，常用的有硅二极管、锗二极管和砷化镓二极管等。

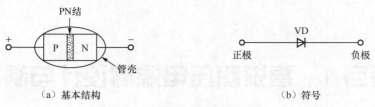

（a）基本结构　　　　　　　　　　　　　（b）符号

图 1.2　二极管的基本结构和符号

二极管按工艺结构来分类，分为点接触型、面接触型和平面型 3 种二极管，如图 1.3 所示。

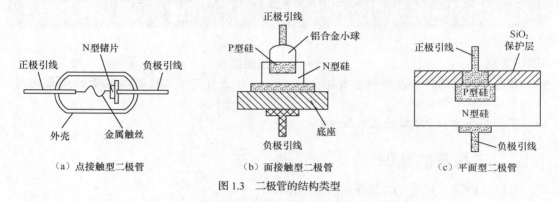

（a）点接触型二极管　　　　　（b）面接触型二极管　　　　　（c）平面型二极管

图 1.3　二极管的结构类型

点接触型二极管：PN 结面积小，结电容小，用于检波和变频等高频电路。

面接触型二极管：PN 结面积大，结电容大，用于低频大电流整流电路。

平面型二极管：PN 结面积大小可控。结面积大，用于大功率整流；结面积小，用于高频电路。

二极管按封装形式来分类，常见的有金属、塑料和玻璃 3 种。

二极管按照应用的不同，分为整流二极管、检波二极管、稳压二极管、开关二极管、发光二极管、光电二极管和变容二极管等。

二极管根据使用的不同，其外形各异，常见外形如图 1.1 所示。

3. 二极管的检测

（1）二极管极性的判定

① 根据二极管外部标志识别二极管极性，如图 1.4 所示。

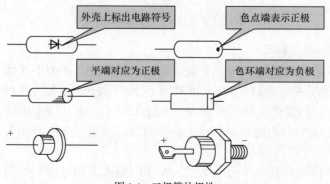

图 1.4　二极管的极性

② 数字万用表检测

数字万用表一般用"二极管和蜂鸣通断"挡来检测二极管。

【注意】用数字万用表测量二极管时，实测的是二极管的正向电压值，而指针式万用表则测的是二极管正、反向电阻的值。

数字万用表测量步骤如下。

a. 将红表笔插入"V/Ω"插孔，黑表笔插入"COM"插孔。

b. 将开关挡位置于"二极管和蜂鸣通断"挡。

c. 将红、黑表笔分别接二极管的两个电极。

若按图 1.5 所示接法测量，则被测二极管正向导通，万用表显示二极管的正向导通电压。

通常好的硅二极管正向导通电压应为 $500\sim800\text{mV}$（$0.5\sim0.8\text{V}$），好的锗二极管正向导通电压应为 $200\sim300\text{mV}$（$0.2\sim0.3\text{V}$）。发光二极管正向导通电压为 $1.8\sim2.3\text{V}$。

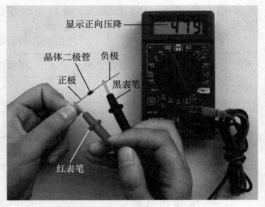

图 1.5　二极管极性的测试

如果显示溢出符号"1"或者"OL"，说明二极管处于反向截止状态，此时黑表笔接的是二极管正极，红表笔接的是二极管负极。

【注意】数字万用表的红表笔接万用表内部正电源，黑表笔接万用表内部负电源。

（2）二极管好坏的判定

① 若正向测量值在正常范围内，而反向显示"1"（或"OL"），则说明二极管性能良好，具有单向导电性。

② 若正向、反向测量值都小于 0.1V，则说明二极管已击穿短路，正、反向都导通，二极管已损坏。

③ 若测得的正向、反向都显示"1"（或"OL"），则说明正向、反向均开路，表明二极管断路，二极管也已损坏。

二极管的管脚识别及性能测试（指针万用表检测）

【做一做】实训 1-1：二极管检测

实测流程如下所示。

（1）二极管极性、管型和质量的识别

① 在元件盒中取出不同型号（可以分别为硅管和锗管、整流二极管、检波二极管或者发光二极管等）的二极管。

② 用数字万用表的"二极管和蜂鸣通断"挡，测出二极管的正向和反向电压值，判断二极管的类型和极性，并鉴别二极管的质量。把以上测量结果填入表 1-1 中。

表 1-1　　　　　　　　　　　　　　二极管的测试

型号	正向电压/V	反向电压/V	种类	管脚图	质量鉴别

（2）电阻和二极管的正、反向电阻的测量

① 读出色标电阻的阻值和整流二极管的型号，填入表 1-2 中。

② 用适当的电阻挡，分别测量色标电阻的正向电阻和反向电阻；量程增加一挡，再次测量电阻的正向电阻和反向电阻，填入表1-2中。

③ 用 200k、2M 电阻挡，分别测量整流二极管的正向电阻和反向电阻，填入表 1-2 中。

表 1-2　　　　　　　　　　电阻或二极管的正向、反向电阻值测试

色标电阻阻值或二极管型号	测量电阻挡位	正向电阻值	反向电阻值
电阻：			
二极管：	200k		
	2M		

通过上述实训，可以得到下列结论。

二极管正向电阻_____（大/小），反向电阻_____（大/小），_____（具有/不具有）单向导电性。

【想一想】

① 用万用表测量二极管和电阻时，为什么电阻的正向电阻与反向电阻相同，而二极管的正向电阻与反向电阻却不相同？

② 同一个二极管，用不同电阻挡测量其正向电阻值，所测量的值为什么不相同？

1.1.2　半导体基础知识

从实训 1-1 二极管检测可知：二极管具有单向导电性。那么二极管为什么具有该特性呢？这要从二极管的组成材料——半导体开始分析。

1. 导体、绝缘体和半导体

物质按其导电能力的强弱，可分为导体、绝缘体和半导体。

① 导体：导电能力很强的物质。如低价元素铜、铁、铝等。

② 绝缘体：导电能力很弱，基本上不导电的物质。如高价惰性气体和橡胶、陶瓷、塑料等。

③ 半导体：导电能力介于导体和绝缘体之间的物质。如硅、锗等四价元素。半导体具有光敏性、热敏性和掺杂性的独特性能，因此在电子技术中得到广泛应用。

光敏性：半导体受光照后，其导电能力大大增强。

热敏性：受温度的影响，半导体导电能力变化很大。

掺杂性：在半导体中掺入少量特殊杂质，其导电能力极大增强。

2. P 型半导体和 N 型半导体

纯净且呈现晶体结构的半导体，叫本征半导体，其导电能力很差，不能用来制造半导体器件，但在本征半导体中，掺入某些微量元素后，其导电能力大大提高。

在硅或锗本征半导体中，掺入适量的五价元素（如磷），则形成以电子为多数载流子的电子型半导体，即 N 型半导体。图 1.6 所示为 N 型半导体的共价键结构。

在 N 型半导体中，自由电子为多数载流子，空穴为少数载流子，主要靠自由电子导电。

在硅或锗本征半导体中，掺入适量的三价元素（如硼），则形成以空穴为多数载流子的空穴型半导体，叫 P 型半导体。图 1.7 所示为 P 型半导体的共价键结构。

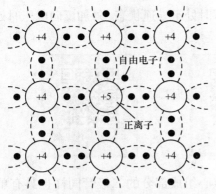
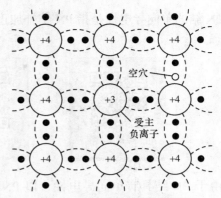

图 1.6　N 型半导体的共价键结构　　　　图 1.7　P 型半导体的共价键结构

在 P 型半导体中，空穴为多数载流子，自由电子为少数载流子，主要靠空穴导电。

不论是 N 型半导体还是 P 型半导体，就整块半导体来说，它既没有失去电子，也没得到电子，所以呈电中性。

3. PN 结及单向导电性

通过一定的工艺将 P 型半导体和 N 型半导体结合在一起，在它们的结合处会形成一个空间电荷区，即 PN 结，如图 1.8 所示。如果在 PN 结两端加上不同极性的电压，PN 结会呈现出不同的导电性能。

PN 结 P 端接高电位，N 端接低电位，称为 PN 结外加正向电压，又称为 PN 结正向偏置，简称为正偏，如图 1.9 所示。正偏时，PN 结变窄，正向电阻小，电流大，PN 结处于导通状态。

PN 结 P 端接低电位，N 端接高电位，称为 PN 结外加反向电压，又称为 PN 结反向偏置，简称为反偏，如图 1.10 所示。反偏时，PN 结变宽，反向电阻很大，电流很小，PN 结处于截止状态。

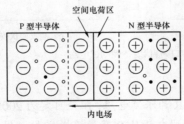

图 1.8　PN 结的形成

PN 结形成

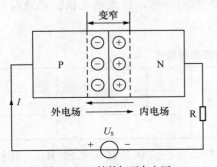
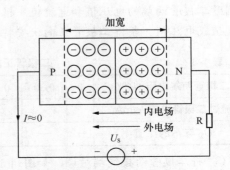

图 1.9　PN 结外加正向电压　　　　图 1.10　PN 结外加反向电压

PN 结的单向导电性是指 PN 结外加正向电压时处于导通状态，外加反向电压时处于截止状态。

PN 结正向偏置

PN 结反向偏置

二极管工作原理

由于 PN 结具有单向导电性，以 PN 结为核心组成部分的二极管同样也具有单向导电性。

实训任务1.2 二极管伏安特性的测试

知识要点
- 掌握二极管的伏安特性，了解二极管的温度特性。
- 了解二极管的主要参数。

技能要点
- 会查阅半导体器件手册，能按要求选用二极管。

【做一做】实训 1-2：二极管伏安特性的测试

二极管伏安特性测试电路如图 1.11 所示。

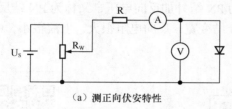
（a）测正向伏安特性

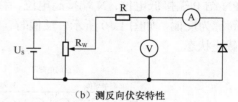
（b）测反向伏安特性

图 1.11 二极管伏安特性测试电路

（1）实训流程

① 根据图 1.11（a）所示接线，其中 R 为限流电阻，阻值可定为 200Ω；二极管为 IN4007。

② 调节可变电阻 R_W，使二极管两端电压从 0 开始缓慢增加。用电压表和电流表，分别测量二极管两端的电压值和电流值。根据表 1-3 所列的电压值或电流值，记录所对应的电流值或电压值，获得二极管正向伏安特性的测量值。

表 1-3   二极管正向伏安特性的测量值

二极管两端电压 U_D/V	0	0.30	0.50						
流过二极管电流 I_D/mA				0.5	1	2	3	5	10
U_D 与 I_D 的比值	—	—	—						

③ 将二极管两接线端对调，如图 1.11（b）所示接线。调节可变电阻 R_W，用电压表和电流表，分别测量二极管两端的电压值和电流值。根据表 1-4 所列的电压值，记录所对应的电流值，获得二极管反向伏安特性的测量值。

表 1-4		二极管反向伏安特性的测量值					
二极管两端电压 U_D/V	0	5	10	15	20	25
流过二极管电流 I_D/mA						

④ 根据表 1-3 和表 1-4 的电压与电流数值，画出二极管的伏安特性曲线。

（2）结论

① 二极管在正向电压作用下，电源电压从 0 缓慢增加，回路中的电流是：_____ _____（描述数值变化的现象）。

② 二极管在反向电压作用下，电源电压从 0 逐渐增加，回路中的电流是：_____ _____（描述数值变化的现象）。

③ 二极管两端的电压与流过这个二极管的电流的比值是_____（常量/变量）。

④ 绘制的二极管伏安特性曲线是_____（直线/曲线）。

1.2.1 二极管的伏安特性

二极管两端的电压 U 及其流过二极管的电流 I 之间的关系曲线，称为二极管的伏安特性，即 $I=f(U)$。图 1.12 所示为二极管的伏安特性曲线。

1. 正向伏安特性

当二极管两端所加正向电压比较小时（$0<U<U_{th}$），通过二极管的电流基本为 0，其处于截止状态，此区域称为死区，U_{th} 称为死区电压（门槛电压）。硅二极管的死区电压约为 0.5V，锗二极管的死区电压约为 0.1V。

二极管所加正向电压大于死区电压时，

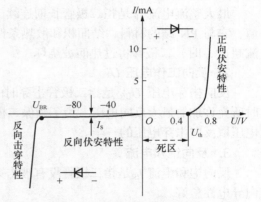

图 1.12 二极管的伏安特性曲线

随电压的增大，正向电流迅速增加，二极管呈现的电阻很小，二极管处于正向导通状态。硅二极管的正向导通压降约为 0.7V，锗二极管的正向导通压降约为 0.3V。

2. 反向伏安特性

二极管外加反向电压时，反向电流很小（$I\approx-I_S$），呈现出很大电阻，其处于反向截止状态。此反向电流在相当宽的反向电压范围内，几乎不变，即达到饱和，因此，此反向电流也称为二极管的反向饱和电流。

3. 反向击穿特性

当反向电压的值增大到一定值（U_{BR}）时，反向电压值稍有增大，反向电流会急剧增大，此现象称为反向击穿（即电击穿），U_{BR} 为反向击穿电压。

在电路中采取适当的限压措施，就能保证电击穿不会演变成热击穿，以避免损坏二极管。

二极管的伏安特性

1.2.2 二极管的温度特性

二极管对温度有一定的敏感性。在室温附近，温度每升高 1℃，二极管的正向压降减小 2～2.5mV，正向伏安特性左移；温度每升高 10℃，反向电流大约增加一倍，反向伏安特性下移如图 1.13 所示。显然，反向伏安特性受温度影响很大。

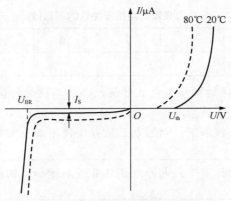

图1.13　温度对二极管伏安特性影响

1.2.3　二极管的主要参数

1. 最大整流电流 I_F

最大整流电流 I_F 是指二极管长期连续工作时，允许通过二极管的最大正向电流的平均值，它与 PN 结的材料、结面积和散热条件有关。电流流过 PN 结要引起发热，当平均电流超过 I_F 时，二极管将过热而被烧坏。

2. 反向工作电压 U_R

反向击穿电压 U_{BR} 是指二极管击穿时的电压值。反向工作电压 U_R 是指二极管在使用时所允许加的最大反向电压。为了确保二极管安全工作，一般手册中的二极管的反向工作电压取反向击穿电压的一半。

3. 反向饱和电流 I_S

反向饱和电流 I_S 是指二极管没有被击穿时的反向电流值。其值愈小，说明二极管的单向导电性愈好。

一般硅二极管的反向饱和电流比锗二极管小很多。

【例1-1】　电路如图1.14（a）所示，假设二极管正向导通电压为0.7V。试判断二极管的工作状态，并求出 A、B 两点间的输出电压 U_{AB}。

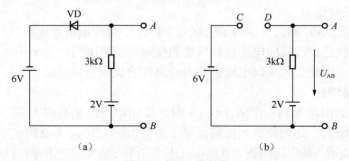

图1.14　例1-1的电路

解题方法：假设二极管从电路中断开，看二极管两端正向开路电压是否大于其导通电压。若正向电压大于其导通电压，则二极管接入后必将导通；反之，二极管接入后必将处于截止状态。

解：（1）设想将二极管移去，如图1.14（b），取 B 点为参考点。

则：$V_C = -6V$，$V_D = 2V$。

因为 $V_D - V_C > 0.7V$，所以，二极管接入时正向偏置电压大于其导通电压，VD 将导通。

（2）因为二极管正向导通电压为 0.7V，所以二极管导通后的管压降为 0.7V。所以 $U_{AB} = U_{DC} + U_{CB} = 0.7 - 6 = -5.3$（V）。

实训任务 1.3 二极管应用电路的制作

知识要点
- 理解二极管整流电路的组成及其工作原理。
- 理解滤波电路的组成及工作原理。
- 能分析二极管常用应用电路的工作原理。

技能要点
- 能按要求选用元件，制作整流电路、滤波电路和二极管常用应用电路。

二极管的运用基础，是二极管的单向导电性，因此，在应用电路中，关键是判断二极管是导通还是截止。

普通二极管的应用范围很广，可用于整流、限幅、开关、稳压等电路。

【做一做】实训 1-3：二极管半波整流电路制作及信号观测

整流电路就是利用具有单向导电性能的整流元件，将正负交替变化的正弦交流电压转换成单方向的脉动直流电压。这里介绍的整流元件采用具有单向导电性的二极管。

二极管半波整流电路如图 1.15 所示。

实训流程如下所示。

① 接好电路，用示波器观察输入、输出波形。

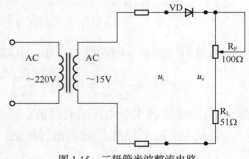

图 1.15 二极管半波整流电路

② 测量输入、输出信号的有效值。

半波整流：$U_I =$ _____ V，$U_O =$ _____ V

③ 画出输入、输出信号的波形。

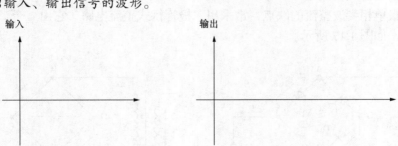

1.3.1 二极管整流滤波电路

在电子电路及其设备当中，一般都需要稳定的直流电源供电。小功率直流电源因功率比较小，通常采用单相交流供电，因此，本节只讨论单相整流电路。整流、滤波、稳压就是实现单相交流电转换到稳定的直流电压的 3 个重要组成部分。

1. 整流电路

整流电路就是利用具有单向导电性能的整流元件，将正负交替变化的正弦交流电压转换成单方向的脉动直流电压。常用的二极管整流电路有二极管半波整流电路和二极管桥式整流电路等。

（1）二极管半波整流电路

二极管半波整流电路如图 1.16（a）所示。设 $u_2 = \sqrt{2}U_2\sin\omega t\text{V}$，当 u_2 为正半周时（电位极性上正下负），二极管正向导通，二极管和负载上有电流流过。当 u_2 为负半周时（电位极性上负下正），二极管反向截止，负载上没有电流流过，其上没有电压。信号的输入、输出电压波形如图 1.16（b）所示。

单相半波整流电路

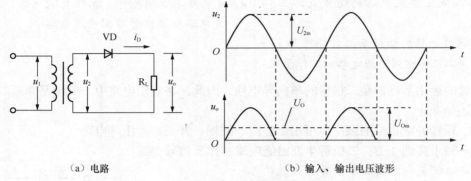

（a）电路　　　　　　　　（b）输入、输出电压波形

图 1.16　二极管半波整流电路

整流后得到单方向的脉动电压。其输出电压的平均值为

$$U_O = \frac{1}{2\pi}\int_0^{2\pi} u_o \mathrm{d}(\omega t) = \frac{1}{2\pi}\int_0^{\pi}\sqrt{2}U_2\sin(\omega t)\mathrm{d}(\omega t) = \frac{\sqrt{2}}{\pi}U_2 = 0.45U_2$$

其中 U_2 为变压器次级电压的有效值。

负载电流的平均值 I_O 就是流过整流二极管的电流平均值 I_D，即

$$I_D = I_O = \frac{U_O}{R_L} = 0.45\frac{U_2}{R_L}$$

（2）二极管桥式整流电路

为了克服单相半波整流的缺点，常采用二极管桥式整流电路，它由 4 个二极管接成电桥形式构成，如图 1.17 所示。

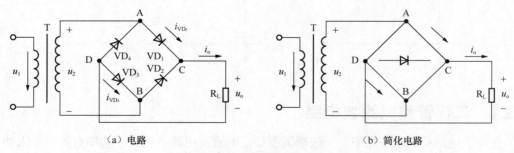

（a）电路　　　　　　　　　（b）简化电路

图 1.17　二极管桥式整流电路

当正半周时，二极管 VD_1、VD_3 导通，在负载电阻上得到正弦波的正半周。

当负半周时，二极管 VD_2、VD_4 导通，在负载电阻上得到正弦波的负半周。

在负载电阻上正、负半周经过合成，得到的是同一个方向的单向脉动电压，如图 1.18 所示。

单相全波整流电压的平均值为

$$U_O = \frac{1}{\pi}\int_0^\pi \sqrt{2}U_2 \sin(\omega t)\,\mathrm{d}(\omega t) = \frac{2\sqrt{2}}{\pi}U_2 = 0.9U_2$$

流过负载电阻 R_L 的电流平均值为

$$I_O = \frac{U_O}{R_L} = 0.9\frac{U_2}{R_L}$$

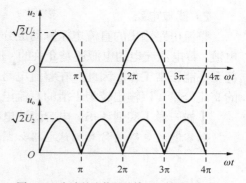

图 1.18　全波整流信号的输入、输出电压波形

流经每个二极管的电流平均值为负载电流的一半，即

$$I_D = \frac{1}{2}I_O = 0.45\frac{U_2}{R_L}$$

每个二极管在截止时承受的最高反向电压为 u_2 的最大值，即

$$U_{RM} = U_{2M} = \sqrt{2}U_2$$

单相桥式整流电路

桥式整流电路与半波整流电路相比较，具有输出直流电压高、脉动较小、二极管承受的最大反向电压较低等特点，在电源变压器中得到广泛利用。

将桥式整流电路的 4 个二极管制作在一起，封装成为一个器件称为整流桥，其实物如图 1.1（g）所示。

【练一练】实训 1-4：单相桥式整流电路的仿真测试

单相桥式整流电路的仿真测试电路如图 1.19 所示。

实训流程如下所示。

① 按图 1.19 画好仿真电路，其中 3N246 为 4 只二极管组成的整流桥。接入信号源为有效值 200V、频率 50Hz 的正弦波，经 10：1 的变压器 T_1 变压后作为输入信号。

② 用虚拟示波器 XSC1、XSC2 分别观察单相桥式整流电路的输入和输出电压波形，并画出波形图。

③ 观察电路并记录整流电路的输入电压是_____（全波/半波），输出电压是_____（全波/半波），输出电压与输入电压的正向幅值_____（基本相等/相差很大）。

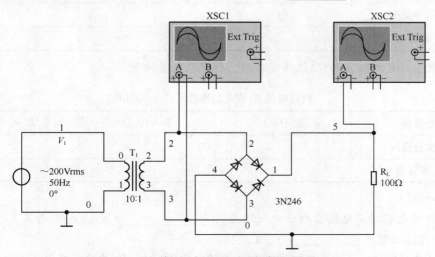

图 1.19　单相桥式整流电路的仿真测试电路

2. 滤波电路

整流电路输出的直流电压脉动成分较大，含有较大的交流分量。这样的直流电压作为电镀、蓄电池充电的电源还是允许的，但作为大多数电子设备的电源，将会产生不良影响，甚至不能正常工作。因此，在整流电路之后，一般需要加接滤波电路，来减小输出电压中的交流分量，以输出较为平滑的直流电压。

【做一做】实训 1-5：电容滤波电路的仿真测试

电容滤波电路的仿真测试电路如图 1.20 所示。

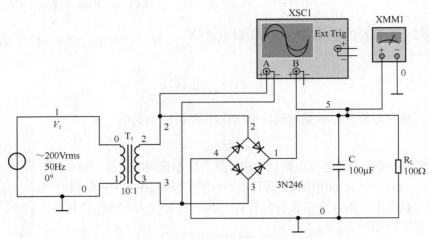

图 1.20　电容滤波电路的仿真测试电路

（1）实训流程

① 按图画好仿真电路，其中电容的容量为 100μF，负载电阻 R_L 为 100Ω。

② 仿真观察电容滤波电路的输出电压波形，并记录输出电压直流分量为_____V（也可用虚拟万用表 XMM1 测量），波纹（交流）分量峰峰值为_____V。

③ 按表 1-5 所列电容 C 的容量改变电容，并记录仿真结果。

表 1-5　　　　　　　　　　电容 C 变化的影响（R_L=100Ω）

变量名	C=500μF	C=1 000μF	C=2 000μF
直流分量/V			
纹波（峰峰值）/V			

④ 按表 1-6 所列 R_L 的阻值改变电阻，并记录仿真结果。

表 1-6　　　　　　　　负载电阻 R_L 变化的影响（C=1 000μF）

变量名	R_L=50Ω	R_L=100Ω	R_L=200Ω
直流分量/V			
纹波（有效值）/V			

（2）结论

① 经过电容滤波电路后输出电压纹波_____（已消失/仍存在），但滤波后的纹波要比滤波前_____（大得多/小得多）。

② 滤波后输出电压的直流分量_____（大于/等于/小于）滤波前输出电压的直流分量。

③ 滤波电容的容量越大，输出电压纹波_____（越大/越小），输出电压的直流分量_____（越大/越小）；负载电阻 R_L 越大，输出电压纹波_____（越大/越小）。

（1）电容滤波电路

电容滤波电路及电压波形如图 1.21 所示。

假定在 $\omega t = 0$ 时接通电源，当 u_2 为正半周并由 0 逐渐增大时，整流二极管 VD_1、VD_3 导通，电容 C 充电，由于充电回路的电阻很小，$u_o = u_C \approx u_2$，在 u_2 达到最大值时，u_o 也达到最大值，如图 1.21（b）中 a 点，然后 u_2 逐渐下降，此时 $u_C > u_2$，4 个二极管全部截止，电容 C 向负载电阻 R_L 放电，由于放电时间常数 $\tau = R_L C$ 一般较大，电容电压 u_C 按指数规律缓慢下降。当 $u_o(u_C)$ 下降到图 1.21（b）中 b 点后，$u_2 > u_C$，二极管 VD_2、VD_4 导通，电容 C 再次充电，输出电压增大，以后重复上述充、放电过程。

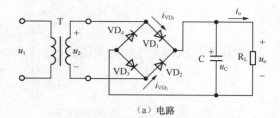

（a）电路

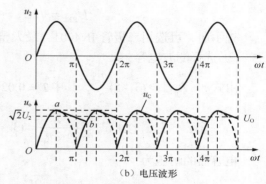

（b）电压波形

图 1.21　电容滤波电路及电压波形

整流电路接入滤波电容后，不仅使输出电压变得平滑、纹波显著减小，同时输出电压的平均值也增大了。

电容 C 和负载电阻 R_L 的变化，影响着输出电压。$R_L C$ 越大，电容放电速度越慢，负载电压中的纹波成分越小，负载平均电压越高。

为了获得较平滑的输出电压，一般要求

$$\tau = R_L C \geqslant (3 \sim 5)\frac{T}{2}$$

输出电压的平均值近似为

$$U_O = 1.2 U_2$$

当 $R_L \to \infty$，即空载时，有

$$U_O = \sqrt{2} U_2 \approx 1.4 U_2$$

当 $C = 0$，即无电容时，有

$$U_O \approx 0.9 U_2$$

由于电容 C 充电的瞬时电流很大，形成了浪涌电流，容易损坏二极管，在选择二极管时，必须留有足够电流裕量，一般取输出电流 I_O 的 2～3 倍。

电容滤波电路简单，输出电压平均值 U_O 较高，脉动较小，但是二极管中有较大的冲击电流。因此，电容滤波电路一般适用于输出电压较高、负载电流较小并且变化也较小的场合。

【例 1-2】 一单相桥式整流电容滤波电路如图 1.22 所示，设负载电阻 $R_L = 150\Omega$，要求输出直流电压 $U_O = 28V$。已知交流电源频率为 50Hz。试选择整流二极管和滤波电容。

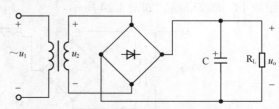

图 1.22　例 1-2 单相桥式整流电容滤波电路

解：① 选择整流二极管

流过二极管的电流平均值为

$$I_D = \frac{I_O}{2} = \frac{U_O}{2R_L} = \frac{28}{2 \times 150} = 0.093(A)$$

变压器二次侧电压的有效值为

$$U_2 = \frac{U_O}{1.2} = \frac{28}{1.2} = 23.3(V)$$

二极管所承受的最高反向电压为

$$U_{RM} = \sqrt{2}U_2 = \sqrt{2} \times 23.3 = 33(V)$$

查手册，可选用二极管 IN4001，最大整流电流为 1A，最大反向工作电压为 50V。

② 选择滤波电容

由式 $\tau = R_L C \geqslant (3 \sim 5)\dfrac{T}{2}$，其中 $T = 0.02s$，故滤波电容的容量为

$$C \geqslant (3 \sim 5)\frac{T}{2 \times R_L} = (3 \sim 5)\frac{0.02}{2 \times 150}F = 200 \sim 333\mu F$$

电容器的耐压为

$$U_M > \sqrt{2}U_2 = \sqrt{2} \times 23.3 = 33(V)$$

可选取容量为 300μF、耐压为 50V 的电解电容器。

（2）电感滤波电路

电感滤波适用于负载电流较大的场合。它的缺点是制作复杂、体积大、笨重且存在电磁干扰。电感滤波电路如图 1.23 所示。

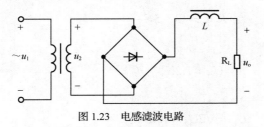

图 1.23　电感滤波电路

电感滤波电路输出电压平均值 U_O 的大小一般按经验公式计算。

$$U_O = 0.9U_2$$

（3）LC 滤波电路

如果要求输出电流较大，输出电压脉动很小时，可在电感滤波电路之后再加电容 C，组成 LC 滤波电路，如图 1.24 所示。

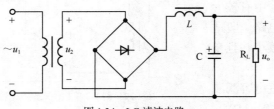

图 1.24　LC 滤波电路

为了进一步减小负载电压中的纹波，可采用图 1.25 所示的 π 型 LC 滤波电路。

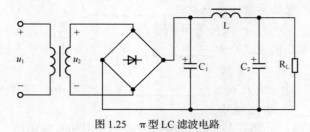

图 1.25 π 型 LC 滤波电路

【练一练】实训 1-6：电感滤波电路的仿真测试

电感滤波电路的仿真测试电路如图 1.26 所示。

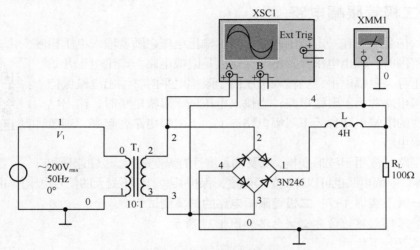

图 1.26 电感滤波电路的仿真测试电路

（1）实训流程

① 按图画好仿真电路。

② 仿真观察电感滤波电路的输出电压波形，并记录输出电压直流分量为_____V，波纹分量峰峰值为_____V。

③ 按表 1-7 所列的电感量改变电感 L，并记录仿真结果。

表 1-7　　　　　　　　　电感 L 变化的影响（R_L=100Ω）

变量名	L=2H	L=4H	L=8H
直流分量/V			
纹波分量峰峰值/V			

④ 按表 1-8 所列的阻值改变负载电阻 R_L，并记录仿真结果。

表 1-8　　　　　　　　　负载电阻 R_L 变化的影响（L=4H）

变量名	R_L=50Ω	R_L=100Ω	R_L=200Ω
直流分量/V			
纹波分量峰峰值/V			

（2）结论

① 经过电感滤波电路后输出电压纹波_____（已消失/仍存在），但滤波后的纹波要比滤波前_____（大得多/小得多）。

② 滤波后输出电压的直流分量_____（大于/等于/小于）滤波前输出电压的直流分量。

③ 电感 L 越大，输出电压纹波_____（越大/越小）；负载电阻 R_L 越大，输出电压纹波_____（越大/越小）。

虽然经整流、滤波已经将正弦交流电压变成较为平滑的直流电压，但是，当电网电压波动或负载变化时，负载上的电压还将发生变化。为了获得稳定性好的直流电压，必须采取稳压措施。稳压电路部分将在 1.4.2 节中介绍。

1.3.2 二极管限幅电路

当输入信号电压在一定范围内变化时，输出电压也随着输入电压相应变化；当输入电压超过该范围时，输出电压保持不变，这就是限幅电路。输出电压开始不变的电压称为限幅电平，当输入电压高于限幅电平时，输出电压保持不变的限幅电路称为上限幅电路；当输入电压低于限幅电平时，输出电压保持不变的限幅电路称为下限幅电路；上、下限幅电路合起来，则组成双向限幅电路。

限幅电路可应用于波形变换，以及输入信号的幅度选择、极性选择和波形整形等。限幅电路也可以降低信号幅度，保护某些器件不受大的信号电压作用而损坏。

【做一做】实训 1-7：二极管限幅电路的仿真测试

二极管限幅电路的仿真测试电路如图 1.27 所示。

实训流程如下所示。

（1）按图画好电路。接入信号源为最大值 10V、频率 100Hz 的正弦波。

（2）在电路中接入虚拟示波器 XSC1 和 XSC2，分别用以观察输入、输出波形。

（3）仿真过程中，双击示波器图标 XSC2，观察放大的示波器面板，如图 1.28 所示。

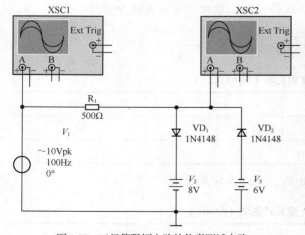

图 1.27 二极管限幅电路的仿真测试电路

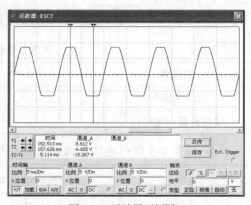

图 1.28 示波器面板图

在面板图中，调整时间基轴、通道 A 的设置，借助垂直光标，可得到二极管限幅电路的上、下限幅电平并记录。

上限幅电平： _____ V。

下限幅电平： _____ V。

【画一画】

根据仿真结果，画出限幅电路的输入和输出波形，并与理论的输入和输出波形进行比较。

【想一想】

电路的输出波形为什么能够限制在上、下限幅电平内？

【例 1-3】   二极管电路如图 1.29（a）所示，设输入电压 $u_i(t)=15\sin \omega t V$，其波形如图 1.29（b）所示。$E=6V$，$R=10\Omega$，二极管为理想的。试绘出 $u_o(t)$ 的波形。

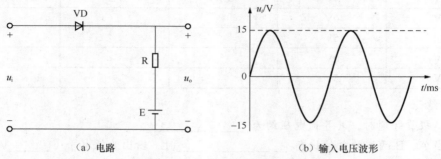

（a）电路   （b）输入电压波形

图 1.29   例 1-3 二极管电路及其输入电压波形

解题方法：在输入电压 u_i 和电源 E 共同作用下，分析出在哪个时间段二极管正向导通，哪个时间段二极管反向截止。理想二极管导通时可视为短路，截止时可视为开路。

解： u_i 正半周情况下，当 $u_i<E$ 时，二极管截止，电阻 R 中无电流通过，$u_o = E=6V$；当 $u_i>E$ 时，二极管导通，电阻 R 中有电流通过，$u_o=u_R+E= u_i$。

u_i 负半周情况下，二极管截止，$u_o = E=6V$。

其输出电压波形如图 1.30 所示。

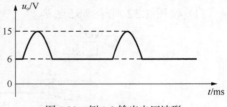

图 1.30   例 1-3 输出电压波形

1.3.3   二极管开关电路

【做一做】实训 1-8：二极管开关电路的仿真测试（一）

二极管开关电路的仿真测试电路如图 1.31 所示。

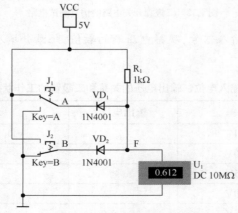

图 1.31   二极管开关电路的仿真测试电路

（1）实训流程

① 按图画好电路。其中 J_1、J_2 为单刀双掷开关，开关控制按键分别设置为 A 和 B；U_1 为电压表，用来测量输出电压。

② 根据表 1-9 顺序输入信号，观察电压表的数值，记录并填入表中，分析二极管 VD_1、VD_2 的工作状态。

表 1-9　　　　　　　　　　输入电位、输出电压的关系和二极管的工作状态

输入电位		输出电压	二极管工作状态	
V_A	V_B	U_O	VD_1	VD_2
0V	0V			
0V	5V			
5V	0V			
5V	5V			

（2）结论

① 二极管导通时，其导通电压约为 _____。

② 当 A、B 两端的电位状态 _____时，输出为低电平（_____V）；

当 A、B 两端的电位状态_____时，输出为高电平（_____V）。

这种关系就是数字电路中的"与"逻辑关系。二极管导通与截止相当于开关的闭合与打开。

【练一练】实训 1-9：二极管开关电路的仿真测试（二）

（1）实训流程

① 按图 1.32 所示画好电路。

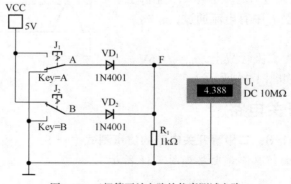

图 1.32　二极管开关电路的仿真测试电路

② 根据表 1-10 顺序输入信号，观察电压表的数值，记录并填入表中，分析二极管 VD_1、VD_2 的工作状态。

表 1-10　　　　　　　　　输入电位、输出电压的关系和二极管的工作状态

输入电位		输出电压	二极管工作状态	
V_A	V_B	U_O	VD_1	VD_2
0V	0V			
0V	5V			
5V	0V			
5V	5V			

（2）结论

① 当 A、B 两端的电位状态_____时，输出为低电平（_____V）；

② 当 A、B 两端的电位状态_____时，输出为高电平（_____V）。

这种关系就是数字电路中的"或"逻辑关系。

实训任务 1.4　特殊二极管特性的测试

知识要点

- 掌握并联型直流稳压电路的特点、稳压原理，了解限流电阻的选取方法。
- 了解发光二极管、光电二极管、变容二极管的电路特点和工作原理。

技能要点

- 能按要求选用特殊二极管制作常用应用电路。

【做一做】实训 1-10：稳压管稳压电路的测试

稳压管稳压电路的测试电路如图 1.33 所示。

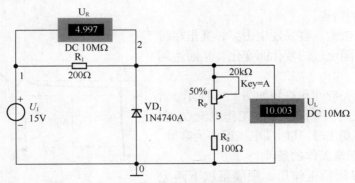

图 1.33　稳压管稳压电路的测试电路

（1）实训流程

① 按图 1.33 连接电路。

② 电源电压不变时，负载改变时电路的稳压性能。

调节 R_P，使负载（$R_L = R_P + R_2$）分别为 100Ω、5.1kΩ、10.1kΩ、20.1kΩ，分别测量下列参数并填表 1-11。

③ 计算流过稳压二极管的电流 I_D。

表 1-11　　　　　　　　　　负载电阻 R_L 变化的结果（$U_1 = 15V$）

$R_L/\text{k}\Omega$	U_L/V	U_R/V	I_D/mA
0.1			
5.1			
10.1			
20.1			

④ 负载不变时，电源电压改变时电路的稳压性能。（按表中要求填表 1-12）

表 1-12　　　　　　　　　电源电压 U_1 变化的结果（R_L=10.1kΩ）

U_1/V	U_L/V	U_R/V	I_D/mA
5			
8			
10			
15			
20			

（2）结论

① 当输入电源电压和负载变化时稳压管稳压电路_____（能够/不能够）实现稳压作用。

② 当稳压电路实现稳压作用时，对输入的电源电压和负载变化的范围_____（有/没有）限制。

1.4.1　稳压二极管

稳压二极管又称为齐纳二极管，简称稳压管，是一种用特殊工艺制作的面接触型硅半导体二极管。

1. 稳压管的特点

杂质浓度比较大，容易发生击穿，其击穿时的电压基本上不随电流的变化而变化，从而达到稳压的目的。

稳压管的伏安特性和符号如图 1.34 所示。当稳压管工作在反向击穿状态下，工作电流 I_Z 在 I_{Zmax} 和 I_{Zmin} 之间变化时，其两端电压近似为常数。

2. 稳压管正常工作的条件

稳压管能够起稳压作用，须满足以下两个条件。

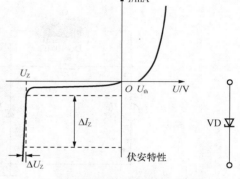

图 1.34　稳压管的伏安特性和符号

① 稳压管两端必须加上一个大于其击穿电压的反向电压。

② 必须限制其反向电流，使稳压管工作在额定电流内，如加限流电阻。

3. 稳压管的主要参数

① 稳定电压 U_Z：在规定的稳压管反向工作电流下，所对应的反向击穿电压。

② 稳定电流 I_Z：稳压管工作在稳压状态时，稳压管中流过的电流。稳压管的电流必须位于最小稳定电流 I_{Zmin} 和最大稳定电流 I_{Zmax} 之间。若 $I_Z < I_{Zmin}$，稳压管则不起稳压作用，相当于普通二极管；而 $I_Z > I_{Zmax}$，稳压管将因过流而被损坏。

③ 耗散功率 P_M：稳压管正常工作时，稳压管上允许的最大耗散功率。超过此值，稳压管会因过热而被损坏。

稳压二极管

1.4.2　并联型稳压电路

由稳压管 VD_Z 和限流电阻 R 所组成的稳定电路是一种最简单的直流稳定电路，如图 1.35 中虚线框内所示。

由图 1.35 可以看出

$$U_O = U_I - I_R R$$
$$I_R = I_Z + I_L$$

在稳压管稳压电路中，只要能使稳压管始终工作在稳压区，即保证稳压管的电流 $I_{Zmin} \leqslant I_Z \leqslant I_{Zmax}$，输出电压 U_Z 就基本稳定。

1. 稳压原理

图 1.35　稳压管稳压电路

在图 1.35 所示稳压管稳压电路中，当电网电压升高时，U_I 增大，U_O 也随之按比例增大，但是，因为 $U_O=U_Z$，因而，根据稳压管的伏安特性，U_Z 的增大将使 I_Z 急剧增大，根据式 $U_O=U_I-I_R R$，$I_R= I_Z+I_L$ 不难看出电压 U_O 将减小。因此，只要参数选择合适，R 上的电压增量就可以与 U_I 的增量近似相等，从而使 U_O 基本不变。可简单描述为

$$电网电压 \uparrow \rightarrow U_I \uparrow \rightarrow U_O(U_Z) \uparrow \rightarrow I_Z \uparrow \rightarrow I_R \uparrow \rightarrow I_R R \uparrow$$
$$U_O \downarrow$$

同理，电网电压降低时，也能使输出电压 U_O 基本稳定。

当负载电阻 R_L 减小（即 I_L 增大）时，根据 $U_O=U_I-I_R R$，$I_R= I_Z+I_L$，会导致 I_R 增加，U_O（即 U_Z）下降，根据稳压管伏安特性，U_Z 的下降使 I_Z 急剧减小，从而使 I_R 随之减小。如果参数选择恰当，则可以使 $\Delta I_Z \approx -\Delta I_L$，使 I_R 基本不变，从而使 U_O 基本不变。

同理，负载电阻 R_L 增大时，也能使 U_O 基本不变。

综上所述，在稳压管组成的稳压电路中，是利用稳压管所起的电流调节作用，通过限流电阻 R 上电压或电流的变化进行补偿，来达到稳压的目的。

2. 限流电阻的选择

为了保证稳压管的正常工作，当输入电压 U_I 和负载电流 I_L 在一定范围内变化时，稳压管的工作电流 I_Z 应满足下式

$$I_{Zmin} < I_Z < I_{Zmax}$$

其中，I_{Zmin} 为稳压管的最小稳定电流，当 I_Z 小于 I_{Zmin} 时，稳压性能变坏；I_{Zmax} 为稳压管的最大允许电流，当 I_Z 大于 I_{Zmax} 时，可能使稳压管损坏。在电路中要串接电阻 R，以限制电流保护稳压管，因此将电阻 R 称为限流电阻。

由 $U_O=U_I-I_R R$，$I_R= I_Z+I_L$，$U_O=U_Z$ 可得

$$R = \frac{U_I - U_Z}{I_Z + I_L}$$

可见，限流电阻 R 与输入电压 U_I，负载电流 I_L 均有关。

（1）当输入电压 U_I 为最大，而负载电流最小（负载开路，即 $I_L=0$）时

此时流过稳压管的电流最大，为不损坏稳压管，流过稳压管的电流必须小于 I_{Zmax}，因此限流电阻 R 不得过小，即下限值为

$$R_{min} = \frac{U_{Imax} - U_Z}{I_{Zmax}}$$

（2）当输入电压 U_I 为最小，而负载电流为最大时

此时流过稳压管的电流最小，为了保证稳压管工作在击穿区（即稳压区），I_Z 值不得小

于 I_{Zmin}，因此限流电阻 R 不得过大，即上限值为

$$R_{max} = \frac{U_{Imin} - U_Z}{I_{Zmin} + I_{Lmax}}$$

其中，$I_{Lmax} = \frac{U_Z}{R_{Lmin}}$

【例 1-4】 有两只稳压管 VD_1 和 VD_2，其稳定的工作电压分别为 5.5V 和 8.5V，正向导通电压为 0.5V。欲得到 0.5V、3V、6V、9V 和 14V 几种稳定电压值，这两只稳压管应如何连接？并画出相应的电路图。

解题方法：稳压管工作在反向击穿特性上。反向偏置时，外加的反向电压大于其稳压值时，稳压管两端电压为其稳压值；正向偏置时，稳压管两端电压为其正向压降，与普通二极管相似。

解：在组成的稳压电路中，稳压管必须串接限流电阻，否则将达不到稳压目的。限流电阻还能起到限流作用，使流过稳压管的电流在规定的范围内。

按图 1.36（a）、（b）、（c）、（d）和（e）连接，可分别得到 0.5V、3V、6V、9V 和 14V 几种不同的稳定电压值。

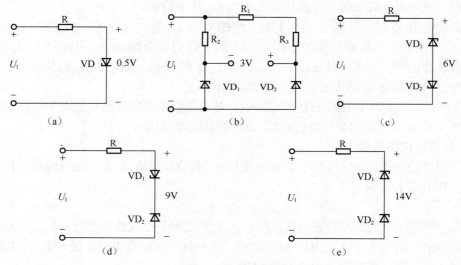

图 1.36 例 1-4 例题解

1.4.3 发光二极管

【做一做】实训 1-11：发光二极管特性的测试

发光二极管特性的测试电路如图 1.37 所示。

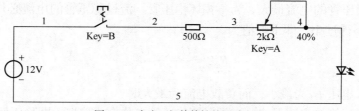

图 1.37 发光二极管特性的测试电路

（1）实训流程

① 直接用万用表测量发光二极管的正、反向电阻值，并记录

$R_{正向}=$_____，$R_{反向}=$_____。

② 按图 1.37 连接电路，将滑动变阻器的阻值位于最大，合上开关，观察发光二极管的亮度情况。将滑动变阻器的阻值减小，观察发光二极管的亮度变化情况，并记录现象。用万用表测出发光二极管的正向压降 $U_{LED}=$_____，正向电流 $I_{LED}=$_____。

③ 将发光二极管反接，观察此时发光二极管是否发光，并记录_____。

（2）结论

① 发光二极管正常工作时，其偏置是_____（正向偏置/反向偏置）。

② 发光二极管的正向电流愈大，发光_____（愈强/基本不变/愈弱）。

发光二极管是一种光发射器件，它通常由磷化镓、砷化镓等化合物半导体制成。当导通的电流足够大时，PN 结内电光效应将电能转换为光能。发光颜色有红、黄、橙、绿、白和蓝等，取决于制作二极管的材料。

发光二极管工作时的导通电压比普通二极管要大，材料不同（发光颜色不同），其工作电压有所不同，一般在 1.5～2.3V 之间；工作电流一般为几毫安至几十毫安，典型值为 10mA，正向电流愈大，发光愈强。

发光二极管广泛应用于电子设备中的指示灯、数码显示器和需要将电信号转化为光信号等场合。发光二极管的符号如图 1.38 所示，发光二极管一般外形如图 1.1（e）所示。

图 1.38　发光二极管的符号

由发光二极管组成的 LED 灯具有寿命长、光效高、无辐射、功耗低等特点，将逐步替代现有的传统照明设备。

1.4.4　光电二极管

光电二极管又称光敏二极管，是利用二极管的光敏特性制成的光接收器件。光电二极管能将光能转换为电能，其符号如图 1.39 所示，一般外形如图 1.1（f）所示，基本电路如图 1.40 所示。

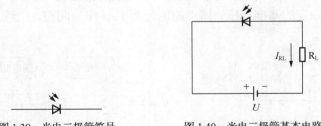

图 1.39　光电二极管符号　　　　图 1.40　光电二极管基本电路

为了便于接收光照，光电二极管的管壳上有一个玻璃窗口。当窗口受到光照时，能形成反向电流 I_{RL}，实现光电转换。光电二极管的 PN 结工作在反偏状态，反向电流与照度成正比。

光电二极管广泛应用于光测量、光电控制等领域，如光纤通信，遥控接收器。

1.4.5　变容二极管

变容二极管利用 PN 结的电容效应进行工作。变容二极管工作在反向偏置状态，当外加的反偏电压变化时，其电容量也随着改变。

变容二极管可作为可变电容使用，如电调谐电路，通过控制变容二极管的容量大小，来改变谐振电路的谐振频率而达到选频的目的。图 1.41 所示为变容二极管的符号。

图 1.41　变容二极管的符号

实训任务1.5　集成稳压器的分析与检测

知识要点

- 了解晶体管串联稳压电路的电路形式及稳压原理。
- 熟悉常见的集成稳压器管脚排列及应用电路。

技能要点

- 初步具有查阅集成稳压器手册和选用器件的能力。
- 了解测量稳压器基本性能的方法。

1.4.2 节介绍的稳压管稳压电路虽然电路简单，使用方便，但该电路稳压值由稳压管的型号决定，调节困难，稳压精度不高，输出电流也比较小；并且，当输入电压和负载电流变化较大时，电路将失去稳压作用，适应范围小，很难满足输出电压精度要求高的负载的需要。为解决这一问题，可以采用串联型稳压电路。

串联型稳压电路的调整管与负载串联，而稳压管稳压电路的调整管与负载并联，因此稳压管稳压电路也称为并联型稳压电路。

1.5.1　串联型稳压电路

1．电路的组成及各部分的作用

串联型稳压电路的组成结构和原理电路如图 1.42 所示。它由取样电路、基准电压、比较放大电路和调整管 4 部分组成。

① 取样电路。由 R_1、R_2、R_p 组成的分压电路构成，它将输出电压 U_O 分出一部分作为取样电位 V_F，送到比较放大电路。

② 基准电压。由稳压二极管 VD_Z 和电阻 R_3 构成的稳压电路组成，它为电路提供一个稳定的基准电压，该点的电位为 V_Z，作为调整、比较的标准。

串联型稳压电路的组成

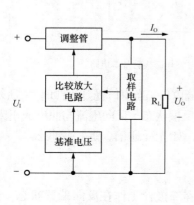

（a）组成结构

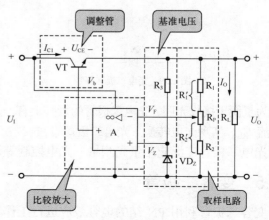

（b）原理电路

图 1.42　串联型稳压电路的组成结构和原理电路

③ 比较放大电路。由集成运算放大器 A 构成的直流放大器组成，其作用是将基准电位 V_Z 与取样电位 V_F 的差值放大后去控制调整管。

④ 调整管。由工作在线性放大区的功率管 VT 组成，VT 的基极电位 V_b 受比较放大电路输出的控制，它的改变又可使集电极电流 I_{C1} 和集、射极电压 U_{CE} 改变，从而达到自动调整稳定输出电压的目的。

2. 稳压的实质

当由于某种原因（如电网电压波动或负载电阻变化）导致输出电压 U_O 升高（降低）时，取样电压将这一变化趋势送到集成运算放大器 A 的反相输入端，与同相输入端的基准电位 V_Z 进行比较放大。放大后的输出电压，即基极电位 V_b 降低（升高），功率管 VT 的 I_{C1} 减小（增大），C-E 极间电压 U_{CE} 增大（减小），使 U_O 降低（升高），从而维持 U_O 基本稳定。

串联型稳压电路
的工作原理

值得注意的是，功率管 VT 的调整作用是依靠 V_Z 和 V_F 之间的偏差来实现的，必须有偏差才能调整。如果 U_O 绝对不变，调整管的 U_{CE} 也绝对不变，那么电路也就不起调整作用了。因此，稳压电路不可能达到绝对稳定，只能是基本稳定。

1.5.2　三端集成稳压器

1. 集成稳压器的种类

集成稳压器具有体积小，应用时外接元件少，使用方便，性能优良，价格低廉等优点，因而得到广泛应用。

各种集成稳压器的基本组成及工作原理都相同，均采用串联型稳压电路。

集成稳压器根据引出脚不同，有多端式（引出脚多于 3 脚）和三端式两种。三端式稳压器按输出电压可分为固定式稳压器和可调式稳压器。

三端固定式稳压器输出端电压是固定的，产品有 7800 系列（正电源）和 7900 系列（负电源），型号中的 00 两位数值表示输出的电压稳定值，有 5V、6V、8V、9V、12V、15V、18V、24V 等挡次。输出电流以 78（或 79）后面加字母来区分：L 表示 0.1A，M 表示 0.5A，无字母表示 1.5A，T 表示 3A，H 表示 5A，如 78L05 表示输出电压 5V，输出电流 0.1A。

图 1.43 所示为 CW7800 和 CW7900 系列三端固定式稳压器的外形及管脚排列。

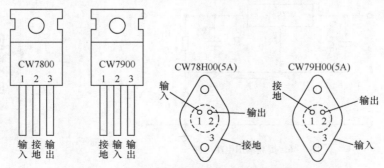

图 1.43　三端固定式稳压器的外形及管脚排列

三端可调式稳压器输出电压是可调的，产品有 LM117、LM217、LM317、LM137、LM237、LM337 等；其中 LM117、LM217、LM317 输出的是正电源，输出电压范围是 1.25～37V；LM137、LM237、LM337 输出的是负电源，输出电压范围是−37～−1.25V。

图 1.44 所示为 LM117/LM217/LM317 和 LM137/LM237/LM337 系列三端可调式稳压器的外形及管脚排列（LM117、LM217、LM317 外形及管脚排列都一样，图以 LM317 为例；LM137、LM237、LM337 外形及管脚排列都一样，图以 LM337 为例）。

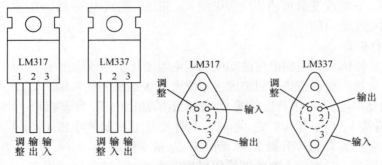

图 1.44　三端可调式稳压器的外形及管脚排列

2. 集成稳压器应用电路

（1）基本应用电路

图 1.45 所示为 7800 系列集成稳压器的基本应用电路。由于输出电压取决于集成稳压器，输出电压为 12V，最大输出电流为 1.5A。

电路中接入电容 C_1、C_2 用来实现频率补偿，防止稳压器产生高频自激振荡，还可抑制电源的高频脉冲干扰。C_3 是电解电容，用于减小稳压电源输出端由输入电源引入的低频干扰。VD 为保护二极管，用来防止输入端偶然短路到地

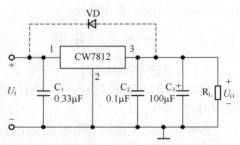

图 1.45　7800 系列集成稳压器的基本应用电路

时，输出大电容 C_3 上存储的电压反极性加到输出、输入端之间，使稳压器被击穿而被损坏。

（2）提高输出电压的电路

CW7800 和 CW7900 系列三端式稳压器输出的是某一固定的电压值。如果希望提高输出电压可外接一些元件。

图 1.46 所示的电路可提高输出电压。R_1、R_2 为外接电阻。

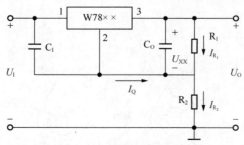

图 1.46　提高输出电压电路

三端固定式集成稳压器的基本应用电路

在图 1.46 所示的电路中，若忽略 I_Q 的影响，则可得

$$U_O \approx U_{XX}\left(1 + \frac{R_2}{R_1}\right)$$

从上式可得，$U_O > U_{XX}$。改变 R_2 和 R_1 的比值，可改变 U_O 的值，使输出电压可调。这

种接法的缺点是，当输入电压变化时，I_Q 也变化，将降低稳压器的精度。

同样，可选用可调输出的集成稳压器，如 CW117、CW137，来组成电压连续可调的稳压器，其电路可参见实训 1-14。

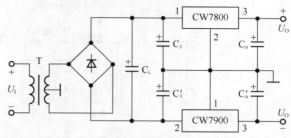

（3）输出正、负电压的电路

采用 CW7800 和 CW7900 系列三端稳压器各一块可组成具有同时输出极性相反电压的稳压电路，如图 1.47 所示。

图 1.47　输出正、负电压的稳压电路

3. 集成稳压器的选择及使用注意事项

在选择集成稳压器时，应兼顾其性能、使用和价格等几个方面的因素。目前市场上的集成稳压器有三端固定输出电压式、三端可调输出电压式、多端可调输出电压式和单片开关式 4 种类型。

提高串联型稳压电源性能的措施

在要求输出电压是固定的标准系列值且技术性能要求不高的情况下，可选择三端固定输出电压式集成稳压器，正输出电压应选择 CW7800系列，负输出电压可选择 CW7900 系列。由于三端固定式集成稳压器使用简单，不需要做任何调整且价格较低，应用范围比较广泛。

在要求稳压精度较高且输出电压能在一定范围内调节时，可选择三端可调输出电压式集成稳压器，这种稳压器也有正和负输出电压及输出电流大小之分，选用时应注意各系列集成稳压器的电参数特性。

对于多端可调输出电压式集成稳压器，如五端型可调集成稳压器，因为它有特殊的限流功能，所以可利用它来组成具有控制功能的稳压源和稳流源，这是一种性能较高而价格又比较便宜的集成稳压器。

单片开关式集成稳压器的一个重要优点是具有较高的电源利用率，目前国内生产的 CW1524、CW2524、CW3524 系列是集成脉宽调制型稳压器，利用它可以组成开关型稳压电源。

集成稳压器已在电源中得到广泛使用，为了更好地发挥它的优势，使用时应注意以下几个问题。

① 不要接错管脚线。对于多端稳压器，接错引线会造成永久性损坏；对于三端稳压器，若输入和输出接反，当两端电压超过 7V 时，也有可能使稳压器被损坏。

② 输入电压 U_I 不能过低或过高，以 7805 为例，该三端稳压器的固定输出电压是 5V，而输入电压至少大于 7V，这样输入与输出之间有 2～3V 及以上的压差，以保证调整管工作在放大区。但压差取值过大，又会增加集成块的功耗，所以，两者应兼顾，即既保证在最大负载电流时调整管不进入饱和，又不至于功耗偏大。输入/输出电压压差过低，稳压器性能会降低，纹波增大；而输入/输出电压压差过高，容易造成集成稳压器的损坏。

③ 功耗不要超过额定值，对于多端可调稳压器来说，当输出电压调到较低时，要防止调整管上的压降过大而超过额定功耗，因此在输出低电压时最好同时降低其输入电压。

④ 为确保安全使用，应加接防止瞬时过电压、输入端短路、负载短路的保护电路，大电流稳压器要注意缩短连接线和安装足够的散热设备。

【做一做】实训 1-12：三端式稳压器电路的仿真测试

三端式稳压器电路的仿真测试电路如图 1.48 所示。

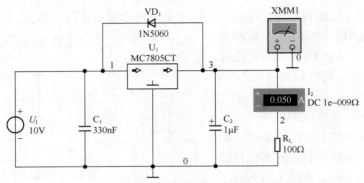

图 1.48　三端式稳压器电路的仿真测试电路

（1）实训流程

① 按图 1.48 画好仿真电路。

② 输入端接直流电源，不接负载（断开负载）时，按表 1-13 中要求用 XMM1 测出输出电压，并填写。

表 1-13　　　　　　　　　　　　　　空载时电源电压变化的结果

U_I/V	3	6	7	10	15
U_O/V					

③ 输入电压不变而负载变化时，用 XMM1 测量电压值，用 I_2 测量电流值，按表 1-14 中要求填写。

表 1-14　　　　　　　　　负载电阻 R_L 变化时的电压值和电流值（U_I=10V）

R_L/Ω	50	100	1000	∞
U_L/V				
I_L/A				

（2）结论

① 当输入电源电压在一定范围内变化时，三端式稳压器＿＿＿＿＿＿＿＿（能够/不能够）实现稳压作用。

② 当负载电阻变化时，三端式稳压器＿＿＿＿＿＿＿＿（能够/不能够）实现稳压作用。

【练一练】实训 1-13：三端可调式稳压器电路的仿真测试

三端可调式稳压器电路的仿真测试电路如图 1.49 所示。

（1）实训流程

① 按图 1.49 画好仿真电路。

② 改变电阻 R_2，测输出电压 U_O，按表 1-15 中要求填写。

（2）结论

当取样电阻 R_2 变化时，三端可调式稳压器＿＿＿＿＿＿＿（可以/不可以）调节输出电压；当取样电阻 R_2 与 R_1 的比值越大，输出电压＿＿＿＿＿＿（越大/基本不变/越小）；输出电压的最小值为＿＿＿V，此时 R_2=＿＿＿Ω；当 R_2=＿＿＿Ω 为时，输出电

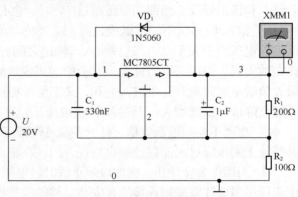

图 1.49　三端可调式稳压器电路的仿真测试电路

压达到最大，其最大值为_____V。

表 1-15　　　　　　　　　电阻 R_2 变化时，输出电压值（R_1=200Ω）

R_2/Ω	0	100	200	300	400	∞
U_O/V						

实训任务 1.6　小功率直流稳压电源的设计与制作

知识要点

- 掌握直流稳压电源的组成部分及各部分的功能。
- 了解直流稳压电源的性能指标。

技能要点

- 能安装和制作稳压电源，知道如何调整输出电压。
- 初步具有检查、排除稳压电源故障的能力。

1.6.1　直流稳压电源的组成

各种电子系统都需要稳定的直流电源供电，直流电源可以由直流电机和各种电池提供，但比较经济实用的办法是利用具有单向导电性的电子元件将使用广泛的工频正弦交流电转换为直流电，同时直流稳压电源还是一种当电网的电压波动或者负载改变的时候，能保持输出电压基本不变的电源电路。图 1.50 所示为把正弦交流电转换为直流电的直流稳压电源的原理框图。

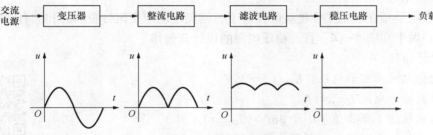

图 1.50　直流稳压电源的原理框图

变压器：将交流电网正弦电源电压转换为符合用电设备所需要的正弦交流电压。

整流电路：利用具有单向导电性能的整流元件，将正负交替变化的正弦交流电压转换成单向脉动直流电压。

滤波电路：将单向脉动直流电压中的脉动部分(交流分量)尽可能地减小，输出比较平滑的直流电压。

稳压电路：清除电网电源电压波动及负载变化的影响，保持输出电压的稳定。

小功率直流稳压
电源的组成

中小功率（一般指中小电流）直流稳压电源由半导体二极管和集成稳压器构成，电路简单。大功率（一般指大电流）直流稳压电源以集成稳压器为基础，通过扩流技术实现。

1.6.2　直流稳压电源的性能指标

直流稳压电源的性能指标分为两种：一种是特性指标，包括允许的输入电压、输出电

压、输出电流及输出电压调节范围等；另一种是质量指标，用来衡量输出直流电压的稳定程度，包括稳压系数（或电压调整率）、输出电阻（或电流调整率）、温度系数及纹波电压等。这里只讨论串联式直流稳压电源的主要性能指标。

1. 输出电压和最大输出电流

输出电压和最大输出电流反映了该直流稳压电源的容量，即功率的大小，它取决于调整管的最大允许耗散功率和最大允许工作电流。

2. 输出电阻

输出电阻反映负载电流变化时电路的稳压性能。输出电阻定义为当输入电压固定时输出电压变化量与输出电流变化量之比，即

$$R_{\mathrm{o}} = \left| \frac{\Delta U_{\mathrm{O}}}{\Delta I_{\mathrm{O}}} \right|_{U_{\mathrm{I}}=常数}$$

输出电阻越小越好。

3. 稳压系数

稳压系数反映电网电压波动时电路的稳压性能。稳压系数定义为当负载固定时，输出电压的相对变化量与输入电压的相对变化量之比，即

$$S_{\mathrm{r}} = \left. \frac{\Delta U_{\mathrm{O}} / U_{\mathrm{O}}}{\Delta U_{\mathrm{I}} / U_{\mathrm{I}}} \right|_{R_{\mathrm{L}}=常数}$$

稳压系数越小越好。

4. 纹波电压

纹波电压是指在额定工作电流的情况下，输出电压中交流分量的总和的有效值。

【做一做】实训 1-14：直流稳压电源的设计与制作

1. 设计指标

① 输出电压为可调电压：$U_{\mathrm{O}}=1.5\sim25\mathrm{V}$。

② 最大输出电流 $I_{\mathrm{Omax}}=1\mathrm{A}$。

③ 输出纹波（峰峰值）小于 4mV（$I_{\mathrm{Omax}}=1\mathrm{A}$ 时）。

④ 其他指标要求同三端式稳压器的指标。

直流稳压电源的设计

2. 实训流程

① 原理图的设计。

② 元器件参数的计算。

③ 元器件的选型。

④ 电路的制作。

⑤ 电路的调试。

⑥ 电路性能的检测。

⑦ 设计文档的编写。

3. 设计示例

（1）原理图设计

原理如图 1.51 所示，电路采用 LM317 三端可调式稳压器的典型电路。

LM317 是一种正电压输出的集成稳压器，输出电压范围是直流 1.25～37V，负载电流范围为 5mA～1.5A，最小输入/输出电压差为直流 3V；最大输入/输出电压差为直流40V。

此集成稳压器的使用非常简单，仅需两个外接电阻来设置输出电压。此外它的线性调整率和负载调整率也比标准的固定稳压器好。

LM317 内置有过载保护、安全区保护等多种保护电路。

220V 市电经变压器 T_1 降压后，$VD_1 \sim VD_4$ 整流，C_1、C_2 滤波后为 LM317 提供工作电压。输出电压 U_O 由外接电阻 R_2 和电位器 R_P 组成的输出调节电位器决定，其输出电压 U_O 的表达式为

$$U_O \approx 1.25\left(1 + \frac{R_P}{R_2}\right)$$

R_2 一般取值为 120～240Ω，输出端与调整端（L317 的 2 脚为输出端，1 脚为调整端，3 脚为输入端）电压差为稳压器的基准电压（典型值为 1.25V），所以流经 R_2 的泄放电流范围为 5～10mA。

C_2 可改善输出瞬态特性，抑制自激振荡；C_3 用于减小旁路基准电压的纹波电压，提高稳压的纹波抑制性能；C_4 用以改善稳压电源的暂态响应；VD_5 为保护二极管，用来防止输入端偶然短路而损坏稳压器；VD_6 也为保护二极管，用来防止输出端偶然短路而损坏稳压器。LM317 在不加散热片时的允许功耗为 2W，在加散热片时的允许功耗可达 15W。

DS 为发光二极管，作为稳压电源的指示灯，电阻 R_1 为指示灯电路的限流电阻。

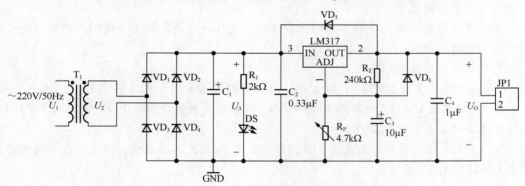

图 1.51 LM317 连续可调稳压电源原理

（2）元件及参数的选择

① 三端稳压器。选 LM317 三端稳压器，其输出电压和输出电流均能满足指标要求。

② 电容 C_2、C_4、C_3。此 3 个电容取值如图 1.51 中所示，这主要是根据工程经验得到。其中 C_2、C_4 一般为瓷片电容，而 C_3 一般为电解电容，耐压值可取 50V。

③ 二极管 VD_5、VD_6。VD_5、VD_6 可选小功率二极管，如 1N4002，1A/100V。

④ 电压 U_3、U_2 和电源变压器。

因为 LM317 输入/输出电压差为 3～40V，而 U_O 输出电压要求为 1.5～25V，所以，U_3 可取值为 28～41.5V，取 $U_{3min}= 28V$。

由于 $U_3 = 1.2 U_2$，得

$$U_2 \geqslant \frac{U_{3min}}{1.2} = \frac{28}{1.2} \approx 23.3V, \text{ 取 } U_2 = 24V。$$

变压器副边电流 $I_2 = （1.2 \sim 1.5）I_{Omax} \approx 1.2A$，稳压电路最大输入功率为

$$P_{2max} = U_2 I_{Omax} \approx 28.8W$$

考虑电网电压的波动、变压器和整流电路的效率并保留一定的余量，选变压器输出功率为 35W。

⑤ 整流二极管和滤波电容 C_1

流过整流二极管的电流平均值为 $I_D=0.5I_O=0.6A$，考虑到电路接通时的浪涌电流，一般取（2~3）I_O。

二极管承受的最大反向电压为 $U_{RM}=\sqrt{2}\ U_2\approx 34V$。

查手册，可选择 2CW33B，最大整流电流 3A，最大反向工作电压 50V。当然，选择整流二极管应该充分考虑市场的供货情况。

滤波电容 C_1 的容量一般由 $R_LC=\dfrac{5}{2}T$ 确定。其中，T 为市电交流电源的周期，$T=0.02s$；R_L 为 C_1 右边的等效电阻，应取最小值。

初定 $R_{Lmin}=\dfrac{U_3}{I_O}=\dfrac{28}{1.2}\approx 23.3\Omega$。

所以取 $C=\dfrac{5T}{2R_{Lmin}}=\dfrac{5\times 20\times 10^{-3}}{2\times 23.3}F\approx 2\,146\mu F$。

选电解电容，容量为 2 500μF，耐压值为 50V（一般取输入电压的 1.5 倍以上）。

C_1 的容量最后值要根据输出纹波电压的要求确定。

（3）元器件的选型

根据所计算的参数元件和市场的供货情况，选择符合要求的、合适的元器件。

（4）电路的制作

电路制作时应注意以下问题。

① C_2 应尽量靠近 LM317 的输出端，以免自激，造成输出电压不稳定。

② R_2 应靠近 LM317 的输出端和调整端，以避免大电流输出状态下，输出端至 R_2 间的引线电压降造成基准电压变化。

③ LM317 的调整端切勿悬空，接调整电位器 R_P 时尤其要注意，以免滑动臂接触不良造成 LM317 调整端悬空。

④ LM317 应加散热片，以确保其长时间稳定工作。

（5）电路的调试（略）

（6）电路性能的检测（略）

（7）设计文档的编写（略）

习　题

1. 二极管电路如图 1.52 所示，假设二极管为理想二极管，判断图中的二极管是导通还是截止，并求出 AO 两端的电压 U_{AO}。

2. 二极管电路如图 1.53 所示，设输入电压 $u_i(t)$ 波形如图 1.53（b）所示，在 $0 < t < 5ms$ 的时间间隔内，设二极管是理想的，试绘出 $u_o(t)$ 的波形。

3. 电路如图 1.54（a）所示，设二极管是理想的。

① 画出它的传输特性。

② 若输入电压 $u_i=20\sin\omega t$ V 如图 1.54（b）所示，试根据传输特性绘出一周期的输出

电压 u_o 的波形。

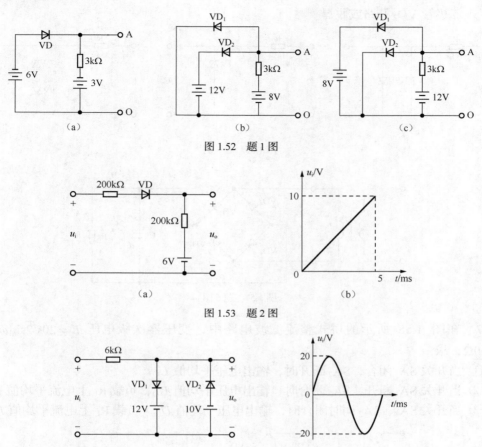

图 1.52　题 1 图

图 1.53　题 2 图

图 1.54　题 3 图

4. 电路如图 1.55（a）、（b）所示，稳压管的稳定电压 U_Z=3V，R 的取值合适，u_i 的波形如图 1.55（c）所示。试分别画出 u_{o1} 和 u_{o2} 的波形。

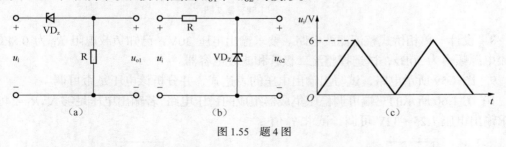

图 1.55　题 4 图

5. 两个稳压二极管，稳压值分别为 7V 和 9V，它们的正向导通电压均为 0.7V。将它们组成如图 1.56 所示的 3 种电路，设输入端电压 u_1 值是 20V，求各电路输出电压 u_2 的值。

6. 在图 1.57 所示的桥式整流滤波电路中，出现下列故障，会出现什么现象？

① 负载 R_L 短路。

② 二极管 VD_1 击穿短路。

③ 二极管 VD_1 极性接反。

④ 4 只二极管极性都接反。

⑤ 二极管 VD_2 开路或脱焊。

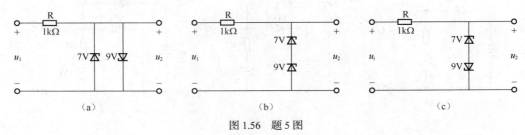

图 1.56　题 5 图

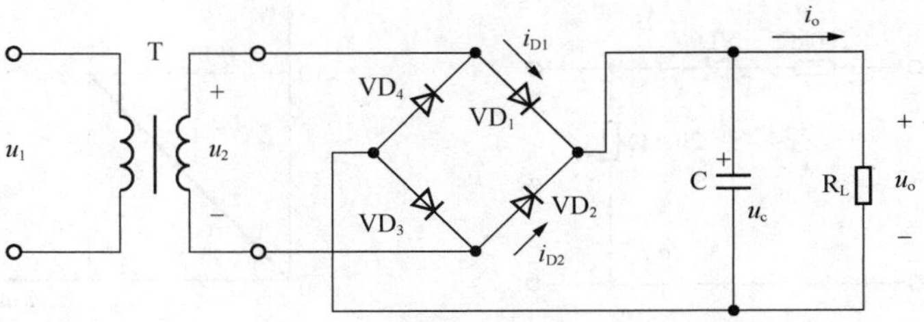

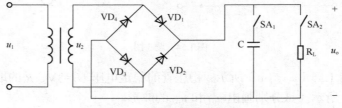

图 1.57　题 6 图

7.　在图 1.58 所示的桥式整流滤波电路中，变压器次级电压 $u_2 = 20\sqrt{2}\sin\omega t V$，$R_L=10\Omega$，求

① 当开关 SA_1 闭合，SA_2 断开时，输出电压平均值 U_O。

② 当开关 SA_1 断开，SA_2 闭合时，输出电压平均值 U_O，负载 R_L 上电流平均值 I_L。

③ 当开关 SA_1、SA_2 同时闭合时，输出电压平均值 U_O，负载 R_L 上电流平均值 I_L。

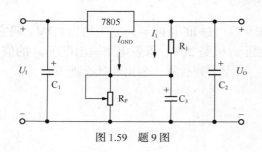

图 1.58　题 7 图

8.　设计一单相桥式整流滤波电路。要求输出电压 30V，已知负载电阻 R_L 为 0.8kΩ，交流电源频率为 50Hz，试选择整流二极管和滤波电容器。

9.　图 1.59 所示电路，试写出输出电压的表达式，并分析该电压是否可调。

10.　图 1.60 所示的三端可调稳压集成器组成的稳压电路，若输出电压足够大，$R_1=240\Omega$，要求输出电压 1.25～32V 可调，试求 R_P 值。

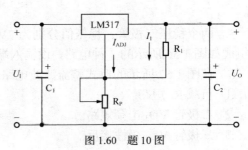

图 1.59　题 9 图

图 1.60　题 10 图

项目2　低频信号放大电路的分析与设计

实训任务 2.1　三极管管脚的判断及电流放大特性检测

知识要点

- 了解三极管的结构，掌握三极管的电流分配关系及放大原理。
- 掌握三极管的输入输出特性，理解其含义，了解主要参数的定义。

技能要点

- 会使用万用表检测三极管的质量和判断管脚及检测电流放大特性。
- 会查阅半导体器件手册，能按要求选用三极管。

2.1.1　三极管的认识

常见三极管如图 2.1 所示。

（a）小功率三极管　　　（b）中功率三极管　　　（c）大功率三极管

图 2.1　常见三极管

1. 三极管的结构及符号

晶体三极管也称为半导体三极管，简称三极管。它是通过一定的制作工艺，将两个 PN 结结合在一起，具有控制电流作用的半导体器件。由于三极管工作时有两种载流子参与导电，也叫双极型三极管。三极管可以用来放大微弱的信号和作为无触点开关。

三极管从结构上来讲分为两类：NPN 型三极管和 PNP 型三极管。图 2.2 所示为三极管的结构和符号。

符号中发射极上的箭头方向，表示发射结正偏时电流的流向。

三极管要实现电流放大作用，在制作时须具有下列特点。

① 基区做得很薄（几微米到几十微米），且掺杂浓度低。

② 发射区的杂质浓度最高。

③ 集电区掺杂浓度低于发射区，且面积比发射区大得多。

三极管按所用的材料来分，有硅管和锗管两种；根据工作频率来分，有高频管、低频管；按用途来分，有放大管和开关管等；根据工作功率分为大功率管、中功率管和小功率管。另外从三极管封装材料来分，有金属封装和玻璃封装，近来又多用硅铜塑料封装。常见的三极管外形如图2.1所示。

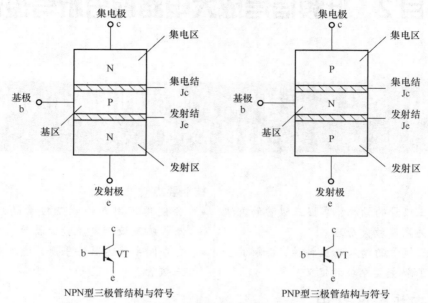

NPN型三极管结构与符号   PNP型三极管结构与符号

图2.2　三极管的结构和符号

2．三极管的识别与检测

（1）三极管管脚识别

常见三极管的管脚分布规律如图2.3所示。

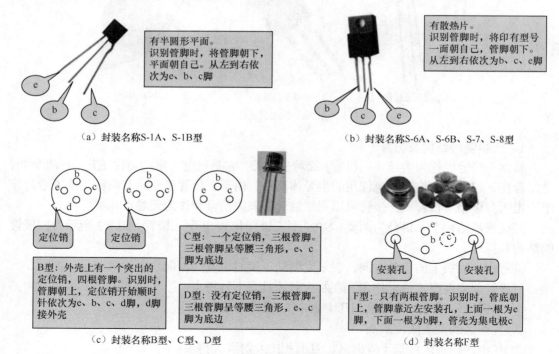

图2.3　常见三极管的管脚分布规律

（2）用数字万用表判别管脚和管型

用数字万用表判别管脚的根据是把晶体三极管的结构看成是两个背靠背的 PN 结，如图 2.4 所示，对 NPN 型三极管来说，基极是两个结的公共阳极，对 PNP 型三极管来说，基极是两个结的公共阴极。

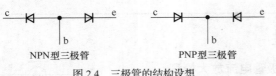

NPN型三极管　　　　　　　　PNP型三极管

图 2.4　三极管的结构设想

三极管的测试

① 判断三极管的基极

将挡位调至"二极管和蜂鸣通断"挡，先将一支表笔接在某一认定的管脚上，另外一支表笔则先后接到其余两个管脚上，如果这样测得两次均导通或均不导通，然后对换两支表笔再测，两次均不导通或均导通，则可以确定该认定的管脚就是三极管的基极。

若用红表笔（插入标有"+"号的插孔）接在基极，黑表笔（插入标有"–"号的插孔）分别接在另外两极均导通，则说明该三极管是 NPN 型；反之，则为 PNP 型。

【注意】数字万用表的红表笔接万用表内部正电源。

用上述方法既判定了三极管的基极，又判别了三极管的类型。

② 判断三极管发射极和集电极

将数字万用表置于 h_{FE} 挡，NPN 型三极管使用 NPN 插孔（PNP 型三极管使用 PNP 插孔），把基极 b 插入 B 孔，剩余 2 个管脚分别插入 C 孔和 E 孔中。若测出的 h_{FE} 值为几十到几百，说明管子属于正常接法，放大能力强，此时 C 孔插的是集电极 c，E 孔插的是发射极 e；若测出的 h_{FE} 值只有几或十几，则表明被测管的集电极 c 与发射极 e 插反了，这时 C 孔插的是发射极 e，E 孔插的是集电极 c。为了使测试结果更可靠，可将基极 b 固定插在 B 孔，把集电极 c 与发射极 e 调换重复测试 2 次，以显示值大的一次为准，C 孔插的管脚即是集电极 c，E 孔插的管脚则是发射极 e。同时，也得到了该三极管的电流放大倍数（数值大的那次）。三极管的测试如图 2.5 所示。

图 2.5　三极管的测试

【做一做】实训 2-1：用万用表检测三极管管脚、管型和电流放大倍数

实训流程如下所示。

在元件盒中取出两个三极管，根据判别原理介绍的方法进行如下测量。

① 类型判别（判别三极管是 PNP 型还是 NPN 型），并确定基极 b。

② 把三极管按类型和管脚顺序对应地插入 h_{FE} 插孔相应的 E、B、C 孔中，用 h_{FE} 挡位，测出三极管的 β 值，并判断三极管集电极 c 和发射极 e。

③ 把以上测量结果填入表 2-1 中，并画出三极管简图，标出管脚名称。

表 2-1　　　　　　　　　三极管型号、类型、管脚图和电流放大倍数

三极管型号	类型	管脚图	电流放大倍数

续表

三极管型号	类型	管脚图	电流放大倍数

2.1.2　三极管主要特性

【做一做】实训 2-2：三极管电流放大检测

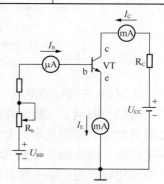

图 2.6　三极管电流放大实验电路

为了了解三极管的电流分配原则及其放大原理，先来做一个实验，实验电路如图 2.6 所示。为了保证三极管能起到放大作用，除了其本身的内部结构外，还必须满足必要的外部条件，即发射结加正向电压，集电结加反向电压。

改变可变电阻 R_b 的值，则基极电流 I_B、集电极电流 I_C 和发射极电流 I_E 都发生变化，电流的方向如图 2.6 中所示。测量结果，填入表 2-2。

表 2-2　　　　　　　　　三极管各电极电流的实验测量数据

基极电流 I_B/mA	0	0.010	0.020	0.040	0.060	0.080	0.100
集电极电流 I_C/mA							
发射极电流 I_E/mA							

【想一想】

① U_{BB} 和 U_{CC} 满足什么条件时，三极管电流放大效果明显？

② 基极电流 I_B、集电极电流 I_C 和发射极电流 I_E 三者有什么关系？

1. 三极管的电流分配原则及放大作用

三极管电流放大作用条件分为内部条件和外部条件。

内部条件：发射区掺杂浓度高，基区掺杂浓度低且很薄，集电区面积大。

外部条件：发射结加正向电压（正偏），而集电结必须加反向电压（反偏）。

（1）实验结论

① $I_E = I_C + I_B$，结果符合基尔霍夫电流定律。

② $I_C \gg I_B$，而且有 I_C 与 I_B 的比值近似相等，大约等于某一定值，此为三极管的直流电流放大系数 $\overline{\beta}$，定义 $\overline{\beta} = \dfrac{I_C}{I_B}$。

③ I_C 和 I_B 变化量的比值，也近似相等，且约等于 β。定义 $\beta = \dfrac{\Delta I_C}{\Delta I_B}$，$\beta$ 称为三极管的交流电流放大系数。一般有三极管的电流放大系数 $\beta \approx \overline{\beta}$。

可见，三极管基极电流的微小变化，可以引起比它大数十倍的集电极电流的变化，从而实现小电流对大电流的放大及控制作用。三极管通常也称为电流控制器件。

④ 当 $I_B = 0$（基极开路）时，集电极电流的值很小，称此电流为三极管的穿透电流 I_{CEO}。穿透电流 I_{CEO} 越小越好。

（2）三极管实现电流分配的原理

上述实验结论可以用载流子在三极管内部的运动规律来解释。图 2.7 所示为三极管内部载流子的传输与电流分配。

① 发射结正向偏置，掺杂浓度高的发射区向基区发射自由电子，形成发射极电流 I_E。

② 一小部分自由电子在基区与空穴复合，形成基极电流 I_B。

③ 集电极反向偏置，使极大部分从发射区扩散过来的自由电子越过很薄的基区，被面积大而掺杂浓度低的集电区收集，形成集电极电流 I_C。

这样，很小的基极电流 I_B，就可以控制较大的集电极电流 I_C，从而实现电流的放大作用。

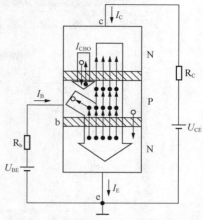

图 2.7　三极管内部载流子的传输与电流分配

【例 2-1】　一个处于放大状态的三极管，用万用表测出 3 个电极的对地电位分别为 $V_1=-7\text{V}$，$V_2=-1.8\text{V}$，$V_3=-2.5\text{V}$。试判断该三极管的管脚、管型和材料。

解题方法如下。

① 三极管处于放大状态时，发射结正向偏置，集电结反向偏置，则三管脚中，电位中间的管脚一定是基极。

② 在放大状态时，发射结 U_{BE} 范围为 0.6～0.7V 或 0.2～0.3V。如果找到电位相差上述电压的两管脚，则一个是基极，另一个一定是发射极，而且也可确定管子的材料。电位差为 0.6～0.7V 的是硅管，电位差为 0.2～0.3V 的是锗管。

③ 剩下的第 3 个管脚是集电极。

④ 若该三极管是 NPN 型的，则处于放大状态时，电位满足 $V_C>V_B>V_E$；若该三极管是 PNP 型的，则处于放大状态时，电位满足 $V_C<V_B<V_E$。

解：① 将 3 个管脚从大到小排列：$V_2=-1.8\text{V}$，$V_3=-2.5\text{V}$，$V_1=-7\text{V}$。可知管脚 3 为基极。

② 因为 $V_2-V_3=[(-1.8)-(-2.5)]=0.7\text{V}$，所以该管为硅材料三极管，而且管脚 2 为发射极。

③ 管脚 1 为集电极。

④ 因为三极管处于放大状态时，电位满足 $V_C<V_B<V_E$，所以该三极管为 PNP 型。

【做一做】实训 2-3：三极管共射输入特性曲线的仿真测试

测试电路如图 2.8 所示。

实训流程如下所示。

① 按图 2.8 画好电路。

② 在基极回路中串联接入 1mΩ（0.001Ω）的取样电阻。

③ 对图 2.8 所示电路中的节点 3 进行直流扫描，可间接得到三极管的输入特性。

Simulate→Analysis→DC Sweep，在 DC Sweep 中，设置节点 3 为输出节点，设置合适的分析参数，单击 Simulate 按钮，可以得到扫描分析结果。

④ 图 2.8 所示为三极管 2N2923 的输入特性曲线，其中横坐标表示三极管 U_{BE} 的变化，纵坐标表示 1mΩ 电阻上电压的变化，将纵坐标电压的变化除以取样电阻阻值，就可转化为基极电流 I_B 的变化（1nV 电压对应 1μA 电流），即三极管 2N2923 的输入特性曲线。

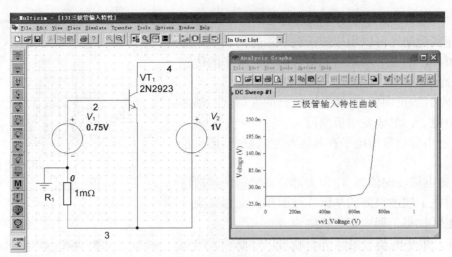

图 2.8　三极管共射输入特性曲线的仿真测试

【画一画】

根据仿真结果，画出三极管 2N2923 的输入特性曲线。

2. 三极管的共射输入特性曲线

采用共射接法（见图 2.6）的三极管（伏安）特性曲线称为共射特性曲线。

当三极管的输出电压 U_{CE} 为常数，三极管输入电流（即基极电流）I_B 与输入电压 U_{BE}（即发射结电压）之间的关系曲线称为三极管的共射输入特性曲线，即

三极管输入特性
曲线测试

$$I_B = f(U_{BE})\big|_{U_{CE}=常数}$$

图 2.9 所示为某小功率 NPN 型硅管的共射输入特性曲线。

从仿真实验得到的共射输入特性曲线以及图 2.9 所示的曲线中，可以得出以下结论。

① 三极管输入特性与二极管伏安特性相似，也有一段死区电压。只有发射结电压 U_{BE} 大于死区电压时，三极管才进入放大状态。此时 U_{BE} 略有变化，I_B 变化很大。

② 当 $U_{CE} \geqslant 1V$ 时，三极管处于放大状态。此时对于不同 U_{CE}，三极管共射输入特性基本重合。

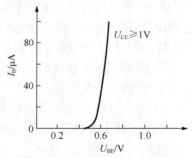

图 2.9　某小功率 NPN 型硅管的共射输入特性曲线

【做一做】实训 2-4：三极管共射输出特性曲线的仿真测试

测试电路如图 2.10 所示。

实训流程如下所示。

① 按图 2.10 画好电路。

② 在集电极回路中串接入 $1m\Omega$（0.001Ω）的取样电阻。

③ 对图 2.10 所示电路中的节点 5 进行直流扫描，可间接得到三极管的共射输出特性。

Simulate→Analysis→DC Sweep，在 DC Sweep 中，设置节点 5 为输出节点，设置合适的分析参数，单击 Simulate 按钮，可以得到扫描分析结果。

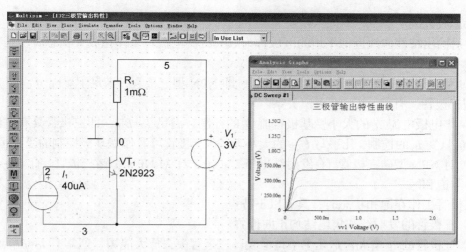

图 2.10　三极管共射输出特性曲线的仿真测试

④ 图 2.10 所示为三极管 2N2923 的输出特性曲线，其中横坐标表示三极管 U_{CE} 的变化，纵坐标表示 1mΩ 电阻上电压的变化，将纵坐标电压的变化除以取样电阻阻值，就可转化为集电极电流 I_C 的变化（1μV 电压对应与 1 mA 电流），即三极管 2N2923 的共射输出特性曲线。

【画一画】

根据仿真结果，画出三极管 2N2923 的共射输出特性曲线。

3. 三极管的共射输出特性曲线

当三极管的输入电流（即基极电流）I_B 为常数时，输出电流 I_C（即集电极电流）与输出电压 U_{CE} 之间的关系曲线称为三极管的共射输出特性曲线，即

$$I_C = f(U_{CE})\big|_{I_B = 常数}$$

图 2.11 所示为某小功率 NPN 型硅管的共射输出特性曲线。从图中可见以下两点。

① 在不同的基极电流 I_B 下，可以得出不同的曲线。改变 I_B 的值，得到一组三极管共射输出特性曲线。

② 在 I_B 保持定值（如 $I_B=60μA$）的条件下，$U_{CE}=0V$ 时，集电极无电子收集作用，$I_C=0$；随着 U_{CE} 的增大，I_C 上升；当 U_{CE} 增大到一定值后，I_C 几乎不再随 U_{CE} 的增大而增大，基本恒定。

三极管的共射输出特性曲线可分为 3 个工作区域。

（1）截止区

三极管工作在截止状态时，具有以下特点。

① 发射结和集电结均反向偏置。

② 若不计穿透电流 I_{CEO}，则 I_B、I_C 近似为 0。

③ 三极管的集电极和发射极之间电阻很大，三极管相当于一个断开的开关。

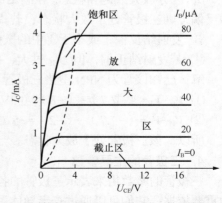

图 2.11　某小功率 NPN 型硅管的共射输出特性曲线

三极管输出特性曲线

（2）放大区

共射输出特性曲线近似平坦的区域称为放大区。三极管工作在放大状态时，具有以下特点。

① 发射结正向偏置，集电结反向偏置，即 NPN 型三极管，满足 $V_C>V_B>V_E$ 电位关系；PNP 型三极管，有 $V_E>V_B>V_C$ 电位关系。

② 集电极电流 I_C 的大小受基极电流 I_B 的控制，满足 $I_C=\beta I_B$，即三极管具有电流放大作用；I_C 只受 I_B 的控制，几乎与 U_{CE} 的大小无关，三极管可看作受基极控制的受控恒流源。

③ 对 NPN 型硅三极管，有发射结电压 $U_{BE}\approx 0.7V$；对 NPN 型锗三极管，有 $U_{BE}\approx 0.2V$。

（3）饱和区

三极管工作在饱和状态时，具有以下特点。

① 三极管的发射结和集电结均正向偏置。

② 三极管的 I_B 增大，I_C 几乎不再增大，三极管失去放大能力，通常有 $I_C<\beta I_B$。

③ U_{CE} 的值很小，此时的电压 U_{CE} 称为三极管的饱和压降，用 U_{CES} 表示。一般硅管的 U_{CES} 约为 0.3V，锗管的 U_{CES} 约为 0.1V；深度饱和时，U_{CES} 约为 0，三极管类似于一个导通的开关。

三极管作为开关使用时，通常工作在截止和饱和导通状态；作为放大元件使用时，一般要工作在放大状态。

【例 2-2】 已知某 NPN 型锗三极管，各极对地电位分别为 $V_C=-2V$，$V_B=-7.7V$，$V_E=-8V$。试判断三极管处于何种工作状态。

解题方法如下。

① 发射结正偏时，凡满足 NPN 硅管 $U_{BE}=0.6\sim 0.7V$，PNP 硅管 $U_{BE}=-0.7\sim -0.6V$，NPN 锗管 $U_{BE}=0.2\sim 0.3V$，PNP 硅管 $U_{BE}=-0.3\sim -0.2V$ 条件者，三极管一般处于放大或饱和状态。不满足上述条件的，三极管处于截止状态，或已经被损坏。

② 区分放大或饱和状态。在满足放大或饱和状态后则去检查集电结偏置情况。若集电结反偏，则三极管处于放大状态；若集电结正偏，则三极管处于饱和状态。

③ 发射结反偏，或小于①中的数据，则三极管处于截止状态或被损坏。

④ 若发射结正偏，但 U_{BE} 过大，也属于不正常情况，可能要被击穿损坏。

解：已知该管为 NPN 型锗三极管。

① $V_B-V_E=$（-7.7）-（-8）=0.3V，发射结正偏。

② $V_B-V_C=$（-7.7）-（-2）=-5.7V< 0，集电结反偏。

所以，该三极管处于放大状态。

4. 三极管的主要参数

三极管的参数用来表示三极管的各种性能指标，是评价三极管优劣，正确选定三极管的重要依据，它们可以通过查半导体手册得到。下面介绍三极管的几个主要参数。

（1）三极管的电流放大系数 $\overline{\beta}$ 和 β

在共发射极接法下，静态无变化信号输入时，三极管集电极电流与基极电流的比值称为共射极直流电流放大系数 $\overline{\beta}$，表达式为 $\overline{\beta}=\dfrac{I_C}{I_B}$。

共射极交流电流放大系数 β 是指在共射极接法的交流工作状态下，三极管集电极电流变化量与基极电流变化量的比值，表达式为 $\beta=\dfrac{\Delta I_C}{\Delta I_B}$。一般有 $\beta\approx\overline{\beta}$。

共发射极接法是指从基极输入信号，从集电极输出信号，发射极作为输入信号和输出信号的公共端。

（2）极间反向电流

① 集电极基极间的反向饱和电流 I_{CBO} 指发射极开路，集电极与基极之间加反向电压时产生的反向饱和电流。I_{CBO} 对温度十分敏感，直接影响三极管工作的稳定性。该值越小，三极管温度特性越好。硅管比锗管要小得多。

② 集电极发射极间的穿透电流 I_{CEO} 指基极（$I_B=0$）开路时，集电极与发射极间加电压时的集电极电流。由于该电流是由集电极穿过基区流到发射极，因此称为穿透电流。其值越小，三极管热稳定性越好。

（3）极限参数

极限参数是指三极管正常工作时不能超过的值，否则有可能损坏三极管。

① 集电极最大允许电流 I_{CM}：I_C 在一定的范围内变化，β 值保持基本不变，但当 I_C 数值增大到一定程度时，β 值将减小。β 值减小到额定值的 70% 时，所允许的电流称为集电极最大允许电流。

② 集电极最大允许功率损耗 P_{CM} 表示集电结上允许损耗功率的最大值，超过此值就会使三极管的性能下降甚至被烧毁。图 2.12 所示的 P_{CM} 线为三极管的允许功率损耗线，临界线以内的区域为三极管工作时的安全区。

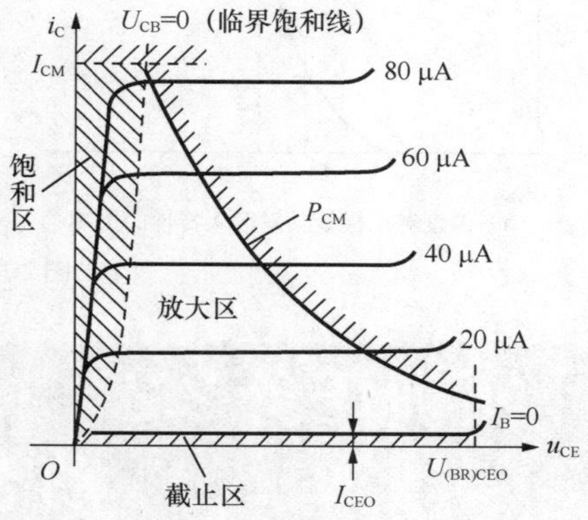

③ 反向击穿电压

$U_{(BR)EBO}$——集电极开路时，发射极与基极间允许的最大反向电压。

$U_{(BR)CBO}$——发射极开路时，集电极与基极间允许的最大反向电压。

$U_{(BR)CEO}$——基极开路时，集电极与发射极间允许的最大反向电压。

选择三极管时，要保证反向击穿电压大于工作电压的两倍以上。

图 2.12   三极管的极限参数

【例 2-3】   某三极管的极限参数 $P_{CM}=150\text{mW}$，$I_{CM}=50\text{mA}$，$U_{(BR)CEO}=20\text{V}$。试问在下列几种情况下，哪些是正常工作状态？

① $U_{CE}=5\text{V}$，$I_C=20\text{mA}$。

② $U_{CE}=2\text{V}$，$I_C=60\text{mA}$。

③ $U_{CE}=6\text{V}$，$I_C=30\text{mA}$。

解题方法如下。

P_{CM}、I_{CM} 和 $U_{(BR)CEO}$ 是三极管的三个极限参数，在使用时均不能超过。如果 P_C 过大，三极管性能下降，甚至可能被烧毁；如果 I_C 太大，则三极管的放大能力将下降；如果三极管的两个 PN 结的反向工作电压过大，则可能因过电压而击穿。

解题步骤如下。

① 因为 $U_{CE}<U_{(BR)CEO}$，$I_C<I_{CM}$，$P_C=I_CU_{CE}=100\text{mW}<P_{CM}$，所以该情况下三极管正常工作。

② 虽然有 $U_{CE}<U_{(BR)CEO}$，$P_C=I_CU_{CE}=120\text{mW}<P_{CM}$，但 $I_C=60\text{mA}>I_{CM}$，因此该情况下三极管不能正常工作。

③ 虽然有 $U_{CE}<U_{(BR)CEO}$，$I_C<I_{CM}$，但 $P_C=I_CU_{CE}=180\text{mW}>P_{CM}$，因此该情况下三极管也

不能正常工作。

5. 温度对三极管参数的影响

温度对三极管参数影响很大。在相同基极电流 I_B 下，U_{BE} 随温度升高而减小，温度每升高 $1℃$，U_{BE} 下降 $2～2.5mV$。在相同 ΔI_B 下，三极管的共射输出特性曲线间隔随温度升高而拉宽，β 值增大。在室温附近，反向电流随温度升高而增大，温度每升高 $10℃$，反向饱和电流将增加 1 倍。温度对三极管特性的影响如图 2.13 所示。

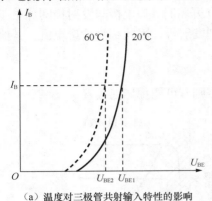

（a）温度对三极管共射输入特性的影响　　　　（b）温度对三极管共射输出特性的影响

图 2.13　温度对三极管特性的影响

实训任务 2.2　共射放大电路静态工作点及动态性能的测试

知识要点

- 掌握 3 种组态放大电路的基本构成及特点。
- 掌握非线性失真的概念，静态工作点的求解方法。
- 会用微变等效电路分析法求解电压放大倍数、输入电阻和输出电阻。
- 了解工作点稳定电路工作点稳定原理。

技能要点

- 掌握基本放大电路静态工作点的调试方法，会用示波器观察信号波形，熟悉截止失真、饱和失真的波形，掌握消除失真的方法。
- 会用万用表测量三极管的静态工作点，并由此判断工作状态，会用晶体管毫伏表测量输入、输出信号的有效值，并计算电压放大倍数、输入电阻、输出电阻。

放大电路是电子技术中应用十分广泛的一种单元电路。所谓"放大"，是指将一个微弱的电信号，通过某种装置，得到一个波形与该微弱信号相同、但幅值却大很多的信号输出。这个装置就是三极管放大电路。"放大"作用的实质是电路对电流、电压或能量的控制作用，即把直流电源 VCC 的能量转移给输出信号。输入信号的作用是控制这种转移，使放大电路输出信号的变化重复或反映输入信号的变化。

放大电路的核心元件是三极管，因此，放大电路若要实现对输入小信号的放大作用，必须首先保证三极管工作在放大区，即其发射结正向偏置、集电结反向偏置。此条件是通过外接直流电源，并配以合适的偏置电路来实现的。

三极管基本放大电路按结构分，有共发射极、共集电极和共基极 3 种组态，如图 2.14

所示。其中图 2.14（a）信号从基极输入，从集电极输出，发射极为输入信号和输出信号的公共端，称为共发射极（简称共射极）放大电路；图 2.14（b）信号从基极输入，从发射极输出，输入信号和输出信号的公共端为集电极，称为共集电极放大电路；图 2.14（c）所示为共基极放大电路，信号从发射极输入，从集电极输出，输入信号和输出信号的公共端为基极。

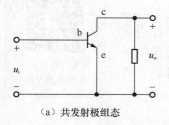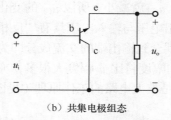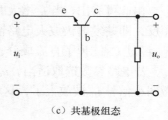

（a）共发射极组态　　　　　　　（b）共集电极组态　　　　　　　（c）共基极组态

图 2.14　三极管的 3 种组态

无论放大电路的组态如何，其目的都是让输入的微弱小信号通过放大电路后，输出时其信号幅度显著增强。必须清楚：幅度得到增强的输出信号，其能量并非来自于三极管，而是由放大电路中的直流电源提供的，三极管只是实现了对能量的控制，使之转换成信号能量，并传递给负载。

2.2.1　共发射极基本放大电路的组成及工作原理

1. 电路组成

在 3 种组态放大电路中，共发射极放大电路用得比较普遍。下面以 NPN 共发射极放大电路为例，讨论其组成和工作原理。

图 2.15 所示为共发射极基本放大电路的电路。电路中各元件作用如下。

① 三极管 VT。放大元件，用基极电流 i_B 控制集电极电流 i_C。

② 电源 VCC。使三极管的发射结正偏，集电结反偏，三极管处在放大状态，同时也是放大电路的能量来源，提供电流 i_B 和 i_C。VCC 一般在几伏到十几伏之间。

③ 偏置电阻 R_b。用来调节基极偏置电流 I_B，使三极管有一个合适的工作点，一般为几十千欧到几百千欧。

④ 集电极负载电阻 R_c。将集电极电流 i_C 的变化转换为电压的变化，以获得电压放大，一般为几千欧。

⑤ 电容 C_1、C_2。用来传递交流信号，起到耦合的作用。同时，又使放大电路和信号源及负载间直流相隔离，起隔直作用。为了减小传递信号的电压损失，C_1、C_2 应选得足够大，一般为几微法至几十微法，通常采用电解电容器。

共发射极放大
电路组成

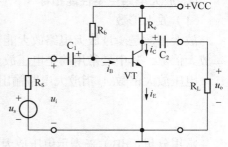

图 2.15　共发射极基本放大电路

2. 放大器中电流电压符号使用规定

① 用大写字母带大写下标表示直流分量，如 I_B、U_{CE}。

② 用小写字母带小写下标表示交流分量，如 i_b、u_{ce}。

③ 用小写字母带大写下标表示直流分量与交流分量的叠加，即总量，如 i_B、u_{CE}。

3. 工作原理

信号电压 u_i 经 C_1 交流耦合，加在三极管 VT 的基极和发射极之间，引起基极电流 i_B 的变化。通过三极管 VT 的以小控大作用引起集电极电流 i_C 作相应变化；i_C 通过 R_c 使电流的变化转换为电压的变化，即：$u_{CE}=V_{CC}-i_CR_c$。

由此可看出，当 i_C 增大时，u_{CE} 就减小，所以 u_{CE} 的变化正好与 i_C 相反，即共发射极放大电路输出电压与输入电压具有"反相"作用。u_{CE} 经过 C_2 滤掉了直流成分，耦合到输出端的交流成分即为输出电压 u_o。若电路参数选取适当，u_o 的幅度将比 u_i 幅度大很多，亦即输入的微弱小信号 u_i 被放大了，这就是放大电路的工作原理（见图 2.16）。

共发射极放大电路的放大原理

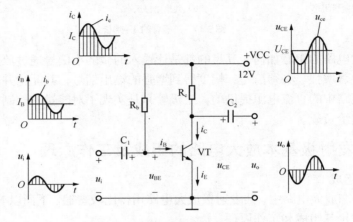

图 2.16　放大电路信号放大的变化过程

从上面放大电路的工作过程可概括放大电路的组成原则如下。

① 直流偏置正确，三极管必须工作在放大状态。

外加电源必须保证三极管的发射结正偏，集电结反偏，并具有合适的静态工作点 Q。

② 输入输出交流通路畅通。

输入电压 u_i 能引起三极管的基极电流 i_B 作相应的变化，三极管集电极电流 i_C 的变化要能转为电压的变化输出。

4. 放大电路主要性能指标

（1）放大倍数

放大倍数是衡量放大电路放大能力的指标，常用有电压放大倍数、电流放大倍数和功率放大倍数，其中最常用的是电压放大倍数。

电压放大倍数 A_u 指放大电路输出电压 u_o 与输入电压 u_i 的比值，即

$$A_u = \frac{u_o}{u_i}$$

常用分贝（dB）来表示电压放大倍数，这时称为电压增益。

电压增益$=20\lg|A_u|$(dB)

（2）输入电阻 r_i

输入电阻 r_i 是指从放大电路的输入端看进去的等效电阻，如图 2.17 所示。其定义为输入电压 u_i 与输入电流 i_i 的比值，即

$$r_i = \frac{u_i}{i_i}$$

根据图 2.17，显然有

$$u_i = \frac{r_i}{R_S + r_i} u_s$$

对于一定内阻的电压源性质的信号源电路，输入电阻 r_i 越大，放大电路从信号源得到的输入电压 u_i 就越接近于 u_s，放大电路对信号源的影响就越小。由于大多数信号源都是电压源，因此一般都要求放大电路的输入电阻要高。当然，在少数信号源为电流源的情况下，则希望放大电路的输入电阻要低。

（3）输出电阻 r_o

输出电阻 r_o 是指从放大电路的输出端（不包括负载）看进去的等效电阻，如图 2.18 所示。其定义为负载开路，信号源短路时，输出端加的测试电压 u_T 与产生相应测试电流 i_T 的比值，即

$$r_o = \frac{u_T}{i_T} \bigg|_{u_s=0,\ R_L \to \infty}$$

当放大电路作为一个电压放大器来使用时，其输出电阻 r_o 的大小决定了放大电路的带负载能力。r_o 越小，放大电路的带负载能力越强，即放大电路的输出电压 u_o 受负载的影响越小。

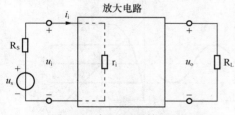

图 2.17　放大电路的输入电阻

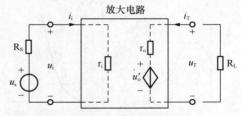

图 2.18　放大电路的输出电阻测试

2.2.2　共发射极基本放大电路的静态分析

1. 静态工作点的概念

静态是指无交流信号输入时电路的工作状态。电路中由于电源的存在，产生了一组直流分量。直流分析就是求出此时的 I_B、I_C 和 U_{CE} 3 个数值。共发射极基本放大电路各静态参量如图 2.19 所示。

由于 (I_B, U_{BE}) 和 (I_C, U_{CE}) 分别对应于输入、输出特性曲线上的一个点，用 Q 表示，称为静态工作点，如图 2.20 所示。

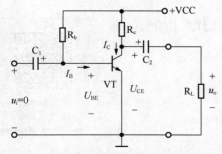

图 2.19　共发射极基本放大电路各静态参量图

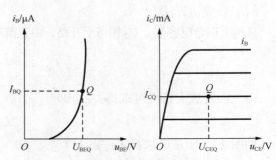

图 2.20　静态工作点 Q

2. 放大器设置静态工作点的目的

放大器没有静态工作点的情况如图 2.21 所示。

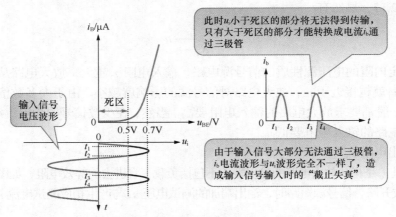

图 2.21　放大器没有静态工作点的情况

放大器没有设置静态工作点产生了波形失真。

放大器设置静态工作点的目的是保证信号不失真，如图 2.22 所示。

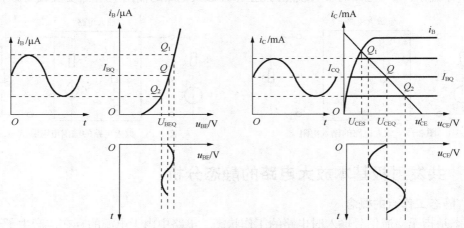

图 2.22　放大器设置静态工作点的情况

放大器由于设置了静态工作点，保证了信号在整个周期放大器都处于放大状态，保证了信号不失真。

3. 静态工作点的分析方法

（1）公式估算法

直流下耦合电容 C_1、C_2 相当于开路，由直流通路求工作点上的 I_{BQ}，即

$$I_{BQ} = \frac{V_{CC} - U_{BEQ}}{R_b}$$

由三极管放大特性可求得 I_{CQ}，即

$$I_{CQ} = \beta I_{BQ}$$

如图 2.23 所示可求得工作点上 U_{CEQ}，即

$$U_{CEQ} = V_{CC} - I_{CQ}R_c$$

共发射极放大电路直流通路

（2）图解法

利用三极管的输入、输出特性曲线求解静态工作点的方法称为图解法。其分析步骤一般如下。

① 按已选好的三极管型号在手册中查找或从三极管图示仪上描绘出三极管的输入、输出特性，如图 2.24 所示。

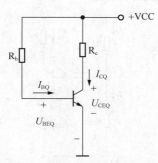

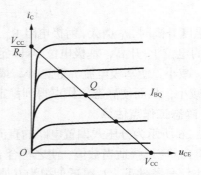

图 2.23　共射基本放大电路直流通路　　　　　图 2.24　静态工作点图解分析

② 画出直流负载线。根据 $u_{CE}=V_{CC}-i_CR_c$ 得到 i_C 与 u_{CE} 关系曲线为一条直线，该直线与两个坐标的交点分别为（V_{CC}，0）和（0，V_{CC}/R_c），其斜率（为$-1/R_c$）由集电极电阻 R_c 确定。

③ 确定静态工作点，直流负载线上交点有多个，只有 I_{BQ} 对应的交点才是 Q 点。

Q 点的影响因素有很多，如电源电压波动、元件的老化等，不过最主要的影响则是环境温度的变化。三极管是一个对温度非常敏感的器件，随温度的变化，三极管参数会受到影响，如温度每升高 10℃，反向饱和电流 I_{CEO} 将增加 1 倍；温度每升高 1℃，β 值增大 0.5%～1%，U_{BE} 下降 2～2.5mV。这些都将使 I_C 值发生变化，导致静态工作点变动。

固定偏置的放大电路存在很大的不足，它无法有效地抑制温度对静态工作点的影响，将造成放大电路中的各参量随之发生变化，如温度 $T\uparrow\to Q\uparrow\to I_C\uparrow\to U_{CE}\downarrow\to V_C\downarrow$。

温度对共发射极放大电路的静态工作点的影响

如果 $V_C<V_B$，则集电结就会由反偏变为正偏，当两个 PN 结均正偏时，电路出现"饱和失真"。为了不失真地传输信号，实用中需对固定偏置放大电路进行改造。分压式偏置的共发射极放大电路可通过反馈环节有效地稳定静态工作点。

2.2.3　分压式偏置放大电路

1. 稳定静态工作点原理

分压式偏置放大电路如图 2.25 所示，由于设置了反馈环节，因此当温度升高而造成 I_C 增大时，可自动减小 I_B，从而抑制静态工作点由于温度而发生的变化，保持 Q 点稳定。

这种分压式偏置放大电路需要满足 $I_1\approx I_2$ 的小信号条件。

由于 $I_1\approx I_2>>I_B$，流过 R_{b1} 和 R_{b2} 支路的电流远大于基极电流 I_B，可近似把 R_{b1} 和 R_{b2} 视为串联，据分压公式可确定基极电位。

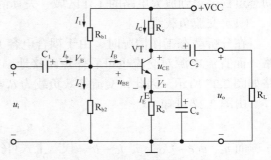

图 2.25　分压式偏置放大电路

$$V_B \approx \frac{R_{b2}}{R_{b1}+R_{b2}}V_{CC}$$

当温度发生变化时，虽然也要引起 I_C 的变化，但基极电位 V_B 不受影响。静态工作点的稳定过程简化如下。

$$温度T\uparrow \to I_C\uparrow \to I_E\uparrow \to V_E\uparrow \to U_{BE}\downarrow \to I_B\downarrow$$
$$I_C\downarrow \longleftarrow$$

当温度升高时，I_C 增大，射极电阻 R_e 上的电压增大，使 E 点的电位 V_E 升高，基极电位 V_B 固定，因而净输入电压 U_{BE} 减小，使基极电流 I_B 也减小，最终导致集电极电流 I_C 减小，从而使静态工作点得到稳定。

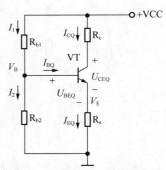

2. 静态工作点估算

图 2.26 所示为分压式偏置电路的直流通路。偏置电阻 R_{b1} 和 R_{b2} 应选择适当数值，使之符合 $I_1 \approx I_2 >> I_B$ 的条件。在小信号条件下，I_B 可近似视为 0 值。

由直流通路估算出静态工作点 Q 处的值。

图 2.26　分压式偏置电路的直流通路

$$V_B \approx \frac{R_{b2}}{R_{b1}+R_{b2}}V_{CC}$$

$$I_{CQ} \approx I_{EQ} = \frac{V_B - U_{BEQ}}{R_e}$$

$$I_{BQ} = \frac{I_{CQ}}{\beta}$$

$$U_{CEQ} \approx V_{CC} - I_{CQ}(R_c+R_e)$$

2.2.4　放大电路的动态分析

放大电路加入交流输入信号的工作状态称为动态。动态时，放大电路输入的是交流微弱小信号；电路内部各电压、电流都是交直流共存的叠加量；放大电路输出的则是被放大的输入信号。性能指标分析就是求解有信号输入时放大电路的输入电阻 r_i、输出电阻 r_o 及电压放大倍数 A_u 等指标。

1. 图解法

通过图解观察放大电路输入和输出波形的变化，可很直观地了解放大电路工作的整个动态过程，得到放大电路的工作区域、失真情况和放大倍数等。

（1）交流负载线

在分析动态工作情况时，由于耦合电容 C_1、C_2 对交流可看作短路，而直流电源对交流也可看作短路接地，基本放大电路的交流通路如图 2.27 所示，因此，交流等效负载为 $R_L' = R_L // R_c$。

由图 2.27 可知

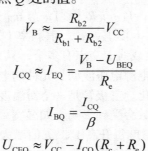

图解法确定共发射极放大电路的交流负载线

$$u_{ce} = -i_c R_L'$$

而 $u_{ce} = u_{CE} - U_{CE}$，$i_c = i_C - I_C$，代入上式可得

$$u_{CE} - U_{CE} = -(i_C - I_C)R_L'$$

表明动态时 i_C 与 u_{CE} 的关系仍为一直线，该直线的斜率为 $-1/R_L'$，它由交流等效负载 R_L'

决定。显然这条直线通过静态工作点 Q。直流负载线和交流负载线如图 2.28 所示。

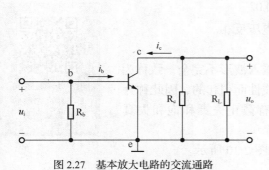

图 2.27　基本放大电路的交流通路

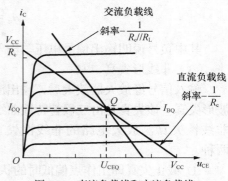

图 2.28　直流负载线和交流负载线

（2）分析动态工作情况

① 利用输入信号 u_i 在输入特性曲线上求出 i_B。

设放大电路 $u_i=0.02\sin\omega t$(V)，由于耦合电容对交流可看作短路，因此三极管 BE 间的总电压是在原有直流电压 $U_{BE}=0.7$V 的基础上叠加一交流信号 u_i，即 $u_{BE}=U_{BE}+u_i=0.7+0.02\sin\omega t$(V)，其波形如图 2.29（a）中曲线①所示。由 u_i 波形可以输入特性曲线上求出 i_B 的波形。

由图 2.29（a）可见，对应于幅值为 0.02V 的输入电压，i_B 将在 20～60μA 之间变动，即 $i_B=40+20\sin\omega t$(μA)，其波形如图 2.29（a）中曲线②所示。

② 利用 i_B 在输出特性曲线上求出 i_C 和 u_{CE}。

当 i_B 在 20～60μA 之间变动时，动态工作点将沿交流负载线在 Q' 和 Q'' 之间移动。直线段 $Q'\,Q''$ 为动态工作范围。根据动态工作点在直线段 $Q'\,Q''$ 之间变化的轨迹可得到对应的 i_C 和 u_{CE} 的波形。由图 2.29（b）可见，i_B 在 20～60μA 之间变动时，i_C 在 1.1～2.7mA（1.9 mA±0.8mA）之间变动，变化规律与 i_B 相同，其波形如图 2.29（b）中曲线③所示；u_{CE} 在 9.0～3.0V（6.0 V±3.0V）之间变动，变化规律与 i_B 相反，如图 2.29（b）中曲线④所示。由此可得到，$i_C=1.9+0.8\sin\omega t$ (mA)，$u_{CE}=6.0-3.0\sin\omega t$ (V)，$u_o=-3.0\sin\omega t$(V)。

图解法确定共发射极放大电路的电压放大倍数

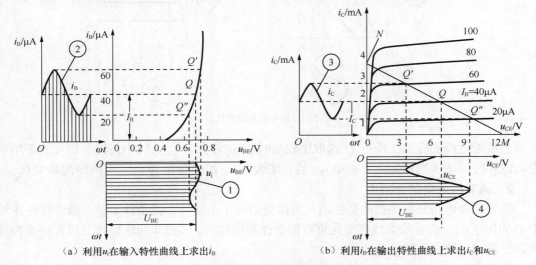

（a）利用 u_i 在输入特性曲线上求出 i_B　　　　（b）利用 i_B 在输出特性曲线上求出 i_C 和 u_{CE}

图 2.29　动态工作图解

所以，该放大器的电压放大倍数为

$$A_u = \frac{u_o}{u_i} = \frac{-3.0}{0.02} = -150$$

其中负号说明输出信号电压与输入信号电压反相。

（3）非线形失真

输入信号经放大器放大后，输出波形与输入波形不完全一致称为波形失真。该失真是由三极管特性曲线的非线性而引起的，因此称为非线性失真。放大电路的非线性失真主要有截止失真和饱和失真两种。

① 截止失真即工作点偏低时的状态，如图 2.30 所示。

图解法确定共发射极放大电路的非线性失真

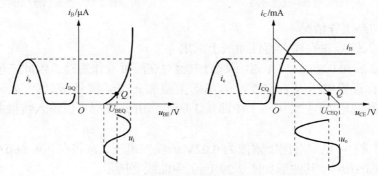

图 2.30　截止失真时的状态

当放大电路的静态工作点 Q 选取比较低时，I_{BQ} 较小，输入信号的负半周进入截止区产生截止失真。增大 I_{BQ} 值，抬高 Q 点，可消除截止失真。

② 饱和失真即工作点偏高时的状态，如图 2.31 所示。

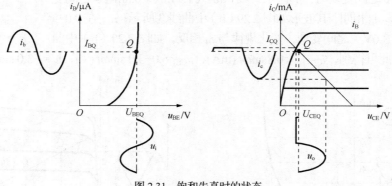

图 2.31　饱和失真时的状态

当放大电路的静态工作点 Q 选取比较高时，I_{BQ} 较大，U_{CEQ} 较小，输入信号的正半周进入饱和区而造成饱和失真。减小 I_{BQ} 值，增大 U_{CEQ} 值，降低 Q 点，可消除饱和失真。

2. 微变等效电路分析法

微变等效电路分析法指的是在输入为微变信号（小信号）的条件下，三极管特性曲线上 Q 点附近的三极管的非线性变化可近似看作是线性的，即把非线性器件三极管转换为线性器件进行求解的方法。

用微变等效电路分析法分析放大电路的求解步骤如下。

① 用公式估算法估算 Q 点值，并计算 Q 点处的参数 r_{be} 值。

② 由放大电路的交流通路，画出放大电路的微变等效电路。

③ 根据等效电路列方程求解性能指标 A_u、r_i、r_o。

一般情况下，由高、低频小功率管构成的放大电路都符合小信号条件，因此其输入、输出特性在小范围内均可视为线性。

图 2.32 所示为三极管的微变等效电路模型。其中 r_{be} 是三极管输入端的等效电阻，受控电流源相当于三极管集电极电流。显然微变等效电路反映了三极管电流的以小控大作用。r_{be} 值可由下式求得。

共发射极放大
电路的微变
等效电路

$$r_{be} = 300\Omega + (1+\beta)\frac{26\text{mV}}{I_{EQ}\text{mA}}$$

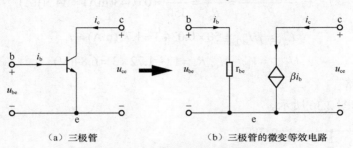

（a）三极管　　　　　　　　（b）三极管的微变等效电路

图 2.32　三极管的微变等效电路模型

能够稳定工作点的分压式偏置放大电路的交流通路及其微变等效电路如图 2.33 所示。

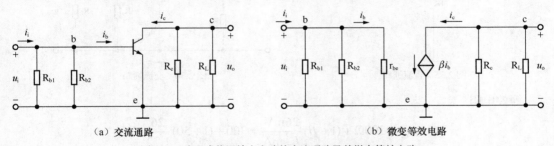

（a）交流通路　　　　　　　　（b）微变等效电路

图 2.33　分压式偏置放大电路的交流通路及其微变等效电路

显然电路交流等效输出电阻：$r_o \approx R_c$。

电路交流等效输入电阻：$r_i = r_{be}//R_{b1}//R_{b2}$。

因为小信号电路有 $R_{b1} >> r_{be}$ 和 $R_{b2} >> r_{be}$，所以 $r_i \approx r_{be}$。

空载时，电路中电压放大倍数

$$A_u = \frac{u_o}{u_i} \approx \frac{-\beta i_b R_c}{i_b r_{be}} = -\beta \frac{R_c}{r_{be}}$$

若电路接入负载，则电路的电压放大倍数

$$A_u' \approx -\beta \frac{R_c//R_L}{r_{be}} = -\beta \frac{R_L'}{r_{be}}$$

共发射极放大电路的主要任务是对输入的小信号进行电压放大，因此电压放大倍数 A_u 是衡量放大电压性能的主要指标之一。放大电路的电压放大倍数随负载增大而下降很多，说明这种放大电路的带负载能力不强。

【例 2-4】 图 2.34 所示为基本放大电路，$\beta=50$，$R_c=R_L=3\text{k}\Omega$，$R_b=350\text{k}\Omega$，$V_{CC}=12\text{V}$，求以下问题。

① 画出直流通路并估算静态工作点 I_{BQ}、I_{CQ}、U_{CEQ}。

② 画出交流通路并求等效电阻 r_{be}、电压放大倍数 A_u、输入电阻 r_i 及输出电阻 r_o。

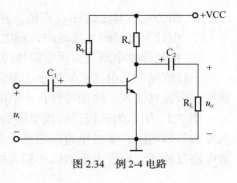

图 2.34 例 2-4 电路

解：① 静态工作点。

直流通路如图 2.35 所示。

$$I_{BQ} = \frac{V_{CC} - U_{BEQ}}{R_b} \approx \frac{V_{CC}}{R_b} = \frac{12}{350} \approx 0.0343(\text{mA}) = 34.3(\mu\text{A})$$

$$I_{CQ} = \beta I_{BQ} = 50 \times 0.0343 \approx 1.72(\text{mA}) \approx I_{EQ}$$

$$U_{CEQ} = V_{CC} - I_{CQ}R_c = 12 - 1.72 \times 3 = 6.84(\text{V})$$

② 交流通路。

交流通路如图 2.36 所示。

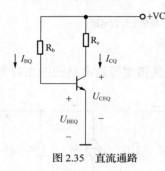

图 2.35 直流通路

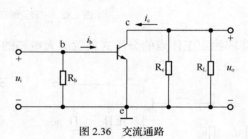

图 2.36 交流通路

等效电阻

$$r_{be} = 300\Omega + (1+\beta)\frac{26\text{mV}}{I_{EQ}\text{mA}} = 300 + (1+50)\frac{26}{1.72}$$

$$\approx 1070.9(\Omega) \approx 1.07(\text{k}\Omega)$$

③ 动态参数。

电压放大倍数

$$A_u = -\beta\frac{R_c \mathbin{/\mkern-5mu/} R_L}{r_{be}} = -50\frac{3\mathbin{/\mkern-5mu/}3}{1.07} \approx -70.1$$

输入电阻

$$r_i = R_b \mathbin{/\mkern-5mu/} r_{be} \approx r_{be} = 1.07(\text{k}\Omega)$$

输出电阻

$$r_o \approx R_c = 3(\text{k}\Omega)$$

【例 2-5】 放大电路如图 2.37 所示，已知直流电源 $V_{CC}=15\text{V}$，三极管的 $U_{BE}=0.7\text{V}$，$\beta=50$，求以下问题。

① 画直流通路，求静态工作点 U_{CEQ}、I_{BQ}、I_{CQ}。

② 画放大器的微变等效电路。

③ 求放大电路电压放大倍数 A_u、输入电阻 r_i 及输出电阻 r_o。

解： ① 静态工作点。

直流通路如图 2.38 所示。

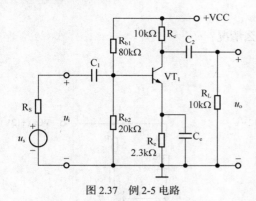

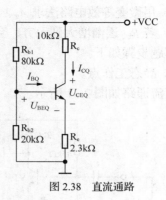

图 2.37　例 2-5 电路　　　　　　图 2.38　直流通路

$$V_B \approx \frac{R_{b2}}{R_{b1} + R_{b2}} V_{CC} = \frac{20}{80 + 20} \times 15 = 3(V)$$

$$I_{CQ} \approx I_{EQ} = \frac{V_B - U_{BEQ}}{R_e} = \frac{3 - 0.7}{2.3} = 1(mA)$$

$$I_{BQ} = \frac{I_{CQ}}{\beta} = \frac{1}{50} = 0.02(mA) = 20(\mu A)$$

$$U_{CEQ} \approx V_{CC} - I_{CQ}(R_c + R_e) = 15 - 1 \times (10 + 2.3) = 2.7(V)$$

② 微变等效电路。

微变等效电路如图 2.39 所示。

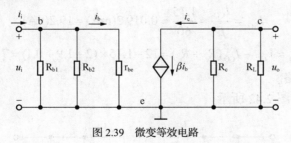

图 2.39　微变等效电路

等效电阻

$$r_{be} = 300\Omega + (1 + \beta)\frac{26mV}{I_{EQ}mA} = 300 + (1 + 50)\frac{26}{1} = 1\,626(\Omega) \approx 1.63(k\Omega)$$

③ 动态参数。

电压放大倍数

$$A_u = -\beta \frac{R_c // R_L}{r_{be}} = -50 \frac{10 // 10}{1.63} \approx -153.4$$

输入电阻

$$r_i = R_{b1} // R_{b2} // r_{be} \approx r_{be} = 1.63(k\Omega)$$

输出电阻

$$r_o \approx R_c = 10(\text{k}\Omega)$$

【例2-6】 放大电路如图2.40所示，已知$\beta=60$，$U_{BEQ}=0.7\text{V}$。

① 估算Q值和r_{be}值。

② 用微变等效电路法求A_u、r_i、r_o。

③ 若R_{b2}逐渐增大到无穷，会出现什么情况？

解题步骤如下。

① 静态工作点。

直流通路如图2.41所示。

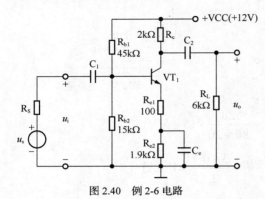 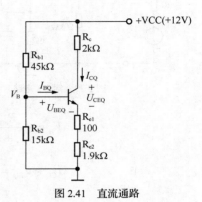

图2.40 例2-6电路　　　　　　图2.41 直流通路

$$V_B \approx \frac{R_{b2}}{R_{b1} + R_{b2}} V_{CC} = \frac{15}{45 + 15} \times 12 = 3(\text{V})$$

$$I_{CQ} \approx I_{EQ} = \frac{V_B - U_{BEQ}}{R_e} = \frac{3 - 0.7}{1.9 + 0.1} = 1.15(\text{mA})$$

$$I_{BQ} = \frac{I_{CQ}}{\beta} = \frac{1.15}{60} \approx 0.019\,2(\text{mA}) = 19.2(\mu\text{A})$$

$$U_{CEQ} \approx V_{CC} - I_{CQ}(R_c + R_e) = 12 - 1.15 \times (2 + 1.9 + 0.1) = 7.4(\text{V})$$

② 微变等效电路。

微变等效电路如图2.42所示。

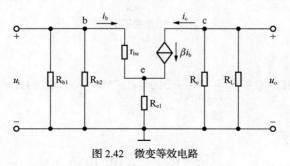

图2.42 微变等效电路

等效电阻

$$r_{be} = 300\Omega + (1+\beta)\frac{26\text{mV}}{I_{EQ}\text{mA}} = 300 + (1+60)\frac{26}{1.15} \approx 1\,679(\Omega) \approx 1.68(\text{k}\Omega)$$

③ 动态参数。

电压放大倍数

$$A_u = -\beta \frac{R_c \mathbin{/\mkern-5mu/} R_L}{r_{be} + (1+\beta)R_{e1}} = -60 \frac{2 \mathbin{/\mkern-5mu/} 6}{1.68 + (1+60) \times 0.1} \approx -11.57$$

输入电阻

$$r_i = R_{b1} \mathbin{/\mkern-5mu/} R_{b2} \mathbin{/\mkern-5mu/} \left[r_{be} + (1+\beta)R_{e1} \right] \approx 4.59 (k\Omega)$$

输出电阻

$$r_o \approx R_c = 2 (k\Omega)$$

R_{e1} 的存在，使电压放大倍数 A_u 的数值减小，输入电阻 r_i 的值增大。

④ 若 R_{b2} 逐渐增大到无穷，此时的 Q 点发生以下变化。

$$I_{BQ} \approx \frac{V_{CC}}{R_{b1} + (1+\beta)(R_{e1} + R_{e2})} = \frac{12}{45 + (1+60)(1.9+0.1)} \approx 0.0719(mA) = 71.9(\mu A)$$

$$I_{CQ} = \beta I_{BQ} = 60 \times 0.0719 \approx 4.31(mA)$$

此时，$I_{CQ}(R_c + R_{e1} + R_{e2}) = 4.31 \times (2+1.9+0.1) = 17.24(V)$，而电源电压只有 V_{CC}=12V，显然不成立，因此 I_{CQ} 不可能达到4.31mA。

三极管饱和时的集电极电流 $I_C \approx \dfrac{V_{CC}}{R_c + R_{e1} + R_{e2}} = \dfrac{12}{2+1.9+0.1} = 3(mA)$，所以三极管不再工作在放大区域，而是工作在饱和区，输出电压严重失真，放大电路无法工作。

【做一做】实训 2-5：分压式偏置放大电路静态工作点的测试

（1）实训流程

① 按图2.43所示在实验板上接好线路，并用万用表简单判断板上三极管VT的极性和好坏。

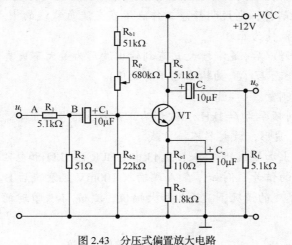

图2.43　分压式偏置放大电路

② 静态工作点的测量。

所谓静态工作点的测量，就是用合适的直流电流表和直流电压表分别测量三极管的集电极电流 I_E 和管压降 U_{CE}。

测量静态工作点目的是了解静态工作点的位置是否合适，如果测量出 U_{CE}<0.5V，则说明三极管已经饱和；如果 $U_{CE} \approx V_{CC}$（电源电压），则说明三极管已经截止。如果遇到这两种情况，或者测量值和选定的静态

单管放大电路
实验

工作点不一致，就需要对静态工作点进行调整，否则将使放大后的信号产生非线性失真。

在理论教学中我们知道，静态工作点的位置和偏置电阻有关，在这个实验电路中我们通过调节滑动电阻 R_P，使 $V_E=2V$，并测出 R_P 阻值，按表 2-3 测量并计算。

表 2-3　　　　　　　　　　　　静态工作点的测量

	V_B/V	U_{BE}/V	V_E/V	U_{CE}/V
测量值				
计算值				

$R_P=$ _____。

③ 调节 R_P，对静态工作点的影响。

调节 R_P，观察 U_{BE}、I_B 有无明显变化，并记录 U_{BE}_____（有/无）明显变化；I_B_____（有/无）明显变化。

调节 R_P，观察 U_{CE}、I_C 有无明显变化，并记录 U_{CE}_____（有/无）明显变化；I_C_____（有/无）明显变化。

（2）结论

调节 R_P，_____（能/不能）改变共发射极放大电路的静态工作点。

【做一做】实训 2-6：分压式偏置放大电路动态性能指标的测试

实训流程如下所示。

当 $+V_{CC}$ 和交流负载电阻 R_L 确定后，放大器的动态范围取决于静态工作点的位置。为了得到最大的动态范围，应将静态工作点调在交流负载线的中点。为此，在放大器正常工作下，逐步加大输入信号的电压 u_i 的幅度，用示波器观察放大器的输出电压波形。如果输出的波形同时出现正、负峰被削，则说明静态工作点已在交流负载线的中点；如果是正峰被削掉或者是负峰被削掉，则说明静态工作点不在交流负载线的中点，此时必须调节 R_P 值，直到静态工作点最佳为止。

当静态工作点调好以后，逐渐增大 u_i 直到输出波形为最大不失真时，测量输出电压 u_o，则最大动态范围等于 $2\sqrt{2}\ U_o$（U_o 为输出电压有效值）。

（1）放大倍数的测量

① 将信号源调到频率为 $f=1kHz$，波形为正弦波，信号幅值 U_{im} 为 2mV，接到放大器的输入端观察 u_i 和 u_o 波形，放大器不接负载。

一般采用实验箱上加衰减的办法，图 2.43 中电阻 R_1（5.1kΩ）和电阻 R_2（51Ω）组成衰减器。即信号源用一个较大的信号，例如，在 A 端输入 100mV 经衰减后 B 端输出 1mV。

② 在信号频率不变的情况下，逐步加大幅值，测 u_o 不失真时的最大值 U_{om} 并填入表 2-4 中。

表 2-4　　　　　　　　　　　　不同输入信号下的放大倍数

测量值		计算值
U_{im}/mV	U_{om}/V	$A_u=U_{om}/U_{im}$

③ 保持 $f=1\text{kHz}$，幅值为 5mV，放大器接入负载 R_L，并将计算结果填入表 2-5 中。

表 2-5　　　　　　　　　　　　　负载对放大倍数的影响

给定参数		测量值		计算值
R_c	R_L	U_{im}/mV	U_{om}/V	$A_u = U_{om}/U_{im}$
$5.1\text{k}\Omega$	$5.1\text{k}\Omega$			
$5.1\text{k}\Omega$	$2\text{k}\Omega$			

（2）放大器的输入、输出电阻

① 输入电阻测量

按照定义，输入电阻

$$r_i = \frac{u_i}{i_i} = \frac{U_i}{I_i}$$

其中，U_i 和 I_i 分别为输入电压和输入电流的有效值。

测量放大器的输入电阻一般采用"换算法"。所谓"换算法"测量，即在信号源和放大器之间串接一个已知电阻 R_S，如图 2.44 所示，在放大器正常工作的情况下，分别测出 u_i、u_S 的有效值 U_i 和 U_S，则

$$r_i = \frac{u_i}{u_S - u_i} R_S = \frac{U_i}{U_S - U_i} R_S$$

在测量时还应该注意以下几点。

a. 为了比较精确地测量交流电压，一般使用晶体管毫伏表（简称毫伏表）。

b. 因为 R_S 两端没有接地点，而毫伏表一般测量的是对地的交流电压，所以当测量 R_S 两端的电压有效值 U_{R_S} 时，必须分别测出电阻两端的对地电压有效值 U_S、U_i，并按下式求出 U_{R_S}。

$$U_{R_S} = U_S - U_i$$

实际测量时电阻 R_S 的数值不能太大，否则容易引入干扰；但也不宜太小，否则测量的误差较大。通常取 R_S 和 r_i 为同一个数量级比较合适，本实验取 R_S 为 $5.1\text{k}\Omega$。

c. 测量之前，毫伏表应该校零，U_S 和 U_i 最好用同一个量程进行测量。

d. 用示波器监视输出波形，要求在波形不失真的条件下进行上述的测量。

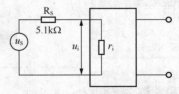

图 2.44　输入电阻测量电路

在输入端串接 $5.1\text{k}\Omega$ 电阻，加入 $f=1\text{kHz}$ 的正弦波信号，用示波器观察输出波形，用毫伏表分别测量对地电位 U_S、U_i，如图 2.44 所示。

将所测数据及计算结果填入表 2-6 中。

表 2-6　　　　　　　　　　　　　　输入电阻的测量

测量值		计算值
U_S/mV	U_i/mV	r_i/Ω

② 输出电阻测量

放大器对于负载来说，就相当于一个等效电压源，这个等效电压源的内阻 r_0 就是放大

器的输出电阻。

放大器的输出电阻的大小反映了放大器带负载的能力，因此可以通过测量放大器接入负载前后电压的变化来求出其输出电阻 r_o。在放大器正常工作的情况下，首先测量放大器的开路输出电压有效值 U_o，再测量放大器接入已知负载 R_L 时的输出电压有效值 U_L，如图 2.45 所示。

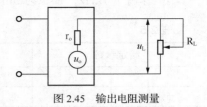

图 2.45　输出电阻测量

$$r_o = \left(\frac{u_o}{u_L} - 1 \right) \times R_L = \left(\frac{U_o}{U_L} - 1 \right) \times R_L$$

在图 2.43 中 A 点加 $f=1\mathrm{kHz}$ 的正弦波交流信号，在输出端接入可调电阻作为负载，选择合适的 R_L 值使放大器的输出波形不失真(接示波器观察)，用毫伏表分别测量接上负载 R_L 时的电压有效值 U_L 及空载时的电压有效值 U_o。

将所测数据及计算结果填入表 2-7 中。

表 2-7　　　　　　　　　　　　　　输出电阻的测量

测量值		计算值
U_o（mV，$R_L=\infty$）	U_L（mV，$R_L=$_____）	r_o/Ω

【练一练】实训 2-7：共发射极放大电路的仿真测试

共发射极放大电路的仿真测试如图 2.46 所示。

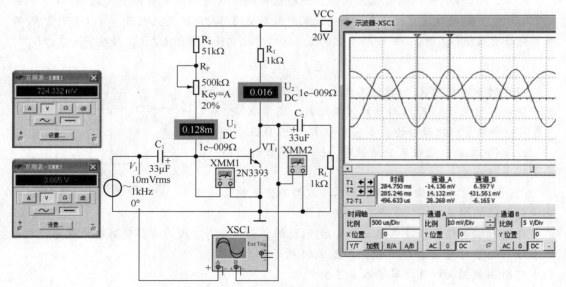

图 2.46　共发射极放大电路的仿真测试

（1）测试流程

① 按图 2.46 画好电路。用直流电流表 U_1、U_2 分别测量基极电流 I_B 和集电极电流 I_C，用万用表 XMM1、XMM2 的直流电压挡分别测量电压 U_{BE}、U_{CE} 值。示波器 XSC1 的 A、B 通道分别显示输入信号和输出的交流、直流叠加量。

② 在静态条件下（输入信号为 0），改变电阻 R_P 的阻值，用直流电流表和万用表测得

的静态工作点值分别填入表 2-8 中，求出静态电流放大系数。

③ 输入信号设置为振幅 10mV 的正弦波，用示波器 XSC1 观察信号源波形和输出信号波形，观察输出信号波形的变化情况（大小变化，是否失真）。

表 2-8　　　　　　　　　　　　　　　静态工作点的测量

（R_2+R_P）/kΩ	51+300	51+200	51+100	51+50
I_B/mA				
I_C/mA				
U_{BE}/V				
U_{CE}/V				
三极管静态电流放大系数（I_C/I_B）				
输出波形是否失真（输入信号为振幅 10mV 的正弦波）				

④ 当输出信号波形为最大不失真情况下，测出输入电压和输出电压的幅值，算出电路电压放大倍数 A_u。

⑤ 将输出信号设置为 0，记录输出信号波形为最大不失真情况下的静态电压 U_{BE} 和 U_{CE} 值。

⑥ 当 R_P=150kΩ 时，测量此时的输入电压和输出电压的幅值，算出电路电压放大倍数 A_u。

⑦ 当负载开路（$R_L=\infty$）时，测量此时的输入电压和输出电压的幅值，算出电路电压放大倍数 A_u。

⑧ 用示波器分别观察输入信号、u_{BE} 信号、u_{CE} 信号、输出信号波形，理解信号放大的工作过程。

放大倍数的测试见表 2-9。

表 2-9　　　　　　　　　　　　　　　放大倍数的测试

	U_{BE}/V	U_{CE}/V	u_i 幅值/V	u_o 幅值/V	A_u
输入信号波形为最大不失真时，R_P=＿＿＿kΩ					
R_P=150kΩ，R_L=1kΩ					
R_P=150kΩ，R_L=∞					

（2）结论

共发射极放大电路输出信号与输入信号＿＿＿＿＿＿（基本相同/完全不同），输出信号与输入信号幅度相比＿＿＿＿＿＿（变大/变小/基本不变），即＿＿＿＿＿＿（实现了/没有实现）信号不失真放大；输出信号与输入信号的相位关系为＿＿＿＿＿＿（同相/反相）。

接有负载电阻的电压放大倍数比空载时＿＿＿＿＿＿（增大/降低/基本不变）。

【想一想】

① 归纳偏置电阻 R_b（即测试图中的 R_2+R_P）的阻值大小对静态工作点和输出信号是否存在失真的影响。

② 为什么当偏置电阻 R_b 的阻值很小时，三极管电流放大系数会大幅度下降？

实训任务2.3　共集电极放大电路动态性能指标的测试

知识要点
- 熟悉共集电极放大电路的组成。
- 会对共集电极放大电路进行静态分析和动态分析。
- 掌握共集电极放大电路输入、输出电阻的特点、放大信号的特点，理解其应用。

技能要点
- 掌握共集电极放大电路静态、动态性能指标的测试方法。

【做一做】实训2-8：共集电极放大电路动态性能指标的测试

共集电极放大电路仿真测试如图2.47所示。

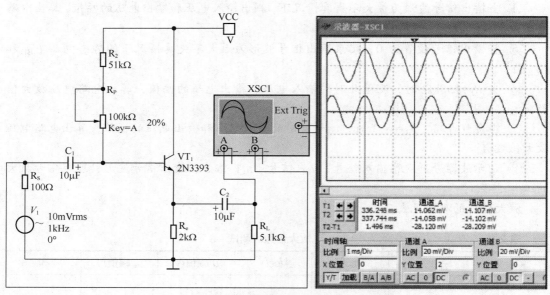

图2.47　共集电极放大电路仿真测试

（1）实训流程

① 按图2.47画好电路。调节R_P值，用示波器XSC1观察输出信号，使其不失真。

② 用示波器观察输入、输出信号，并记录输入电压的幅度为_____V，输出电压的幅度为_____V，计算放大倍数A_u=_____。

输出信号与输入信号的相位关系为_____（同相/反相）。

③ 不接负载电阻R_L，即增大负载电阻值，观察输出电压幅度有无明显变化。表明：共集电极放大电路_____（具有/不具有）稳定输出电压的能力，即可推断共集电极放大电路的输出电阻_____（很大/很小）。

④ 在输入回路上改变电阻R_S值，观察输出电压幅度有无明显变化。表明：信号源内阻变化，输出电压幅度_____（减小/几乎不变），即可推断共集电极放大电路的输入电阻_____（很大/很小）。

（2）结论

共集电极放大电路的电压放大倍数 A_u=_____（>>1/≈1/<<1），

输入电阻_____（很大/很小），输出电阻_____（很大/很小）。

1. 电路组成

共集电极放大电路应用非常广泛，其电路及其交流通路如图 2.48 所示。其组成原理同共发射极电路一样，外加电源的极性要保证放大管发射结正偏，集电结反偏，同时保证放大管有一个合适的 Q 点。

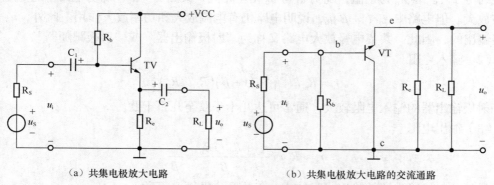

（a）共集电极放大电路　　　　　（b）共集电极放大电路的交流通路

图 2.48　共集电极放大电路及其交流通路

三极管的集电极直接与直流电源 VCC 相接，负载接在发射极电阻两端。显然，电路的输入极仍为基极，输出极却是发射极。交流信号 u_i 从基极 b 输入，u_o 从发射极 e 输出，集电极 c 作为输入、输出的公共端，故称为共集电极组态。

共集电极放大电路

2. 共集电极放大电路的静态分析

根据图 2.49（a）所示的直流通路，可估算静态工作点 Q 的值。

$$I_{BQ} = \frac{V_{CC} - U_{BEQ}}{R_b + (1+\beta)\,R_e}$$

$$I_{CQ} = \beta I_{BQ}$$

$$U_{CEQ} = V_{CC} - I_{EQ}R_e \approx V_{CC} - I_{CQ}R_e$$

3. 共集电极放大电路的动态分析

共集电极放大电路微变等效电路如图 2.49（b）所示。

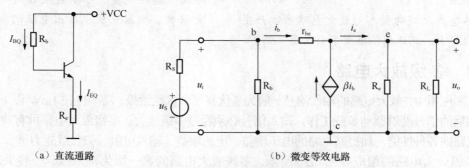

（a）直流通路　　　　　　　（b）微变等效电路

图 2.49　直流通路及其微变等效电路

（1）电压放大倍数

$$u_o = (1+\beta)i_b(R_e // R_L)$$

$$u_i = i_b r_{be} + u_o$$

$$A_u = \frac{u_o}{u_i} = \frac{(1+\beta)(R_e // R_L)}{r_{be} + (1+\beta)(R_e // R_L)}$$

通常 $(1+\beta)(R_e // R_L) \gg r_{be}$，故式中分子小于约等于分母，即共集电极放大电路的 A_u 小于且约等于 1。因 A_u 为正值，说明 u_i 与 u_o 相位相同；又因 $u_i \approx u_o$，说明电路中的电压并没有被放大。但电路中 $i_e = (1+\beta)i_b$，说明电路仍有电流放大和功率放大作用。此外，u_o 是由射极输出的，因此，共集电极放大电路又称为"射极输出器"或"射极跟随器"。

（2）输入电阻

$$r_i = R_b // \left[r_{be} + (1+\beta)(R_e // R_L) \right]$$

射极输出器的输入电阻较大，通常可达几十千欧至几百千欧。

（3）输出电阻

$$r_o \approx R_e // \frac{r_{be} + R_S // R_b}{1+\beta} \approx \frac{r_{be}}{\beta}$$

显然，射极输出器的输出电阻较小，仅为几十欧至几百欧。

射极跟随器具有较高的输入电阻和较低的输出电阻，这是射极跟随器最突出的优点。射极跟随器常用于多级放大器的第一级或最末级，也可用于中间隔离级。用作输入级时，其高输入电阻可以减轻信号源的负担，提高放大器的输入电压。用作输出级时，其低输出电阻可以减小负载变化对输出电压的影响，并易于与低阻负载相匹配，向负载传送尽可能大的功率。用于中间缓冲级，可减小前后级之间的相互影响。

实训任务 2.4　负反馈放大电路的测试

知识要点

- 了解多级放大电路的几种耦合方式和特点。
- 掌握反馈的概念以及反馈类型的判断方法。
- 熟悉负反馈的引入对放大电路性能产生的影响，能正确根据要求引入负反馈。

技能要点

- 掌握负反馈放大电路静态工作点的测量与调整方法。
- 掌握负反馈放大电路动态参数的测量方法。通过测量，了解负反馈对电压放大倍数、输入电阻、输出电阻的影响。

2.4.1　多级放大电路

实际应用中，放大电路的输入信号一般为毫伏甚至微伏数量级，功率也在 1mW 以下，为了使放大后的信号能够驱动负载工作，输入信号必须经过多级放大。多级放大电路可有效地提高放大电路的各种性能，如提高电路的电压增益、电流增益、输入电阻、带负载能力等。

多级放大电路的组成如图 2.50 所示。多级放大电路的第一级为输入级，一般采用输入阻抗较高的放大电路，以便从信号源获得较大的电压输入信号并对信号进行放大。中间级一般采用共发射极放大器，主要是为了获得较高的增益，有的需要用几级放大电路才能完成信号的放大。多级放大电路的最后一级称为输出级，它与负载相连，因此要考虑负载的性质，通过放大，获得足够大的电流和功率以驱动负载工作。

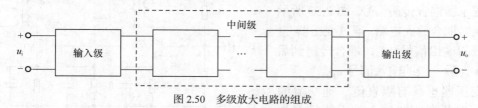

图 2.50　多级放大电路的组成

1. 多级放大电路的耦合方式

在多级放大电路中，各级放大电路输入和输出之间的连接方式称为耦合方式。其常见的连接方式有 3 种：阻容耦合、直接耦合和变压器耦合。

（1）阻容耦合

阻容耦合指放大器各级之间通过隔直耦合电容连接起来。图 2.51 所示为阻容耦合两级放大电路。

多级放大电路的
级间耦合方式

阻容耦合多级放大电路具有以下特点。

① 各级放大器的直流通路互不相通，即各级的静态工作点相互独立，互不影响，利于放大器的设计、调试和维修。

② 低频特性差，只能放大具有一定频率的交流信号，不适合放大直流或缓慢变化的信号。

③ 阻容耦合电路具有体积小、质量小的优点，在分立元件电路中应用较多。在集成电路中制造大容量的电容是比较困难的，因此阻容耦合方式一般不集成化。

（2）直接耦合

直接耦合指各级放大器之间通过导线直接相连接。图 2.52 所示为直接耦合两级放大电路，前级的输出信号 u_{o1}，直接作为后一级的输入信号 u_{i2}。

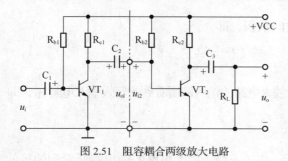

图 2.51　阻容耦合两级放大电路

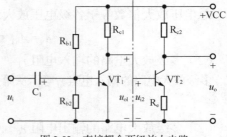

图 2.52　直接耦合两级放大电路

直接耦合电路的特点如下。

① 频率特性好，不但可以放大交流信号，而且能放大极其缓慢变化的超低频信号以及直流信号。

② 电路中无大的耦合电容，结构简单，便于集成。

③ 各级放大电路的静态工作点相互影响，不利于电路的设计、调试和维修。

多级直接耦合的
放大电路前后级
电位互相牵制

④ 输出存在温度漂移，即放大器无输入信号时，也有缓慢的无规则信号输出。

（3）变压器耦合

变压器耦合指各级放大电路之间通过变压器耦合传递信号。图 2.53 所示为变压器耦合放大电路。通过变压器 T1 把前级的输出信号 u_{o1}，耦合传送到后级，作为后一级的输入信号 u_{i2}。

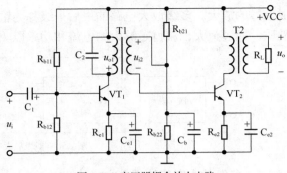

变压器也具有隔直流、通交流的特性，因此变压器耦合放大器具有如下特点。

图 2.53　变压器耦合放大电路

① 各级的静态工作点相互独立，互不影响，利于放大器的设计、调试和维修。

② 同阻容耦合一样，变压器耦合低频特性差，不适合放大直流及缓慢变化的信号，只能传递具有一定频率的交流信号。

③ 输出温度漂移比较小。

④ 易实现级间的阻抗变换及电压、电流的变换，容易获得较大的输出功率。

⑤ 变压器体积和质量较大，不便于集成化。

2. 多级放大电路的分析

（1）多级放大电路的电压放大倍数 A_u

图 2.54 所示为多级放大电路。

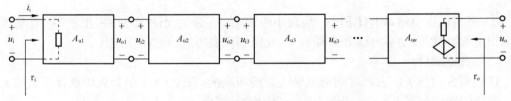

图 2.54　多级放大电路

总电压放大倍数等于各级电压放大倍数的乘积，即

$$A_u = A_{u1} \times A_{u2} \times A_{u3} \times \cdots \times A_{un}$$

（2）多级放大电路的输入电阻 r_i

多级放大电路的输入电阻 r_i 等于从第一级放大电路的输入端所看到的等效输入电阻 r_{i1}，即

$$r_i = r_{i1}$$

（3）多级放大电路的输出电阻 r_o

多级放大电路的输出电阻 r_o 等于从最后一级（末级）放大电路的输出端所看到的等效电阻 r_{on}，即

$$r_o = r_{on}$$

【注意】　求解多级放大电路的动态参数 A_u、r_i、r_o 时，一定要考虑前后级之间的相互影响。

① 把后级的输入阻抗作为前级的负载电阻。

② 前级的开路电压作为后级的信号源电压，前级的输出阻抗作为后级的信号源阻抗。

【例 2-7】　两级阻容耦合放大电路如图 2.55 所示，已知 $\beta_1=60$，$\beta_2=80$，$R_{b1}=20\text{k}\Omega$，$R_{b2}=10\text{k}\Omega$，$R_b=200\text{k}\Omega$，$R_c=2\text{k}\Omega$，$R_{e1}=2\text{k}\Omega$，$R_{e2}=5.1\text{k}\Omega$，$R_L=5.1\text{k}\Omega$，$V_{CC}=12\text{V}$。

① VT₁、VT₂ 各构成什么组态电路？

② 分别估算各级的静态工作点。

③ 画出微变等效电路。

④ 计算放大电路的电压放大倍数、输入电阻和输出电阻。

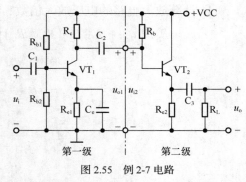

解题方法：多级放大器求解时，首先要判断各级放大器的静态工作点是否相互独立。如果是阻容耦合或变压器耦合，则静态工作点各级可以独立计算；如果是直接耦合，则计算时，必须要整体进行考虑。

图 2.55　例 2-7 电路

解： ① VT_1 放大器为第一级，构成分压式共射放大电路，VT_2 放大器为第二级，构成共集电极放大电路。两级的耦合是阻容耦合，独立计算各级静态工作点。

② 估算各级的静态工作点。

第一级

$$V_{B1} \approx \frac{R_{b2}}{R_{b1} + R_{b2}} V_{CC} = \frac{10}{20+10} \times 12 = 4(V)$$

$$I_{CQ1} \approx I_{EQ1} = \frac{V_{B1} - U_{BEQ1}}{R_{e1}} = \frac{4-0.7}{2} = 1.65(mA)$$

$$I_{BQ1} = \frac{I_{CQ1}}{\beta_1} = \frac{1.65}{60} = 0.027\,5(mA) = 27.5(\mu A)$$

$$U_{CEQ1} \approx V_{CC} - I_{CQ1}(R_c + R_{e1}) = 12 - 1.65 \times (2+2) = 5.4(V)$$

第二级

$$I_{BQ2} = \frac{V_{CC} - U_{BEQ2}}{R_b + (1+\beta_2)\,R_{e2}} = \frac{12-0.7}{200 + (1+80) \times 5.1} \approx 0.018\,4(mA) = 18.4(\mu A)$$

$$I_{CQ2} = \beta_2 I_{BQ2} = 80 \times 0.018\,4 = 1.472(mA) \approx I_{EQ2}$$

$$U_{CEQ2} \approx V_{CC} - I_{CQ2}R_{e2} = 12 - 1.472 \times 5.1 \approx 4.49(V)$$

③ 画出微变等效电路。

微变等效电路如图 2.56 所示。

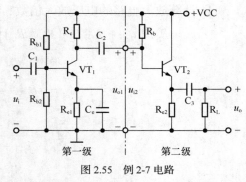

图 2.56　微变等效电路

$$r_{be1} = 300\Omega + (1+\beta_1)\frac{26mV}{I_{EQ1}mA} = 300 + (1+60)\frac{26}{1.65} \approx 1\,261(\Omega) \approx 1.26(k\Omega)$$

$$r_{be2} = 300\Omega + (1+\beta_2)\frac{26mV}{I_{EQ2}mA} = 300 + (1+80)\frac{26}{1.472} \approx 1\,731(\Omega) \approx 1.73(k\Omega)$$

④ 计算放大电路的电压放大倍数、输入电阻和输出电阻。

$$r_{i2} = R_b // \left[r_{be2} + (1 + \beta_2)(R_{e2} // R_L) \right] = 200 // \left[1.73 + (1 + 80)(5.1 // 5.1) \right] \approx 102(k\Omega)$$

$$r_{o1} \approx R_c = 2(k\Omega)$$

$$A_{u1} = -\beta_1 \frac{R_c // R_{i2}}{r_{be1}} = -60 \times \frac{2}{1.26} \approx -95$$

$$A_{u2} = \frac{(1 + \beta_2)(R_{e2} // R_L)}{r_{be2} + (1 + \beta_2)(R_{e2} // R_L)} \approx 1$$

$$A_u = A_{u1} A_{u2} \approx -95$$

$$r_i = r_{i1} = R_{b1} // R_{b2} // r_{be1} \approx r_{be1} = 1.26(k\Omega)$$

$$r_o \approx r_{o2} = R_{e2} // \frac{r_{be2} + R_b // R_{o1}}{1 + \beta_2} = 5.1 // \frac{1.73 + 200 // 2}{1 + 80} \approx 0.046(k\Omega) = 46(\Omega)$$

2.4.2 负反馈放大电路

1. 反馈的基本概念

（1）什么是反馈

在电子系统中，把放大电路输出信号（电压或电流）的部分或全部，经过一定的电路（反馈网络）反送回到放大电路的输入端，从而影响输出信号的方式称为反馈。有反馈的放大电路称为反馈放大电路。

（2）反馈放大电路的组成

反馈放大电路由基本放大电路和反馈网络组成，如图 2.57 所示。

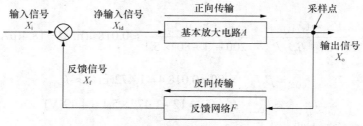

图 2.57 反馈放大电路的组成

图 2.57 中 X_i、X_{id}、X_f、X_o 分别表示放大电路的输入信号、净输入信号、反馈信号和输出信号，它们可以是电压信号，也可以是电流信号。

没有引入反馈时的基本放大电路称为开环电路，其中的 A 表示基本放大电路的放大倍数，也称为开环放大倍数。引入反馈后的放大电路称为闭环电路，F 表示反馈网络系数。

反馈放大电路的组成

（3）反馈元件

在反馈放大电路中，既与基本放大电路输入回路相连，又与输出回路相连的元件，以及与反馈支路相连且对反馈信号的大小产生影响的元件，均称为反馈元件。

（4）反馈放大电路的一般表达式

① 闭环放大倍数 A_f。

基本放大电路的放大倍数 A 的表达式为

$$A = \frac{X_o}{X_{id}}$$

反馈网络的反馈系数 F 的表达式为

$$F = \frac{X_f}{X_o}$$

反馈放大电路的放大倍数 A_f 的表达式为

$$A_f = \frac{X_o}{X_i}$$

基本放大电路的净输入信号 X_{id} 的表达式为

$$X_{id} = X_i - X_f$$

由上述式子可推出闭环放大电路放大倍数 A_f 的一般表达式为

$$A_f = \frac{A}{1 + AF}$$

② 反馈深度。

定义（$1 + AF$）为闭环放大电路的反馈深度，它反映了放大电路反馈强弱的程度。

若（$1 + AF$）> 1，则有 $A_f < A$，此时放大电路引入的反馈为负反馈。

若（$1 + AF$）< 1，则有 $A_f > A$，此时放大电路引入的反馈为正反馈。

若（$1 + AF$）$= 0$，则有 $A_f = \infty$，此时反馈放大电路出现自激振荡。

若（$1 + AF$）$>> 1$，则有 $A_f = \dfrac{A}{1 + AF} \approx \dfrac{1}{F}$，此时称放大电路引入深度负反馈。

2. 反馈的类型及其判定方法

（1）正反馈和负反馈

若引入的反馈信号 X_f 削弱了外加输入信号，称为负反馈；若引入的反馈信号 X_f 增强了外加输入信号，则称为正反馈。

负反馈主要用于改善放大电路的性能指标，而正反馈主要用于振荡电路、信号产生电路中。

判定电路的反馈极性常采用电压瞬时极性法，具体方法如下。

① 假定放大电路的输入信号电压在某一瞬时对地的极性为 "＋"（也可假定为 "－"）。

② 按照放大器的信号传递方向，逐级传递至输出端。根据三极管各电极间相对相位关系，依次标出放大器各点对地瞬时极性。

③ 将输出端的瞬时极性顺着反馈网络的方向逐级传递回输入回路，根据反馈信号的瞬时极性，确定是增强了还是削弱了原来输入信号。如果输入端电压的变化是增强，则引入的为正反馈；反之，则为负反馈。

判定反馈的极性时，一般有这样的结论：在放大电路中，输入信号 u_i 和反馈信号 u_f 在相同端点时，如果引入的反馈信号 u_f 和输入信号 u_i 同极性，则为正反馈；若二者的极性相反，则为负反馈。当输入信号 u_i 和反馈信号 u_f 不在相同端点时，若引入的反馈信号 u_f 和输入信号 u_i 同极性，则为负反馈；若二者的极性相反，则为正反馈。图 2.58 所示为反馈极性的判定方法。

如果反馈放大电路是由单级运算放大器构成，则有反馈信号送回到反相输入端时，为

负反馈的类型

利用瞬时极性法
判断正负反馈

负反馈；反馈信号送回到同相输入端时，为正反馈。

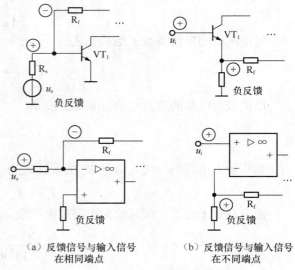

（2）交流反馈和直流反馈

如果反馈信号只有直流信号，称为直流反馈；如果反馈信号只有交流信号，称为交流反馈；如果反馈信号既有交流信号，又有直流信号，则称为交、直流反馈。

直流负反馈可以稳定放大电路的静态工作点；交流负反馈可以改善放大电路的动态性能。

交流反馈和直流反馈的判定，只要画出反馈放大电路的交、直流通路即可。在直流通路中，如果反馈回路存在，即为直流反馈；在交流通路中，如果反馈回路存在，即为交流反馈；如果在交、直流通路中，反馈回路都存在，即为交、直流反馈。

（a）反馈信号与输入信号在相同端点　（b）反馈信号与输入信号在不同端点

图2.58　反馈极性的判定

（3）电压反馈和电流反馈

根据反馈信号从输出端的采样方式不同，可分为电压反馈和电流反馈。如果反馈信号从输出电压 u_o 采样，为电压反馈；反馈信号从输出电流 i_o 采样，为电流反馈。或采样环节与放大电路输出端并联，为电压反馈；采样环节与放大电路输出端串联，为电流反馈。反馈信号在输出端的采样方式如图2.59所示。

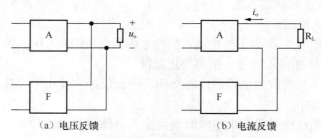

（a）电压反馈　　　　　　　　（b）电流反馈

图2.59　反馈信号在输出端的采样方式

判定方法可以令 $u_o=0$ 来检查反馈信号是否存在。若不存在，则为电压反馈；否则为电流反馈。

一般可以根据采样点与输出电压是否在相同端点来判断反馈的类型。电压反馈的采样点与输出电压在同一端点（或者输出电压的分压点）；电流反馈的采样点与输出电压在不同端点。三极管组成的放大电路电压或电流反馈的简单判断如图2.60所示。

（4）串联反馈和并联反馈

根据反馈信号在输入端的连接方式不同，可分为串联反馈和并联反馈。若反馈信号 X_f 与输入信号 X_i 在输入回路中以电压的形式相加减，即在输入回路中是彼此串联的，为串联反馈；若反馈信号 X_f 与输入信号 X_i 在输入回路中以电流的形式相加减，即在输入回路中是彼此并联的，为并联反馈。反馈信号在输入端的连接方式如图2.61所示。

判定方法可采用直观判别法：在放大器的输入端，若输入信号和反馈信号是在同一个电极上，为并联反馈；反之，为串联反馈。图2.62所示为三极管组成的放大电路串联或并联反馈的简单判断。

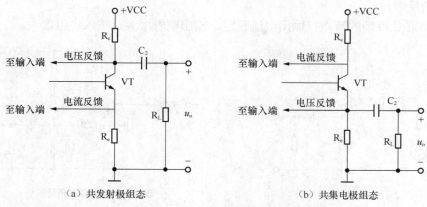

（a）共发射极组态　　　　　　　　　　　（b）共集电极组态

图 2.60　电压或电流反馈的简单判断

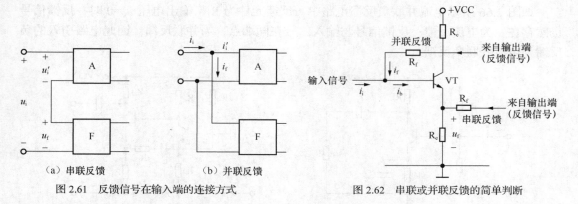

（a）串联反馈　　　　　（b）并联反馈

图 2.61　反馈信号在输入端的连接方式

图 2.62　串联或并联反馈的简单判断

3.　交流负反馈放大电路的 4 种组态

按反馈信号从输出端的采样方式以及输入端的连接方式不同，可组成 4 种交流负反馈放大电路的组态。

（1）电压串联负反馈

在如图 2.63 所示的电压串联负反馈电路中，R_e 为连接输入和输出回路的反馈元件，引入的是负反馈。在输出端，采样点和输出电压同端点，为电压反馈；在输入端，反馈信号与输入信号在不同端点，为串联反馈。因此电路引入的反馈为电压串联负反馈。

放大电路引入电压串联负反馈后，通过自身闭环系统的调节，可使输出电压趋于稳定。

电压串联负反馈的特点：输出电压稳定，输出电阻减小，输入电阻增大，具有很强的带负载能力。

（2）电压并联负反馈

如图 2.64 所示的电压并联负反馈电路中，反馈元件为 R_f。采样点和输出电压在同端点，为电压反馈；反馈信号与输入信号在同端点，为并联反馈。因此电路引入的负反馈为电压并联负反馈。

电压并联负反馈的特点：输出电压稳定，输出电阻减小，输入电阻减小。

（3）电流串联负反馈

如图 2.65 所示电流串联负反馈电路中，反馈元件为 R_e。在输出端，若令 $u_o=0$，反馈信号仍然存在，且输入端反馈信号与输入信号在不同端点，可以判定此电路引入的负反馈为电流串联负反馈。

电流串联负反馈的特点：输出电流稳定，输出电阻增大，输入电阻增大。

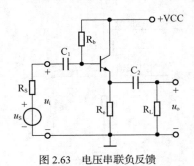

图 2.63 电压串联负反馈

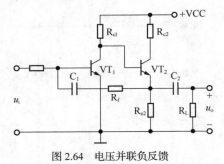

图 2.64 电压并联负反馈

（4）电流并联负反馈

如图 2.66 所示电流并联负反馈电路中，反馈元件为 R_f，输出电压 u_o=0 时，反馈信号仍然存在，为电流反馈；反馈信号与输入信号在同端点，为并联反馈。因此电路引入的负反馈为电流并联负反馈。

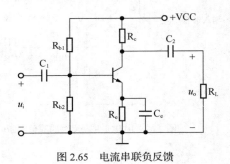

图 2.65 电流串联负反馈

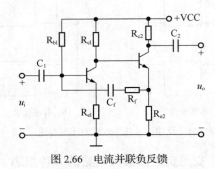

图 2.66 电流并联负反馈

电流并联负反馈的特点：输出电流稳定，输出电阻增大，输入电阻减小。

4. 负反馈对放大电路性能的影响

放大电路引入负反馈后，虽然其放大倍数减小，即增益下降，但可从多方面改善其性能。

（1）提高放大倍数的稳定性

闭环放大电路增益的相对变化量是开环放大电路增益相对变化量的（$1+AF$）分之一。即引入负反馈后，电路的增益相对变化量减小，负反馈放大电路的增益稳定性得到提高。

（2）减小环路内的非线性失真

负反馈对放大电路性能的影响

三极管是一个非线性器件，放大器在对信号进行放大时不可避免地会产生非线性失真。假设放大器的输入信号为正弦信号，在没有引入负反馈时，基本放大电路的非线性放大，使输出信号为正半周幅度大于负半周幅度的失真，如图 2.67（a）所示。

引入负反馈后，反馈的信号正比于失真信号。该反馈信号在输入端与输入信号相比较，使净输入信号 $X_{id}=(X_i-X_f)$ 的波形产生相反方向的失真，即正半周幅度小于负半周幅度（称为预失真），如图 2.67（b）所示。这一信号再经基本放大电路放大后，就可减小输出信号的非线性失真。

值得注意的是，引入负反馈减小的是环路内的失真。如果输入信号本身有失真，此时引入负反馈的作用不大。

（3）抑制环路内的噪声和干扰

在反馈环内，放大电路本身产生的噪声和干扰信号，可以通过负反馈进行抑制，其原理与减小非线性失真的原理相同。同样，对反馈环外的噪声和干扰信号，引入负反馈也无能为力。

（4）扩展通频带

通频带是指放大器放大倍数大致相同的一段频带范围，超出这一范围，放大倍数将显著下降。

在多级放大电路中，级数越多，增益越大，频带越窄。引入负反馈后，可有效扩展放大电路的通频带。如图 2.68 所示为放大器引入负反馈后通频带的变化情况，其中 BW 为无反馈通频带，BW_f 为引入反馈后的通频带。

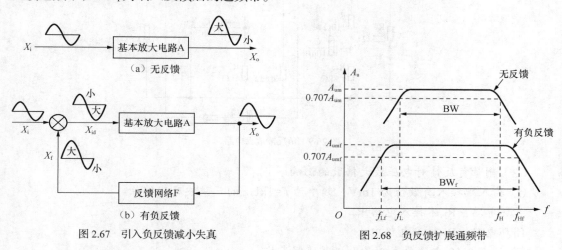

图 2.67　引入负反馈减小失真

图 2.68　负反馈扩展通频带

（5）改变输入和输出电阻

① 负反馈对放大电路输入电阻的影响。串联负反馈使放大电路的输入电阻增大，而并联负反馈使输入电阻减小。

② 负反馈对放大电路输出电阻的影响。电压负反馈使放大电路的输出电阻减小，而电流负反馈使输出电阻增大。

5. 放大电路引入负反馈的一般原则

① 为了使放大电路稳定静态工作点，应引入直流负反馈；为了改善电路的动态性能（如增加增益的稳定性、稳定输出信号、减小失真、扩展频带等），应引入交流负反馈。

② 根据信号源的性质决定引入串联负反馈或并联负反馈。当信号源为恒压源或内阻较小的电压源时，为增大放大电路的输入电阻，以减小信号源的输出电流和内阻上的压降，应引入串联负反馈；当信号源为恒流源或内阻较大的电流源时，为减小放大电路的输入电阻，使电路获得更大的输入电流，应引入并联负反馈。

③ 根据负载对放大电路输出信号的要求，即负载对其信号源的要求，决定引入电压负反馈或电流负反馈。当负载需要稳定电压信号或者减小输出电阻，以提高电路的带负载能力时，应引入电压负反馈；当负载需要稳定电流信号或者增大输出电阻时，应引入电流负反馈。

④ 在多级放大电路中，为了改善放大电路性能，应优先引入级间负

负反馈放大电路的应用

反馈。

【做一做】实训 2-9：负反馈放大电路的测试

1. 实训流程

（1）连接电路

按照图 2.69 在实验板上接好线路，判断反馈电阻 R_F 所引入的反馈属于＿＿＿＿＿＿。

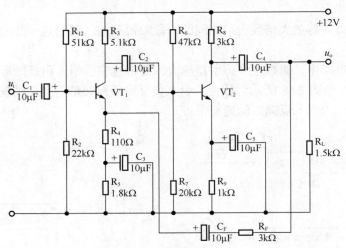

图 2.69　负反馈放大电路

（2）测量负反馈对电压放大倍数的影响

① 输入端接入有效值为 1mV，频率为 f=1kHz 的正弦波交流信号。

开环电路：R_F 不接入电路中。

闭环电路：R_F 接入电路中。

② 按表 2-10 中的要求测量数据并填写表格。

表 2-10　负反馈对电压放大倍数的影响

	R_L	U_i /mV	U_o/mV	$A_u=U_o/U_i$
开环	∞	1		
	1.5kΩ	1		
闭环	∞	1		
	1.5kΩ	1		

（3）负反馈对输入、输出电阻的影响

① 负反馈对输入电阻的影响。

在输入端串接 5.1kΩ 的电阻。

按表 2-11 中的要求测量数据并填写表格。

表 2-11　负反馈对输入电阻的影响

	U_s/V	U_i/V	r_i
开环			
闭环			

② 负反馈对输出电阻的影响。

按表 2-12 中的要求测量数据并填写表格。

表 2-12　　　　　　　　　　　　负反馈对输出电阻的影响

	U_o（ $R_L=\infty$ ）	U_{oL}（ $R_L=1.5\text{k}\Omega$ ）	r_o
开环			
闭环			

（4）负反馈对失真的改善作用

用示波器观察负反馈对波形失真的影响。

① 将电路开环，保持电源+12V 和负载 R_L 值不变，逐渐加大信号源的幅度，观察波形的变化情况。当输出信号出现失真（但不要过分失真）时，记录失真波形的幅值。

$U_{im}=\underline{\hspace{3cm}}$ ，$U_{om}=\underline{\hspace{3cm}}$ 。

② 将电路闭环，保持电源+12V 和负载 R_L 值不变，逐渐加大信号源的幅度，观察波形的变化情况。当输出幅度接近开环失真时的波形幅度，此时波形$\underline{\hspace{2cm}}$（失真/不失真）。

2．结论

放大电路引入负反馈后，其电压放大倍数将$\underline{\hspace{2.5cm}}$（增大/基本不变/减小），其电压放大倍数的稳定性$\underline{\hspace{2cm}}$（提高/基本不变/下降）；引入负反馈后，电路的非线性失真$\underline{\hspace{2cm}}$（可以/不可以）减小。

实训任务 2.5　功率放大电路的测试

知识要点

- 了解典型功率放大电路的组成原则、工作原理及各种状态的特点。
- 熟悉功率放大电路最大输出功率和效率的估算方法，会选择功放管。

技能要点

- 会用集成功率放大器设计实用功率放大电路，掌握消除交越失真的方法。

电子设备的放大系统，一般由多级放大器组成，其末级都要接实际负载。这就要求有较大的电压、电流，即能够输出足够大的功率来带动一定的负载工作，能够为负载提供足够大功率的放大器，称为功率放大器，简称"功放"。功放电路中的三极管简称"功放管"。

2.5.1　功率放大电路的特点与分类

1．功率放大电路的特点及主要技术指标

功率放大电路的主要任务是不失真（或较小失真）、高效率地向负载提供足够的输出功率，其特点及主要技术指标如下。

（1）尽可能大的输出功率

为了获得尽可能大的输出功率，功率放大器常常工作在接近极限的工作状态。

假定输入信号为某一频率的正弦信号，则输出功率为

$$P_o = I_o U_o = \frac{1}{2} I_{om} U_{om}$$

其中，I_o、U_o、I_{om}、U_{om} 分别为负载上的正弦信号的电流、电压的有效值及电流、电压的

最大值。

最大输出功率 P_{om} 是指在正弦输入信号下，输出波形不超过规定的非线性失真指标时，放大电路最大输出电压和最大输出电流有效值的乘积。

（2）尽可能高的功率转换效率

放大电路的效率反映了功率放大器把电源功率转换成输出信号功率（即有用功率）的能力。

$$\eta = \frac{P_o}{P_E} \times 100\%$$

其中，P_o 为信号输出功率，P_E 为直流电源向电路提供的功率。

（3）非线性失真尽可能小

在大信号工作状态下，输出波形不可避免地存在非线性失真。不同的功率放大电路对非线性失真有不同的要求。在实际使用时，要将非线性失真限制在允许的范围内。

（4）有效的散热措施

由于功放管工作在极限的状态，有相当大的功率消耗在功放管的集电结上，造成功放管温度升高，性能变差，严重时甚至损坏功放管，因此需要重视功放管散热措施。

（5）分析方法

由于功放管工作在大信号状态，因此只能采用图解法对其输出功率和效率等指标作粗略估算。

（6）选择功放管时应注意的事项

① 注意极限参数的选择，保证功放管安全使用。

② 合理选择功率放大的电源电压及工作点。

③ 对功放管加散热措施。

（7）主要技术指标

功率放大电路的主要技术指标为最大输出功率和转换效率。

2. 功率放大电路工作状态的分类

根据功放管导通时间不同，可以分为甲类、乙类、甲乙类 3 种功率放大电路。

（1）甲类功率放大电路

甲类功率放大电路工作状态如图 2.70 所示。其特点如下：① 在输入信号的整个周期内，三极管均导通；② 效率低，一般只有 30% 左右，最高为 50%。

功率放大电路的分类

应用：小信号放大电路。

（2）乙类功率放大电路

乙类功率放大电路工作状态如图 2.71 所示。其特点如下：① 在输入信号的整个周期内，三极管仅在半个周期内导通；② 效率高，最高可达 78.5%；③ 缺点是存在交越失真。

应用：乙类互补功率放大电路。

（3）甲乙类功率放大电路

甲乙类功率放大电路工作状态如图 2.72 所示。

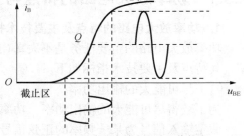

图 2.70 甲类功率放大电路工作状态

示。其特点如下：① 在输入信号的整个周期内，三极管导通时间大于半周而小于全周；② 交越失真改善；③ 效率较高（介于甲类与乙类之间）。

应用：甲乙类互补对称式功率放大电路。

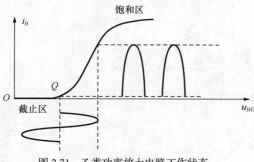

图 2.71　乙类功率放大电路工作状态

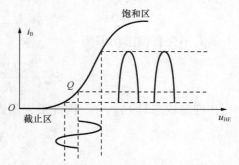

图 2.72　甲乙类功率放大电路工作状态

2.5.2　乙类互补对称功率放大电路

1. 电路的组成和工作原理

乙类互补对称
功率放大电路

VT$_1$、VT$_2$ 分别为 NPN 型和 PNP 型功放管，其特性和参数对称，由正、负等值的双电源供电，如图 2.73 所示。

（1）静态分析

当输入信号 u_i=0 时，两个功放管都工作在截止区，此时，静态工作电流为零，负载上无电流流过，输出电压为零，输出功率为零。

（2）动态分析

当有输入信号时，VT$_1$ 和 VT$_2$ 轮流导电，交替工作，使流过负载 R_L 的电流为一完整的正弦信号。

因为两个不同极性的功放管互补对方的不足，工作性能对称，所以这种电路通常称为互补对称功率放大电路。

2. 性能指标估算

由如图 2.74 所示的图解分析可知，该电路的输出电流最大允许变化范围为 $2I_{om}$，输出电压最大允许变化范围为 $2U_{om}$。因此，性能指标可估算如下。

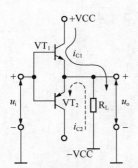

图 2.73　乙类互补对称功率放大电路

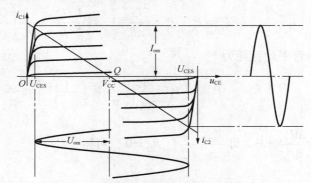

图 2.74　乙类互补对称功率放大电路的图解分析

（1）输出功率

输出功率为

$$P_o = I_o U_o = \frac{1}{2} I_{om} U_{om} = \frac{1}{2} \frac{U_{om}^2}{R_L}$$

当信号足够大时，可得

$$U_{om} = V_{CC} - U_{CES}$$

最大不失真输出功率为

$$P_{om} = \frac{1}{2}\frac{U_{om}^2}{R_L} = \frac{1}{2}\frac{\left(V_{CC} - U_{CES}\right)^2}{R_L}$$

在理想状态时 $U_{CES}=0$，因此最大不失真输出功率为

$$P_{om} \approx \frac{1}{2}\frac{V_{CC}^2}{R_L}$$

（2）效率

直流电源 V_{CC} 提供给电路的功率为

$$P_{E1} = I_{av1}V_{CC} = \frac{1}{\pi}I_{om}V_{CC} = \frac{1}{\pi}\frac{U_{om}}{R_L}V_{CC}$$

考虑正负两组直流电源提供给电路，总的功率为

$$P_E = 2P_{E1} = \frac{2}{\pi}\frac{U_{om}}{R_L}V_{CC}$$

效率为

$$\eta = \frac{\pi U_{om}}{4V_{CC}}$$

当输出信号达到最大不失真时，效率最高。此时，

$$(U_{om})_{max} = V_{CC} - U_{CES} \approx V_{CC}$$

$$\eta_{max} \approx \frac{\pi}{4} \approx 78.5\%$$

（3）单管最大平均管耗 P_{T1max}

当不计其他耗能元件所消耗功率时，功放管消耗功率为

$$P_T = P_E - P_o = \frac{2U_{om}}{\pi R_L}V_{CC} - \frac{1}{2}\frac{U_{om}^2}{R_L} = \frac{2}{R_L}\left(\frac{U_{om}}{\pi}V_{CC} - \frac{U_{om}^2}{4}\right)$$

单管平均管耗为

$$P_{T1} = \frac{1}{2}P_T = \frac{1}{R_L}\left(\frac{U_{om}}{\pi}V_{CC} - \frac{U_{om}^2}{4}\right) = \frac{V_{CC}}{\pi}I_{om} - \frac{1}{4}I_{om}^2 R_L$$

令 $\dfrac{dP_{T1}}{dI_{om}} = 0$，即 $\dfrac{V_{CC}}{\pi} - \dfrac{1}{2}I_{om}R_L = 0$，可得

$$I_{om} = \frac{2V_{CC}}{\pi R_L}, \quad U_{om} = \frac{2V_{CC}}{\pi}$$

此时，P_{T1} 最大。因此，单管的最大管耗为

$$P_{T1max} \approx 0.1\frac{V_{CC}^2}{R_L} = 0.2P_{om}$$

3. 选择功放管的原则

① 每只功放管的最大允许管耗（或集电极功率损耗）$P_{CM} \geqslant P_{T1max}=0.2P_{om}$。

② 考虑到当 VT_2 接近饱和导通时，忽略饱和压降，此时 VT_1 管的 u_{CE1} 具有最大值，且等于 $2V_{CC}$。因此，应选用 $U_{CEO}>2V_{CC}$ 的功放管。

③ 通过功放管的最大集电极电流约为 V_{CC}/R_L，所选功放管的 $I_{CM} \geqslant V_{CC}/R_L$。

【做一做】实训 2-10：乙类互补对称功率放大电路的仿真测试

仿真测试电路如图 2.75 所示。

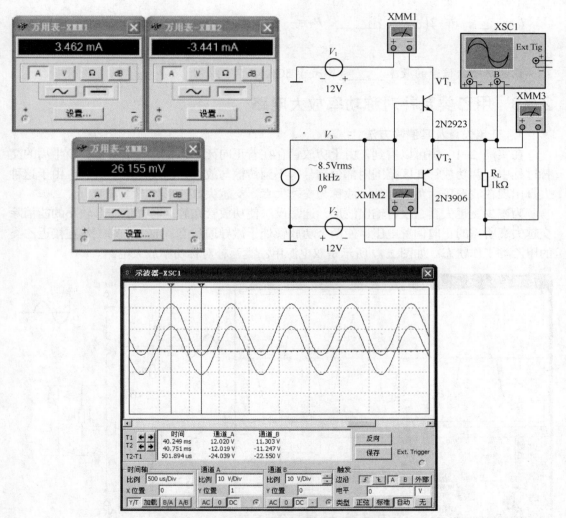

图 2.75　乙类互补对称功率放大电路的仿真测试

（1）实训流程

① 按图 2.75 画好电路。

② 用万用表 XMM1、XMM2 测量两功放管集电极的电流 I_{C1}、I_{C2}，用万用表 XMM3 测量输出电压；用示波器 XSC1 观察信号源波形和输出信号波形。

③ 当输入信号为 0 时，测量两管集电极静态工作电流 $I_{C1}=$＿＿＿＿＿＿，$I_{C2}=$＿＿＿＿＿＿。
结论：此电路静态功耗＿＿＿＿＿＿（基本为 0/比较大）。

④ 加入输入信号，其有效值为 2V，频率为 1kHz，用示波器观察信号源波形和输出信

号波形。

结论：输出信号波形在过零点处＿＿＿＿＿＿＿（无明显失真/有明显失真）。

⑤ 将输入信号的有效值改为 8.5V，频率为 1kHz，用示波器观察输出信号波形，并记录幅值 $U_{om}=$＿＿＿＿＿＿＿。计算 $P_o = \dfrac{1}{2}\dfrac{U_{om}^2}{R_L} = $＿＿＿＿＿＿＿。

⑥ 用万用表测量电源提供的平均直流电流 I_o 值，计算电源提供的功率 P_E、单个功放管管耗 P_T 和效率 η。

$I_o=$＿＿＿＿，$P_E=2V_{CC}I_o=$＿＿＿＿＿＿，$P_T=\dfrac{1}{2}$（P_E-P_o）$=$＿＿＿＿，$\eta=\dfrac{P_o}{P_E}=$＿＿＿＿＿＿%。

（2）结论

该电路输出信号的效率＿＿＿＿＿（大于 50%/小于 50%），效率＿＿＿＿（较高/较低）。

2.5.3 甲乙类互补对称功率放大电路

1. 交越失真及其消除方法

在实训 2-10 中可以看到，由于功放管存在着正向死区，在输入信号正、负半周的交替过程中，两功放管死区范围内部分信号得不到传输与放大，因此产生了失真。由于这种失真出现在波形正、负交界处，故称为交越失真。交越失真波形如图 2.76 所示。

为减少交越失真，改善输出波形，通常设法使功放管在静态时提供一个较小的能消除交越失真所需的正向偏置电压，使两个功放管处于微导通状态，放大电路工作在接近乙类的甲乙类工作状态。如图 2.77 所示是双电源甲乙类互补对称功率放大电路。

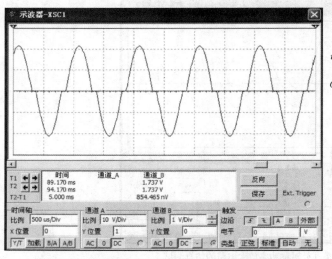

图 2.76　乙类互补对称功率放大电路的交越失真波形图

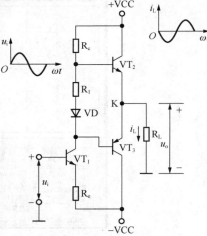

图 2.77　双电源甲乙类互补对称功率放大电路

由于该类电路静态工作点 Q 的位置设置很低，以避免降低效率，工作情况与乙类相近，可采用乙类双电源互补对称功放电路计算公式估算。

2. 甲乙类单电源互补对称功率放大电路

图 2.78 所示为甲乙类单电源互补对称功率放大电路，其特点是由单电源供电，输出端通过大电容量的耦合电容 C_2 与负载电阻 R_L 相连，这种电路也称为 OTL（无输出变压器）电路。而双电源互补对称功率放大

单电源互补对称电路

电路也称为 OCL（无输出电容）电路。

在图 2.78 的电路中，C_2 的电容量很大，静态时，若 R_1、R_2 调整恰当，可使两功放管的发射极节点 A 稳定在 $V_{CC}/2$ 的直流电位上。在信号输入时，由于 VT_1 组成的前置放大级具有倒相作用，因此，在信号负半周时，VT_2 导通，VT_3 截止，VT_2 以射极输出器的形式将正向信号传送给负载，同时对电容 C_2 充电；在信号正半周时，VT_2 管截止，VT_3 管导通，电容 C_2 放电，充当 VT_3 管的直流工作电源，使 VT_3 管也以射极输出器形式将输入信号传送给负载。这样，只要选择时间常数 $R_L C_2$ 足够大（远大于信号最大周期），

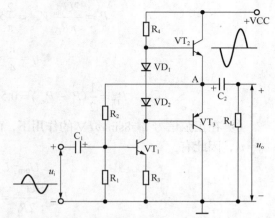

图 2.78 甲乙类单电源互补对称功率放大电路

单电源电路就可以达到与双电源电路基本相同的效果。

在该电路中，VT_1 的上偏置电阻 R_2 一端与 A 点相连，起到直流负反馈作用，能使 A 点的直流电位稳定，且容易获得 $V_{CC}/2$ 值；电阻 R_2 还引入交流负反馈，使放大电路的动态性能得到改善。

用 $V_{CC}/2$ 取代 OCL 电路有关公式中的 V_{CC}，就可以估算 OTL 电路的各类指标。

【例 2-8】 乙类互补对称功率放大电路如图 2.73 所示，已知 $V_{CC}=12V$，$R_L=8\,\Omega$。

① 考虑 $U_{CES}=0.5V$ 时，求电路的最大输出功率 P_{om}、电源供给功率 P_E、效率 η 和单管管耗 P_{T1}。

② 不考虑 U_{CES} 时，求电路的 P_{om}、P_E、η 和 P_{T1}。

③ 在正弦信号 $u_i=8\sin\omega t$ V 的作用下，求电路的输出功率 P_o、效率 η、管耗 P_T 和电源提供的功率 P_E。

④ 如果功放管的极限参数为 $I_{CM}=2A$，$U_{CEO}=30V$，$P_{CM}=5W$，分析所给功放管能否正常工作。

解：① 当 $U_{CES}=0.5V$ 时，

$$U_{om} = V_{CC} - U_{CES} = 12 - 0.5 = 11.5(\text{V})$$

$$P_{om} = \frac{U_{om}^2}{2R_L} = \frac{(V_{CC} - U_{CES})^2}{2R_L} = \frac{11.5^2}{2 \times 8} \approx 8.27(\text{W})$$

$$P_E = \frac{2U_{om}}{\pi R_L}V_{CC} = \frac{2}{\pi} \times \frac{11.5}{8} \times 12 \approx 10.98(\text{W})$$

$$\eta = \frac{P_{om}}{P_E} = \frac{8.27}{10.98} \times 100\% \approx 75.3\%$$

$$P_{T1} = \frac{1}{2}(P_E - P_{om}) = 0.5 \times (10.98 - 8.27) \approx 1.36(\text{W})$$

② 不考虑 U_{CES}，即 $U_{CES}=0$ 时，

$$P_{om} = \frac{(V_{CC} - U_{CES})^2}{2R_L} = \frac{V_{CC}^2}{2R_L} = \frac{12^2}{2 \times 8} = 9(\text{W})$$

$$P_{\mathrm{E}} = \frac{2U_{\mathrm{om}}}{\pi R_{\mathrm{L}}} V_{\mathrm{CC}} = \frac{2}{\pi} \times \frac{12}{8} \times 12 \approx 11.46(\mathrm{W})$$

$$\eta = \frac{\pi}{4} \approx 78.5\%$$

$$P_{\mathrm{T1}} = \frac{1}{2}(P_{\mathrm{E}} - P_{\mathrm{om}}) = 0.5 \times (11.46 - 9) = 1.23(\mathrm{W})$$

③ 在正弦信号 $u_{\mathrm{i}} = 8\sin \omega t$ V 的作用下，由于互补对称功放电路为射极输出器，$A_{\mathrm{u}} \approx 1$，$u_{\mathrm{o}} \approx u_{\mathrm{i}}$，因此有

$$U_{\mathrm{om}} = U_{\mathrm{im}} = 8(\mathrm{V})$$

$$P_{\mathrm{om}} = \frac{U_{\mathrm{om}}^2}{2R_{\mathrm{L}}} = \frac{8^2}{2 \times 8} = 4(\mathrm{W})$$

$$P_{\mathrm{E}} = \frac{2U_{\mathrm{om}}}{\pi R_{\mathrm{L}}} V_{\mathrm{CC}} = \frac{2}{\pi} \times \frac{8}{8} \times 12 \approx 7.64(\mathrm{W})$$

$$\eta = \frac{P_{\mathrm{om}}}{P_{\mathrm{E}}} = \frac{4}{7.64} \times 100\% \approx 52.4\%$$

$$P_{\mathrm{T1}} = \frac{1}{2}(P_{\mathrm{E}} - P_{\mathrm{om}}) = 0.5 \times (7.64 - 4) = 1.82(\mathrm{W})$$

④ 选择功放管时，要求

$$I_{\mathrm{CM}} > \frac{V_{\mathrm{CC}}}{R_{\mathrm{L}}} = \frac{12}{8} = 1.5(\mathrm{A})$$

$$U_{\mathrm{CEO}} > 2V_{\mathrm{CC}} = 2 \times 12 = 24(\mathrm{V})$$

$$P_{\mathrm{CM}} > 0.2P_{\mathrm{om}} = 0.2 \times 9 = 1.8(\mathrm{W})$$

所选的功放管满足参数的要求，故能安全工作。

【做一做】实训 2-11：甲乙类单电源互补对称功率放大电路的测试

实验电路为甲乙类单电源互补对称功率放大电路，在该电路中 VT_1 管的 R_1 和 R_P 组成的上偏置电阻的一端与 M 点相连，即引入直流负反馈，只要适当选择 R_P 值，就可以使 M 点直流电压稳定并容易得到 $U_M = V_{\mathrm{CC}}/2$。同时，此反馈也是交流负反馈，可以使放大电路的动态指标得到改善。

实训流程如下所示。

① 按图 2.79 在实验板上接好线路。

② 调静态工作点。静态时，调节电位器使得 VT_2、VT_3 的发射极节点电压为电源电压的一半，即电容 C_3 两端的直流电压为 $0.5V_{\mathrm{CC}}$。

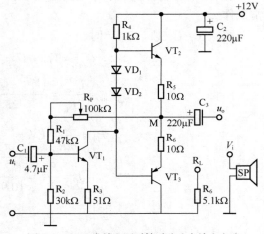

图 2.79　甲乙类单电源互补对称功率放大电路

③ 当输入信号时，由于 C_3 上的电压维持不变，可近似地看成恒压源，根据功放电路工作原理可以得出以下各类指标。

最大不失真输出电压

$$U_{om} = \frac{1}{2}V_{CC} - U_{CES}$$

最大不失真输出电流

$$I_{om} = \frac{U_{om}}{R_L}$$

最大不失真输出功率

$$P_{om} = \frac{1}{2}I_{om}U_{om} \approx \frac{V_{CC}^2}{8R_L}$$

接负载 R_L=5.1kΩ，输入端加 f=1kHz 交流正弦波信号，逐渐增大输入幅值，用示波器观察使输出幅值增大到最大不失真。用数字万用表测量此时的交流输出电压有效值 U_o 和集电极平均直流电流值 I。

U_o = _____，I = _____。

求出输出功率 $P_o = U_o^2/R_L$ = _____。

求出电源功率 $P_E = IV_{CC}$ = _____。

求出效率 $\eta = P_o/P_E \times 100\%$ = _____。

④ 改变电源电压，测量并比较输出功率和效率。

在输入端接 f=1kHz 交流正弦波，幅值调到使输出幅度最大而不失真。

按表 2-13 中的要求填写数据。

表 2-13   不同电源电压下的输出功率和效率

V_{CC}/V	U_o/V	I/mA	P_o/W	P_E/W	$\eta = P_o/P_E$
12					
6					

⑤ 改变负载，测量并比较输出功率和效率。

在输入端接 f=1kHz 交流正弦波，幅值调到使输出幅度最大而不失真。

按表 2-14 中的要求填写数据。

表 2-14   不同负载下的输出功率和效率

R_L	U_o/V	I/mA	P_o/W	P_E/W	$\eta = P_o/P_E$
5.1k					
扬声器/8Ω					

【想一想】

改变电源电压或者改变负载，功率放大电路的输出功率如何变化？效率如何变化？为什么会出现这种现象？

【练一练】实训 2-12：甲乙类单电源互补对称功率放大电路的仿真测试

测试电路如图 2.80 所示。

实训流程如下所示。

① 按图 2.80 画好电路。

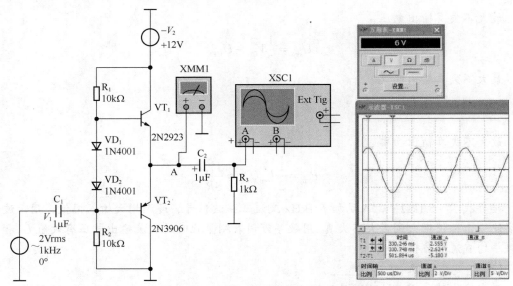

图 2.80　甲乙类单电源互补对称功率放大电路的仿真测试

② 仿真测试电容 C_2 正极板 A 点的直流电位 $V_A=$ _____。

③ 加入输入信号，其有效值为 2V，频率 1kHz，用示波器观察信号源波形和输出信号波形：在过零点处 _____（无明显失真/有明显失真）。

2.5.4　集成功率放大器

集成功率放大器具有性能优越，工作可靠，输出功率大，外围元器件少，调试方便等优点，广泛应用于收音机、电视机、扩音机、伺服放大电路等音频领域。

集成功率放大器种类很多，从用途上划分，有通用型和专用型功率放大器；从输出功率上划分，有小功率功率放大器和大功率功率放大器等。这里以一种通用型小功率集成功率放大器 LM386 为例进行介绍。

1. LM386 内部电路

LM386 是一种音频集成功率放大器，具有自身功率低、电压增益可调整、电源电压范围大、外接元器件少和总谐波失真小等优点，广泛应用于收录机和收音机中。

LM386 的内部电路如图 2.81 所示。

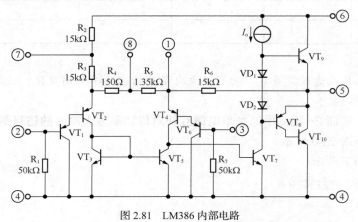

图 2.81　LM386 内部电路

输入级为差分放大电路，VT_1 和 VT_2、VT_4 和 VT_6 分别构成复合管，作为差分放大电路的放大管；VT_3 和 VT_5 组成镜像电流源作为 VT_2 和 VT_4 的有源负载；信号从 VT_1 和 VT_6 管的基极输入，从 VT_4 管的集电极输出，为双端输入单端输出差分电路。中间级为共射放大电路，VT_7 为放大管，恒流源作有源负载，以增大放大倍数。输出级中的 VT_8 和 VT_{10} 管复合成 PNP 型三极管，与 NPN 型三极管 VT_9 构成准互补输出级。二极管 VD_1 和 VD_2 为输出级提供合适的偏置电压，可以消除交越失真。电阻 R_6 从输出端连接到 VT_4 的发射极，形成反馈通路，并与 R_4 和 R_5 构成反馈网络。从而引入了深度电压串联负反馈，使整个电路具有稳定的电压增益。该电路由单电源供电，故为 OTL 电路，输出端（管脚 5）应外接输出电容后再接负载。

2. LM386 的管脚图

LM386 的管脚图如图 2.82 所示。管脚 2 为反相输入端，管脚 3 为同相输入端，管脚 5 为输出端，管脚 6 和 4 分别为电源和地，管脚 1 和 8 为电压增益设定端，使用时在管脚 7 和地之间接旁路电容，通常取 $10\mu F$。

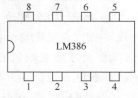

图 2.82　LM386 的管脚图

3. LM386 的典型应用电路

LM386 的电压增益近似等于 2 倍的管脚 1 和管脚 5 内部的电阻值除以内部 VT_2 和 VT_4 发射极之间的电阻值。所以 LM386 组成的最小增益功率放大器总的电压增益为

$$2 \times \frac{R_6}{R_4 + R_5} = 2 \times \frac{15}{0.15 + 1.35} = 20$$

图 2.83 所示为 LM386 的最少元件用法，其总的电压放大倍数为 20，利用 R_W 可以调节扬声器的音量。

如果要得到最大增益的功率放大器电路，可采用图 2.84 所示电路。在管脚 1 和管脚 8 之间接入一电解电容，则该电路的电压增益将变得最大。电压增益为

$$2 \times \frac{R_6}{R_4} = 2 \times \frac{15}{0.15} = 200$$

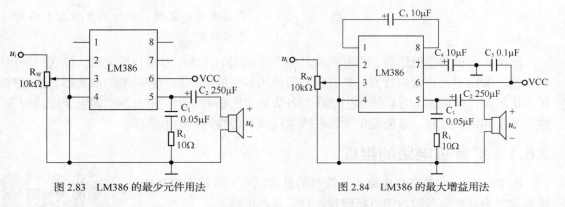

图 2.83　LM386 的最少元件用法　　　　图 2.84　LM386 的最大增益用法

若要得到任意增益的功率放大器，可在管脚 1 和管脚 8 之间再接入一个可变电阻如图 2.85 所示。

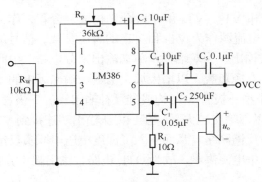

LM386 收音机
电路

图 2.85　LM386 应用电路

【做一做】实训 2-13：集成音频功率放大器的调整与测试

实训流程如下所示。

① 按图 2.86 所示制作电路。注意接线要短，以避免自激振荡。

② 用万用表测试 LM386 各管脚对地的静态电压值。

③ 加入频率为 1kHz、有效值为 10mV 的正弦波信号，用示波器观察功率放大电路的输出波形，估算电压放大倍数。

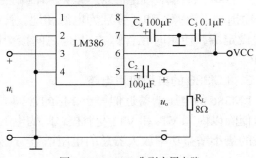

图 2.86　LM386 典型应用电路

实训任务 2.6　扩音机的制作与调试

知识要点

- 了解扩音机电路的组成，理解扩音机电路的工作原理。

技能要点

- 掌握简单元器件质量检测和极性判别的方法。
- 掌握焊接、装配、调试典型放大电路的基本技能。

所谓扩音机就是把话筒、收音机或其他声源输出的微弱信号进行放大后，输送到扬声器，使之发出更大声音的装置。扩音机一般使用多级放大，是一种典型的放大器。通过对扩音机的制作和调试，可以使学生加深对各类放大电路的认识，进一步掌握电子电路的焊接、装配和调试过程，掌握简单元器件质量检测和极性判别的方法。

2.6.1　扩音机电路的组成

图 2.87 所示的扩音机电路为一简易的低频信号多级放大电路，当输入信号为音频信号时，该电路就是一种扩音机电路。

该电路共 3 级，第 1 级（VT_1）为前置电压放大级，第 2 级（VT_2）是推动级，第 3 级是 OTL 功率输出级。

（1）前置放大级

前置放大级采用能自动稳定静态工作点的分压式偏置放大电路，

OTL 扩音电路的前置放大和推动放大

R_1 为上偏置电阻，R_2 为下偏置电阻；C_4 为射极旁路电容，通过限流降压电阻 R_5，使三极管 VT_1 有一个合适的静态工作点；C_1 是电源退耦电容，以稳定该节点 A 的电压；C_8 用于抑制 VT_1 的高频自激现象；C_2 为信号输入耦合元件。

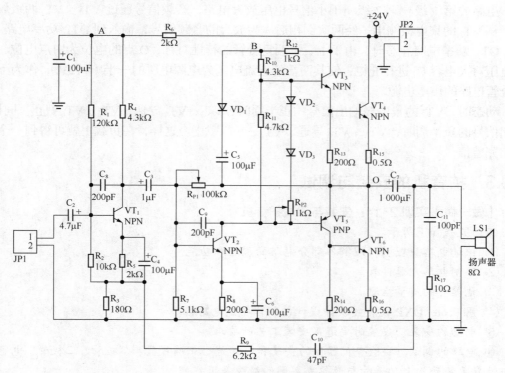

图 2.87　扩音机电路

（2）推动级

推动级的三极管 VT_2 采用小功率低噪声三极管，目的是通过对信号的放大，使第三级功率放大电路获得足够的推动信号。通过 R_{P1} 和 R_7 两个偏置电阻，使 VT_2 获得偏置电压，R_{P1} 和 R_7 兼具负反馈作用，可稳定工作点和改善电路性能。调节 R_{P1}，就可设置合适的静态工作点；R_{P1} 和 R_7 值选取合适，可使 O 点的电位为扩音机电路的中点电位（+12V）。C_6、C_9 同样为射极旁路电容和抑制高频自激电容。

OTL 扩音机电路
中的功放电路

（3）OTL 功率输出级

输出级采用甲乙类 OTL 互补对称功率放大电路，VT_3、VT_4 复合等效为一只 NPN 型三极管，VT_5、VT_6 复合等效为一只 PNP 型三极管，VD_2、VD_3 和 R_{P2} 为复合功放管提供偏置电压，使其微导通，工作在甲乙类状态。VD_2、VD_3 管选用具有负温度系数的二极管，可以稳定复合功放管的静态电流。调节 R_{P2}，可实现静态工作点的调整。一般在能够消除交越失真的情况下，尽量使 Q 点低。

R_{15}、R_{16} 是防止 VT_4、VT_6 过流的限流电阻，取值一般在 $0.5\sim1\Omega$。R_{13}、R_{14} 为泄放电阻，主要是放掉 VT_3、VT_5 的部分反向饱和电流，改善复合管的稳定性，其值不可过小，否则将使有用信号损失过大。

VD_1、C_5 和 R_{12} 组成"自举升压电路"。在信号正半周输出时，由于大电容 C_5 的作用，使 B 点的电位随 O 点的电位同幅上升（升幅刚好弥补这一过程中的 R_{10} 和 VT_3、VT_4 的基极与集电极间的压降），提高了正半周信号的输出幅度。若 C_5 失容，输出可能出现正半周失真。

2.6.2　扩音机电路的工作原理

电路的第 1 级、第 2 级属于小信号电压放大电路，音频信号通过 VT_1、VT_2 两级放大后，从 VT_2 的集电极输出，经两次倒相后成为放大的音频信号，输入到 OTL 功率电路。

OTL 功率电路静态时，由于上、下两复合管的特性对称，O 点的电位为中点电位，这个电压对大电容 C_7 进行充电，使其两端的直流电压为电源电压的一半（+12V），作为下部复合管电路的供电电源。

动态时，VT_2 的集电极输出信号的正半周时，VT_3、VT_4 导通，VT_5、VT_6 截止。同样，输出信号的负半周时，VT_5、VT_6 导通，VT_3、VT_4 截止。这样，在负载上就可得到一个放大的完整信号。

2.6.3　扩音机的安装与调试

【做一做】实训 2-14：安装与调试扩音机

实训流程如下所示。

① 识读电路原理图，理解各部分电路的原理和功能。

② 编制电路元器件表。

③ 元器件的质量检测。

④ 用 Protel DXP 或相关软件设计、制作印制电路板。

⑤ 电路的安装。安装时要遵循安装工艺的要求。

⑥ 电路的调试。要检查元器件的安装和焊接是否正确可靠，二极管、三极管、电解电容极性有无装反，大功率管与散热支架间的绝缘是否良好等。

⑦ 设计文档的编写。

习　题

1. 已知两只三极管的电流放大系数 β 分别为 50 和 100，现测得放大电路中这两只三极管两个电极的电流如图 2.88 所示。分别求另一电极的电流，标出其实际方向，并在圆圈中画出管子。

2. 三极管工作在放大状态时，测得 3 只三极管的直流电位如图 2.89 所示。试判断各三极管的管脚、管型和半导体材料。

3. 三极管的每个电极对地的电位如图 2.90 所示，试判断各三极管处于何种工作状态？（NPN 型为硅管，PNP 型为锗管）。

4. 试判断图 2.91 所示电路中，哪些可实现正常的交流放大，为什么？

5. 电路如图 2.92 所示，R_P 为滑动变阻器，$R_{bb}=100k\Omega$，$\beta=50$，$R_c=1.5k\Omega$，$V_{CC}=20V$。

① 如要求 $I_{CQ}=2.5mA$，则 R_b 值应为多少？

② 如要求 $U_{CEQ}=6V$，则 R_b 值应为多少？

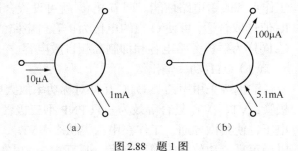

(a)　　　　(b)

图 2.88　题 1 图

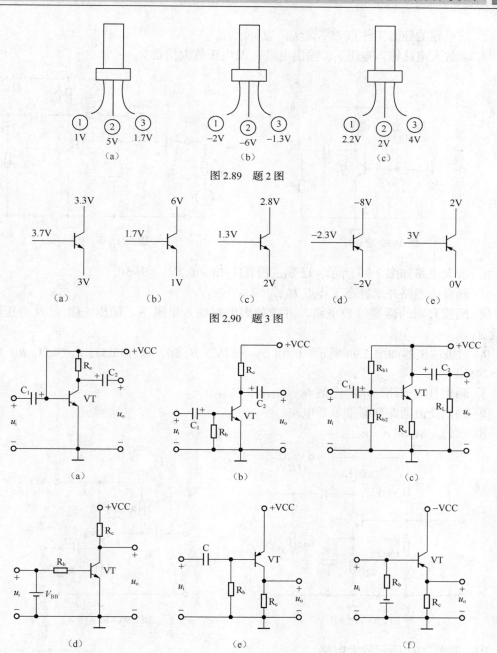

图 2.89　题 2 图

图 2.90　题 3 图

图 2.91　题 4 图

6. 基本放大电路如图 2.93 所示，$\beta=50$，$R_c=R_L=4\text{k}\Omega$，$R_b=400\text{k}\Omega$，$V_{CC}=20\text{V}$。

① 画出直流通路并估算静态工作点 I_{BQ}、I_{CQ}、U_{CEQ}。

② 画出交流通路并求 r_{be}、A_u、r_i、r_o。

7. 如图 2.94 所示放大电路，已知三极管的 $U_{BE}=0.7\text{V}$，$\beta=60$。

① 试分别画出电路的直流通路、交流通路和微变等效电路。

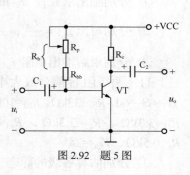

图 2.92　题 5 图

② 求电路的静态工作点 U_{CEQ}、I_{BQ}、I_{CQ}。

③ 求放大电路输入电阻 r_i、输出电阻 r_o 及电压放大倍数 A_u。

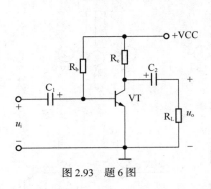

图 2.93 题 6 图

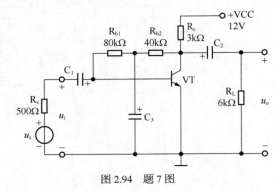

图 2.94 题 7 图

8. 放大电路如图 2.95 所示，已知三极管的 $U_{BE}=0.7V$，$\beta=50$。

① 画直流通路并求静态工作点 U_{CEQ}、I_{BQ}、I_{CQ}。

② 画放大器的微变等效电路，并求放大电路输入电阻 r_i、输出电阻 r_o 及电压放大倍数 A_u。

9. 射极输出器如图 2.96 所示，已知 $U_{BE}=0.7V$，$\beta=50$，$R_b=150k\Omega$，$R_e=3k\Omega$，$R_L=1k\Omega$，$V_{CC}=24V$。

① 画出直流通路，求静态值 I_{BQ}、I_{CQ} 和 U_{CEQ}。

② 画出交流通路和微变等效电路。

③ 求 r_{be}、A_u 和 r_i、r_o。

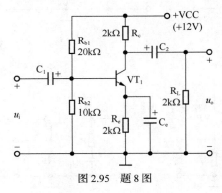

图 2.95 题 8 图

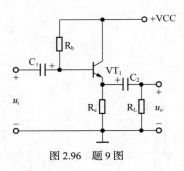

图 2.96 题 9 图

10. 如图 2.97 所示放大电路。

① 分别画出求 u_{o1}、u_{o2} 的微变等效电路。

② 分别写出 $A_{u1}=\dfrac{u_{o1}}{u_i}$，$A_{u2}=\dfrac{u_{o2}}{u_i}$ 的表达式。

③ 分别求解输出电阻 r_{o1} 和 r_{o2}。

11. 两级阻容耦合放大电路如图 2.98 所示，已知 $\beta_1=\beta_2=60$，$R_{b1}=33k\Omega$，$R_{b2}=10k\Omega$，$R_{b3}=33k\Omega$，$R_{b4}=10\,k\Omega$，$R_{c1}=3.3k\Omega$，$R_{c2}=3.3k\Omega$，$R_{e1}=R_{e2}=1.5k\Omega$，$R_L=5.1k\Omega$，$R_s=0.5k\Omega$，$V_{CC}=24V$。

① 分别估算各级的静态工作点。

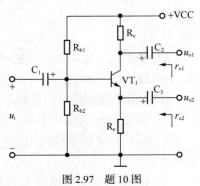

图 2.97 题 10 图

② 画出交流通路，求电路的输入电阻和输出电阻。

③ 空载且不考虑信号源电阻时，求两级放大电路的电压放大倍数。

④ 考虑负载而不考虑信号源电阻时，求两级放大电路的电压放大倍数。

⑤ 考虑信号源电阻和负载时，放大电路对信号源的电压放大倍数。

12. 两级直接耦合放大电路如图 2.99 所示，已知 $\beta_1=50$，$\beta_2=80$，$R_{b1}=120k\Omega$，$R_{b2}=30k\Omega$，$R_c=2.4k\Omega$，$R_{e1}=2.5k\Omega$，$R_{e2}=4.3k\Omega$，$R_L=300\Omega$，$V_{CC}=7.5V$。

① 分别估算各级的静态工作点。

② 求各级的电压放大倍数和总的电压放大倍数；

③ 求电路的输入电阻和输出电阻。

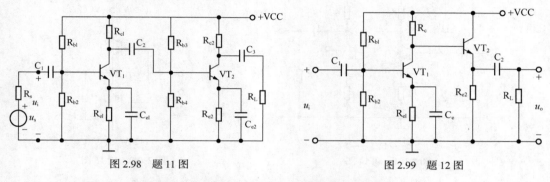

图 2.98 题 11 图 　　　　　　图 2.99 题 12 图

13. 找出图 2.100 所示各电路的反馈元件，并判断反馈的类型。

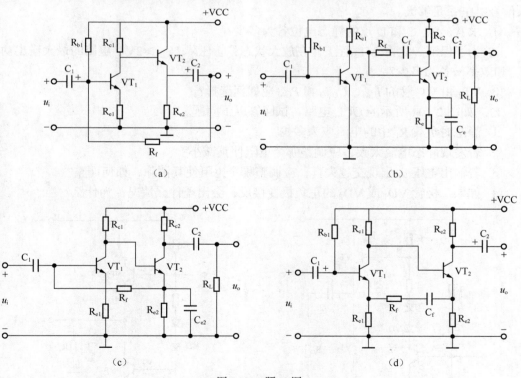

(a) 　　　　　　　　　(b)

(c) 　　　　　　　　　(d)

图 2.100 题 13 图

14. 在图 2.101 中，根据电路的要求引入正确的负反馈，并连接好反馈电阻 R_f。（连接在 J、K、M、N 端子上）

① 希望电路向信号源索取的电流减小。

② 希望负载发生变化时，输出电流能够稳定。

③ 希望电路的输入电阻减小。

15. 如图 2.102 所示电路，试求以下问题。

① 不考虑 U_{CES} 时电路的最大输出功率、效率、直流电源供给功率和管耗。

② 考虑 $U_{CES}=2V$ 时电路的最大输出功率、效率、直流电源供给功率和管耗。

③ 在正弦信号 u_i 的作用下，VT_1、VT_2 轮流导通各半个周期，如果忽略功放管的死区电压，试求当 u_o 的有效值为 10V 时，电路的输出功率 P_o、效率 η、管耗 P_T 和电源提供的功率 P_E。

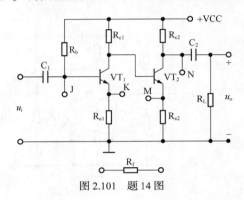
图 2.101　题 14 图

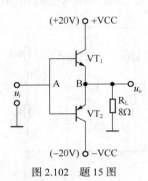
图 2.102　题 15 图

16. 如图 2.103 所示的 OTL 电路中，$V_{CC}=20V$，$R_L=8\Omega$，三极管导通时 $|U_{BE}|=0.7V$，输入信号电压 u_i 足够大。

① 求 A、B、C 和 D 点的静态电位各为多少？

② 为了保证 VT_2 和 VT_3 管工作在放大状态，管压降 $|U_{CE}|\geqslant 2V$，电路的最大输出功率 P_{om} 和效率 η 各为多少？

③ VT_2 和 VT_3 管的 I_{CM}、U_{CEO} 和 P_{CM} 应如何选择？

17. 如图 2.104 所示的 OCL 电路，试回答以下问题。

① 静态时负载 R_L 中的电流应为多少？

② 若发现静态电流太大，应调整哪个电阻使其减小？

③ 若输出电压 u_o 出现交越失真，应调整哪个电阻使其消除，如何调整？

④ 如果二极管 VD_1 或 VD_2 的正负极性接反，会出现什么情况，为什么？

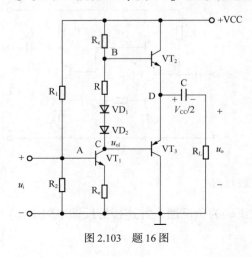
图 2.103　题 16 图

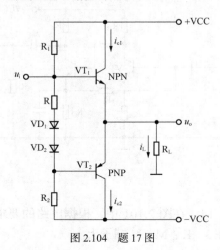
图 2.104　题 17 图

项目3 信号产生电路的设计与制作

实训任务3.1 集成运算放大器的认识

知识要点

- 了解集成运算放大器的基本组成和种类。
- 熟悉集成运算放大器的3种输入方式，了解集成运算放大器的主要性能指标。
- 了解集成运算放大器使用中应注意的问题。

技能要点

- 能正确识读集成运算放大器的管脚。
- 会用电阻测量法或电压测量法判断集成运算放大器质量的好坏。
- 能正确使用集成运算放大器。

集成电路是一种集成化的半导体器件，即以半导体单晶硅为芯片，采用专门的制造工艺，把三极管、场效应管、二极管、电阻等元件及它们之间的连线所组成的完整电路制作在一起，然后封装在一个外壳内，成为一个不可分的固定组件，使之具有特定功能。

常见的集成电路封装形式如图3.1所示。

圆形式　　　双列直插式　　　单列扁平式　　　单列直插式　　　扁平式

图3.1 集成电路封装形式

集成电路（Integrated Circuit，IC）是20世纪60年代初发展起来的一种新型半导体器件。集成电路体积小，密度大、功耗低、引线短、外接线少，从而大大提高了电子电路的可靠性与灵活性，减少了组装和调整工作量，降低了成本。自1959年世界上第一块集成电路问世至今，只经历了几十年时间，但它已深入到工农业、日常生活及科技领域的相当多产品中。

3.1.1 集成运算放大器的基本组成

集成运算放大器是一种双端输入、单端输出，具有高增益、高输入阻抗、低输出阻抗的多级直接耦合放大电路。早期，运算放大器主要用来完成模拟信号的求和、微分和积分等运算，故称为运算放大器。现在，运算放大器的应用已远远超过运算的范围，它在通信、控制和测量等设备中得到广泛应用。图3.2所示为集成运算放大器的电路符号。

集成运算放大器包括同相输入、反相输入及差动输入3种输入方式。

集成运算放大器
的电路符号

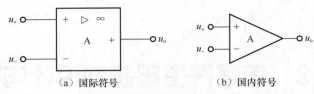

（a）国际符号 （b）国内符号

图 3.2 集成运算放大器的电路符号

从 20 世纪 60 年代发展至今，集成运算放大器虽然类型和品种相当丰富，但在结构上基本一致，其内部通常包含 4 个基本组成部分：输入级、中间级、输出级及偏置电路，如图 3.3 所示。

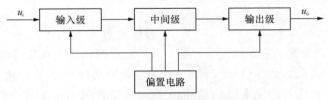

图 3.3 集成运算放大器的基本组成部分

运算放大器的输入级常利用差分放大电路的对称特性来提高整个电路的共模抑制比和电路性能；中间级的主要作用是提高电压增益，一般由多级放大电路组成；输出级常用电压跟随器或互补对称功率放大电路，以降低输出电阻，提高带负载能力；偏置电路为各级放大电路提供合理的偏置电流。

3.1.2　集成运算放大器的种类

1. 通用型集成运算放大器

通用型集成运算放大器是以通用为目的。这类器件的主要特点是价格低廉、产品量大面广，其性能指标能适合于一般性使用。其常见的型号有 μA741、LM358、LM324 等。

2. 高阻型集成运算放大器

高阻型集成运算放大器的特点是差模输入阻抗非常高，输入偏置电流非常小。其常使用场效应管为集成运算放大器的差分输入级，使其不仅输入阻抗高，输入偏置电流低，而且具有高速、宽带和低噪声等优点，但该类运算放大器输入失调电压较大。其常见的集成器件有 LF356、LF355、LF347 及更高输入阻抗的 CA3130、CA3140 等。

3. 低温漂型集成运算放大器

低温漂型集成运算放大器具有失调电压小且温度对其变化影响小特点，主要应用在精密仪器、弱信号检测等自动控制仪表中。目前常用的高精度、低温漂运算放大器有 OP-07、OP-27、AD508 及由 MOSFET 组成的斩波稳零型低漂移器件 ICL7650 等。

4. 高速型集成运算放大器

高速型集成运算放大器的主要特点是具有较高的转换速率和较宽的频率响应，主要应用于快速 A/D 和 D/A 转换器、视频放大器等器件中。其常见的这类运算放大器有 LM318、μA715 等。

5. 低功耗型集成运算放大器

电子电路集成化的最大优点是能使复杂电路小型轻便，所以随着便携式仪器应用范围的扩大，必须用低电源电压供电的低功耗型集成运算放大器，这类集成运算放大器有 TL-022C、TL-060C 等，其工作电压为±2～±18V，消耗电流为 50～250μA。

6. 高压大功率型集成运算放大器

集成运算放大器的输出电压主要受供电电源的限制。在普通的集成运算放大器中，输出电压的最大值一般仅几十伏，输出电流仅几十毫安。若要提高输出电压或增大输出电流，集成运算放大器外部必须要加辅助电路。高压大功率集成运算放大器外部不需附加任何电路，即可输出高电压和大电流。例如 D41 集成运算放大器的电源电压可达±150V，μA791 集成运算放大器的输出电流可达 1A。

3.1.3　集成运算放大器的主要性能指标

1. 开环差模电压放大倍数 A_{od}

开环差模电压放大倍数的数值很高，一般约为 $10^4 \sim 10^7$。该值反映了输出电压 U_o 与输入电压 U_+ 和 U_- 之间的关系。

2. 差模输入电阻 r_{id}

集成运算放大器的差模输入电阻很高，一般在几十千欧至几十兆欧。

3. 输出电阻 r_o

集成运算放大器总是工作在深度负反馈条件下，因此其闭环输出电阻值很低，约在几十欧至几百欧之间。

4. 最大共模输入电压 U_{icmax}

最大共模输入电压是指集成运算放大器两个输入端能承受的最大共模信号电压。超出这个电压时，集成运算放大器的输入级将不能正常工作或共模抑制比下降，甚至造成器件损坏。

5. 输入失调电压 U_{io}

输入失调电压是指为使输出电压为零而在输入端加的补偿电压，其大小反映了电路的不对称程度和调零的难易。

6. 共模抑制比 K_{CMR}

共模抑制比反映了集成运算放大器对共模输入信号的抑制能力。其定义为差模电压放大倍数与共模电压放大倍数的比值。K_{CMR} 越大越好。

3.1.4　集成运算放大器使用中的几个具体问题

1. 集成运算放大器的选择

在由集成运算放大器组成的各种系统中，由于应用要求不一样，对集成运算放大器的性能要求也不一样。

在没有特殊要求的场合，尽量选用通用型集成运算放大器，这样既降低成本，又容易保证货源。当一个系统中使用多个集成运算放大器时，尽可能选用多运算放大器集成电路，例如 LM324、LF347 等都是将 4 个集成运算放大器封装在一起的集成电路。

实际选择集成运算放大器时，除性能参数要考虑之外，还应考虑其他因素。例如信号源的性质，是电压源还是电流源；负载的性质；集成运算放大器输出电压和电流是否满足要求；环境条件；精度要求；集成运算放大器允许工作范围、功耗与体积等因素是否满足要求等。

2. 集成运算放大器参数的测试

以 μA741 为例，其管脚排列如图 3.4（a）所示。其中 2 脚为反相输入端，3 脚为同相输入端，7 脚接正电源 15V，4 脚接负电源–15V，6 脚为输出端，1 脚和 5 脚之间应接调零电位器。μA741 的开环电压增益 A_{od} 约为 94dB（5×10^4 倍）。

用万用表估测 μA741 的放大能力时，需接上±15V 电源。万用表拨至 50V 挡，电路如

图 3.4（b）所示。

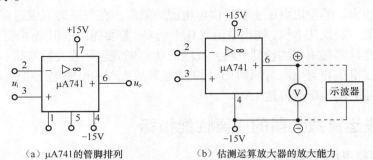

（a）μA741的管脚排列　　　　（b）估测运算放大器的放大能力

图 3.4　μA741 的管脚排列及估测运算放大器的放大能力

3. 集成运算放大器使用注意事项

（1）集成运算放大器的电源供给方式

集成运算放大器有两个电源接线端+VCC 和-VEE，但有不同的电源供给方式。对于不同的电源供给方式，对输入信号的要求是不同的。

① 对称双电源供电方式

集成运算放大器多采用这种方式供电。相对于公共端（地）的正电源（+E）与负电源（-E）分别接于运算放大器的+VCC 和-VEE 管脚上。在这种方式下，可把信号源直接接到运算放大器的输入脚上，而输出电压的振幅可达正负对称电源电压。

② 单电源供电方式

单电源供电是将集成运算放大器的-VEE 管脚连接到接地端上。此时为了保证集成运算放大器内部单元电路具有合适的静态工作点，在集成运算放大器输入端一定要加入一直流电位。此时集成运算放大器的输出是在某一直流电位基础上随输入信号变化。静态时，集成运算放大器的输出电压近似为 $V_{CC}/2$，为了隔离掉输出中的直流成分要接入电容。

（2）集成运算放大器的调零问题

由于集成运算放大器的输入失调电压和输入失调电流的影响，当集成运算放大器组成的线性电路输入信号为零时，输出往往不等于零。为了提高电路的运算精度，要求对失调电压和失调电流造成的误差进行补偿，这就是集成运算放大器的调零。常用的调零方法有内部调零和外部调零，对于没有内部调零端子的集成运算放大器，只有采用外部调零方法。下面以 μA741 为例，图 3.5 给出了常用调零电路，其中图 3.5（a）所示的是内部调零电路，图 3.5（b）是外部调零电路。

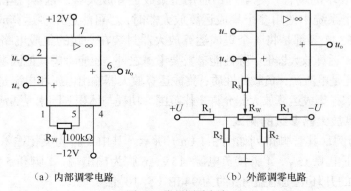

（a）内部调零电路　　　　　　（b）外部调零电路

图 3.5　常用调零电路

（3）集成运算放大器的自激振荡问题

运算放大器是一个高放大倍数的多级放大器，在接成深度负反馈条件下，很容易产生自激振荡。自激振荡使放大器的工作不稳定。为了消除自激振荡，有些集成运算放大器内部已设置了消除自激的补偿网络，有些则引出消振端子，采用外接一定的频率补偿网络进行消振，如接 RC 补偿网络。另外，防止通过电源内阻造成低频振荡或高频振荡的措施是在集成运算放大器的正、负供电电源的输入端对地之间并接入一电解电容（10μF）和一高频滤波电容（0.01~0.1μF）。

集成运算放大电路的保护与使用

（4）集成运算放大器的保护问题

集成运算放大器在使用中常因以下 3 个原因被损坏：输入信号过大，使 PN 结击穿；电源电压极性接反或过高；输出端直接接"地"或接电源，此时，集成运算放大器将因输出级功耗过大而被损坏。因此，为使集成运算放大器安全工作，也需要从这 3 个方面进行保护。

① 输入端保护

防止输入差模电压过大的保护电路如图 3.6（a）所示，它可将输入电压限制在二极管的正向导通电压以内；图 3.6（b）所示是防止共模电压过大的保护电路，它限制集成运算放大器的共模输入电压不超过 $+U$ 至 $-U$ 的范围。

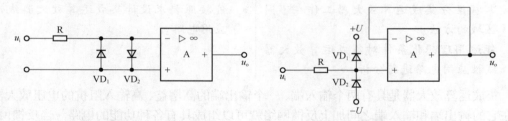

（a）防止输入差模电压过大的保护电路 （b）防止共模电压过大的保护电路

图 3.6 输入端保护电路

② 输出端保护

对于内部没有限流或短路保护的集成运算放大器，可以采用图 3.7 所示的输出端保护电路。其中图 3.7（a）将双向击穿稳压二极管接在电路的输出端，而图 3.7（b）则将双向击穿稳压二极管接在反馈回路中，都能限制输出电压的幅值。

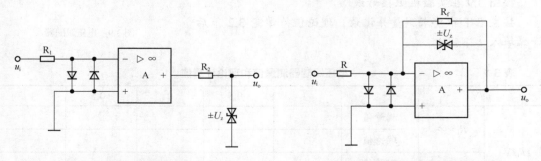

（a）双向击穿稳压二极管接在电路的输出端 （b）双向击穿稳压二极管接在反馈回路中

图 3.7 输出端保护电路

③ 电源端保护

为防止正负电源接反，可利用二极管的单向导电性，在电源端串接二极管来实现保护，如图 3.8 所示。若电源接错，则二极管反向截止，电源被断开。

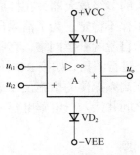

图 3.8　电源端保护电路

实训任务 3.2　比例运算电路制作与测试

知识要点

- 掌握集成运算放大器的理想化条件。
- 掌握区分集成运算放大器工作在不同区域的方法。
- 能运用理想化条件对集成运算放大器线性应用电路进行分析。

技能要点

- 能对集成运算放大电路进行测试。
- 能按照要求设计集成运算放大器线性应用电路。

集成运算放大器是具有两个输入端、一个输出端的高增益、高输入阻抗的电压放大器。若在它的输出端和输入端之间加上反馈网络就可以组成具有各种功能的电路。当反馈网络为线性电路时可实现加、减、乘、除等模拟运算功能。

使用集成运算放大器时，调零和相位补偿是必须注意的两个问题，此外应注意同相端和反相端到地的直流电阻等，以减少输入端直流偏流引起的误差。

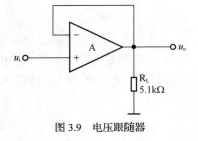

图 3.9　电压跟随器

【做一做】实训 3-1：比例运算放大电路的测试

1. 电压跟随器

按图 3.9 在实验板上接好线路。

按表 3-1 中要求测量并记录，理论值待学完 3.2 节后计算填入（下同）。

表 3-1　　　　　　　　　　　　电压跟随器测量值和理论计算值

			−1	−0.5	0	+0.5	1
u_o/V	$R_L=\infty$	测量值					
		理论值					
	$R_L=5.1\text{k}\Omega$	测量值					
		理论值					

2. 反相比例放大电路

按图 3.10 在实验板上接好线路。

按表 3-2 中要求测量并记录。

表 3-2　　　　　　　　　　反相比例放大电路测量值和理论计算值

u_i/V		0.05	0.1	0.5	1	2
u_o/V	实测值					
	理论值					
	误差值					
u_A/V						
u_B/V						

3. 同相比例放大电路

按图 3.11 在实验板上接好线路。

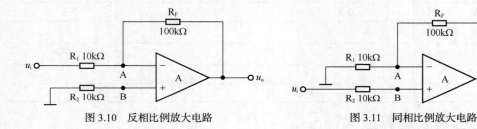

图 3.10　反相比例放大电路　　　　　　　　图 3.11　同相比例放大电路

按表 3-3 中的要求测量并记录数据。

表 3-3　　　　　　　　　　同相比例放大电路测量值和理论计算值

u_i/V		0.05	0.1	0.5	1	2
u_o/V	实测值					
	理论值					
	误差值					
u_A/V						
u_B/V						

4. 反相输入的加法放大电路

按图 3.12 在实验板上接好线路。

按表 3-4 中的要求测量并记录数据。

表 3-4　　　　　　　　　　反相输入的加法放大电路测量值和理论计算值

u_{i1}/V		+0.5	−0.5
u_{i2}/V		0.2	0.2
u_o/V	实测值		
	理论值		
u_A/V			
u_B/V			

5. 差分放大电路

按图 3.13 在实验板上接好线路。

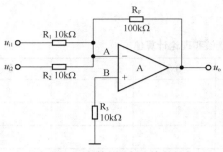

图 3.12　反相输入的加法放大电路

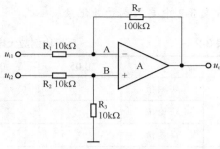

图 3.13　差分放大电路

按表 3-5 中的要求测量并记录数据。

表 3-5　　　　　　　　　　差分放大电路测量值和理论计算值

u_{i1}/V		1	2	0.2
u_{i2}/V		0.5	1.8	−0.2
u_{o}/V	实测值			
	理论值			
u_{A}/V				
u_{B}/V				

3.2.1　理想集成运算放大器

理想集成运算放大器可以理解为实际集成运算放大器的理想化模型，就是将集成运算放大器的各项技术指标理想化，得到一个理想的集成运算放大器。其理想化技术指标如下。

①　开环差模电压放大倍数 $A_{od}=\infty$。

②　差模输入电阻 $r_{id}=\infty$。

③　输出电阻 $r_{od}=0$。

④　输入失调电压 $U_{IO}=0$，输入失调电流 $I_{IO}=0$；输入失调电压的温漂 $\mathrm{d}U_{IO}/\mathrm{d}T=0$，输入失调电流的温漂 $\mathrm{d}I_{IO}/\mathrm{d}T=0$。

⑤　共模抑制比 $K_{CMR}=\infty$。

⑥　输入偏置电流 $I_{IB}=0$。

⑦　−3dB 带宽 $f_h=\infty$。

⑧　无干扰、无噪声。

3.2.2　集成运算放大器的两个工作区

集成运算放大器的传输特性曲线如图 3.14 所示。从图中可以看到，集成运算放大器有两类应用，即工作在线性区或工作在非线性区。

1. 集成运算放大器工作在线性区时的特点

线性区是指输出电压 u_o 与输入电压 u_i 成正比时的输入电压范围。在线性区中，集成运算放大器 u_o 与 u_i 之间关系为

$$u_o = A_{od}u_i = A_{od}(u_+ - u_-)$$

其中，A_{od} 为集成运算放大器的开环差模电压放大倍数，u_+ 和 u_- 分别为同相输入端和反相输入端电压。

理想运算放大电路的虚断

理想运算放大电路的虚短

对于理想集成运算放大器，$A_{od}=\infty$；而 u_o 为有限值，因此，有 $u_+ - u_- \approx 0$，即

$$u_+ \approx u_-$$

这一特性称为理想集成运算放大器输入端的"虚短"。

"虚短"和"短路"是截然不同的两个概念："虚短"是指两点电位近似相等，但仍然有微小电压；而"短路"的两点之间，电压为零。

因为理想集成运算放大器的输入电阻 $r_{id}=\infty$，而加到集成运算放大器输入端的电压有限，所以集成运算放大器两个输入端的电流为

$$i_+ \approx i_- \approx 0$$

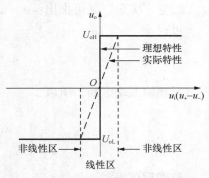

图 3.14　集成运算放大器的传输特性曲线

这一特性称为理想集成运算放大器输入端的"虚断"。同样，"虚断"与"断路"也是不同的："虚断"是指该支路的电流近似为零，但并不是完全为零；而"断路"则是该支路的电流完全为零。

2. 集成运算放大器工作在非线性区时的特点

在非线性区，集成运算放大器的输入信号超出了线性放大的范围，输出电压与输入电压失去了比例关系，输出信号不随输入信号的改变而变化，进入了饱和工作状态，输出电压为正向饱和压降 U_{oH}（正向最大输出电压）或负向饱和压降 U_{oL}（负向最大输出电压），如图 3.14 所示。

理想集成运算放大器工作在非线性区时，因为差模输入电阻和共模电阻满足 $r_{id}=r_{ic}=\infty$，而输入电压总是有限值，所以不论输入电压是差模信号还是共模信号，两个输入端的电流均为无穷小，即仍满足"虚断"条件

$$i_+ \approx i_- \approx 0$$

为使集成运算放大器工作在非线性区，一般使运算放大器工作在开环状态，也可外加正反馈。

3.2.3　比例运算电路

线性应用电路中，一般都在电路中加入深度负反馈，使运算放大器工作在线性区，以实现各种不同功能。

在对集成运算放大器应用电路的分析过程中，一般将实际集成运算放大器视为理想集成运算放大器来处理，只有在需要研究应用电路的误差时，才会考虑实际运算放大器特性带来的影响。

1. 反相比例运算电路

如图 3.15 所示为反相比例运算电路。该电路的输入电压加在反相输入端，为保证集成运算放大器工作在线性区，在输出端和反相输入端之间接反馈电阻 R_F 构成深度电压并联负反馈。

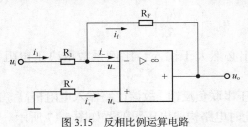

图 3.15　反相比例运算电路

反相比例运算电路

由"虚断"可推出：$i_+=0$，因此 u_+"虚地"。

根据"虚短"又可推出：$u_-=u_+=0$。

可得

$$i_1=\frac{u_i}{R_1},\quad i_f=-\frac{u_o}{R_F}$$

反相输入端虚断，所以

$$i_1=i_f$$

$$\frac{u_i}{R_1}=-\frac{u_o}{R_F}$$

整理后可得

$$u_o=-\frac{R_F}{R_1}u_i$$

可见反相比例运算电路的输出电压与输入电压相位相反，而幅度成正比关系，比例系数取决于电阻阻值之比。

为保持集成运算放大器输入级的差分放大电路具有良好的对称性，减少温漂，提高运算精度，一般要求从集成运算放大器两个输入端向外看的等效电阻相等，因此在同相端接入一个电阻 R'。R' 称为平衡电阻，其值为 $R'=R_F/\!/R_1$。

2. 同相比例运算电路

如图 3.16 所示为同相比例运算电路。输入电压加在同相输入端，为保证集成运算放大器工作在线性区，在输出端和反相输入端之间接反馈电阻 R_F 构成深度电压串联负反馈，R' 为平衡电阻，$R'=R_F/\!/R_1$。

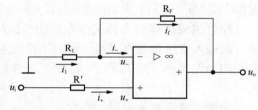

图 3.16　同相比例运算电路

由"虚断"可推出：$i_+=0$。

根据"虚短"又可推出：$u_-=u_+\approx u_i$。

可得

$$i_1=-\frac{u_i}{R_1},\quad i_f=-\frac{u_o-u_i}{R_F}$$

$$i_1=i_f$$

同相比例运算
电路

由此可知

$$\frac{u_i}{R_1}=\frac{u_o-u_i}{R_F}$$

整理后可得

$$u_o=\left(1+\frac{R_F}{R_1}\right)u_i$$

显然同相比例运算电路的输出必然大于输入，比例系数取决于电阻 R_F 与 R_1 阻值之比。

同相比例运算电路中引入了电压串联负反馈，故该电路输入电阻极高，输出电阻很低。若 $R_1=\infty$ 或 $R_F=0$，则 $u_o=u_i$，此时电路构成电压跟随器如图 3.17 所示。

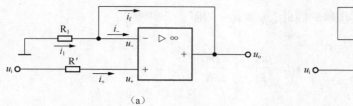

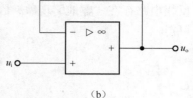

（a）　　　　　　　　　　　　　　　　　　（b）

图 3.17　电压跟随器

【例 3-1】　图 3.18 所示的集成运算放大器电路，已知 R_1=3kΩ，R_2=9kΩ，R_4=6kΩ，R_5=30kΩ，集成运算放大器 A_1、A_2 的最大输出幅度均为±8V。

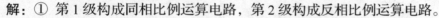

图 3.18　例 3-1 图

问：① 第 1 级、第 2 级各构成什么运算放大器电路？

② 如果 U_I=0.3V，则 U_{O1}=?，U_{O2}=?。

③ 如果 U_I=0.5V，则 U_{O1}=?，U_{O2}=?。

④ 平衡电阻 R_3、R_6 应为多大？

解： ① 第 1 级构成同相比例运算电路，第 2 级构成反相比例运算电路。

② 当 U_I=0.3V 时

$$U_{O1} = \left(1 + \frac{R_2}{R_1}\right)U_I = \left(1 + \frac{9}{3}\right) \times 0.3 = 1.2(V)$$

$$U_{O2} = -\frac{R_5}{R_4}U_{O1} = -\frac{30}{6} \times 1.2 = -6(V)$$

③ 当 U_I=0.5V 时

$$U_{O1} = \left(1 + \frac{R_2}{R_1}\right)U_I = \left(1 + \frac{9}{3}\right) \times 0.5 = 2(V)$$

因为集成运算放大器 A_2 的最大输出幅度为 ±8V，而

$$-\frac{R_5}{R_4}U_{O1} = -\frac{30}{6} \times 2 = -10(V)$$

所以，当 U_I=0.5V 时

$$U_{O2} = -8(V)$$

④ 平衡电阻

$$R_3 = R_1 // R_2 = 3 // 9 = 2.25(k\Omega)$$
$$R_6 = R_4 // R_5 = 6 // 30 = 5(k\Omega)$$

3. 反相求和电路

如图 3.19 所示为反相求和电路，该电路可实现多个输入信号相加。输入信号 u_{i1}、u_{i2}（实际应用中可以根据需要增减输入信号的数量）从反相端输入；为使运算放大器工作在线性区，R_F 引入深度电压并联负反馈；R' 为平衡电阻，$R'= R_F // R_1 // R_2$。

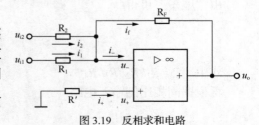

图 3.19　反相求和电路

反相电路存在"虚地"现象，因此，$u_- = u_+ = $ "地"。

可得

$$i_1 = \frac{u_{i1}}{R_1}, \quad i_2 = \frac{u_{i2}}{R_2}$$

$$i_f = -\frac{u_o}{R_F}$$

因为

$$i_1 + i_2 = i_f$$

将各电流代入

$$\frac{u_{i1}}{R_1} + \frac{u_{i2}}{R_2} = -\frac{u_o}{R_F}$$

整理上式可得

$$u_o = -R_F\left(\frac{u_{i1}}{R_1} + \frac{u_{i2}}{R_2}\right)$$

如果取各输入电阻

$$R_1 = R_2 = R_F$$

则

$$u_o = -\left(u_{i1} + u_{i2}\right)$$

实现了反相求和运算。

4. 同相求和电路

为实现同相求和，可以将各输入电压加在运算放大器的同相输入端，为使运算放大器工作在线性状态，电阻支路 R_F 引入深度电压串联负反馈如图 3.20 所示。

根据"虚断"可得

$$i_1 + i_2 + i_3 = i_4$$

即

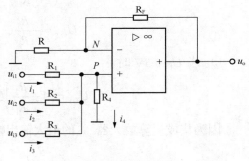

图 3.20　同相求和电路

$$\frac{u_{i1} - u_P}{R_1} + \frac{u_{i2} - u_P}{R_2} + \frac{u_{i3} - u_P}{R_3} = \frac{u_P}{R_4}$$

$$\left(\frac{1}{R_1} + \frac{1}{R_2} + \frac{1}{R_3} + \frac{1}{R_4}\right)u_P = \frac{u_{i1}}{R_1} + \frac{u_{i2}}{R_2} + \frac{u_{i3}}{R_3}$$

由"虚短"可得

$$u_N = u_P = R_P\left(\frac{u_{i1}}{R_1} + \frac{u_{i2}}{R_2} + \frac{u_{i3}}{R_3}\right)$$

式中，$R_P = R_1 // R_2 // R_3 // R_4$

再根据同相比例输入电路

$$u_o = \left(1 + \frac{R_F}{R_1}\right)u_P$$

可得

$$u_o = \left(1 + \frac{R_F}{R_1}\right) R_P \left(\frac{u_{i1}}{R_1} + \frac{u_{i2}}{R_2} + \frac{u_{i3}}{R_3}\right)$$

或

$$u_o = R_F \times \frac{R_P}{R_N} \left(\frac{u_{i1}}{R_1} + \frac{u_{i2}}{R_2} + \frac{u_{i3}}{R_3}\right)$$

其中，$R_N = R//R_F$。

根据对称性要求

$$R_N = R_P$$

因此

$$u_o = R_F \left(\frac{u_{i1}}{R_1} + \frac{u_{i2}}{R_2} + \frac{u_{i3}}{R_3}\right)$$

若

$$R_1 = R_2 = R_3 = R_F$$

则实现同相求和运算

$$u_o = u_{i1} + u_{i2} + u_{i3}$$

5. 加减运算电路

当多个信号同时作用于同相和反相两个输入端时，可实现加减运算。

图 3.21 所示为 4 个输入的加减运算电路。

可利用叠加原理求解该电路。加减运算电路可分解为反相输入端各信号作用时的等效电路与同相输入端各信号作用时的等效电路，分别如图 3.22（a）和图 3.22（b）所示。

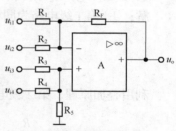

图 3.21　加减运算电路

图 3.22（a）所示为反相求和运算电路，可得输出电压

$$u_{o1} = -R_F \left(\frac{u_{i1}}{R_1} + \frac{u_{i2}}{R_2}\right)$$

图 3.22（b）所示为同相求和运算电路，若 $R_1//R_2//R_F = R_3//R_4//R_5$，则输出电压

$$u_{o2} = R_F \left(\frac{u_{i3}}{R_3} + \frac{u_{i4}}{R_4}\right)$$

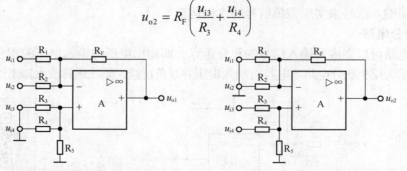

（a）反相输入端各信号作用时的等效电路　　（b）同相输入端各信号作用时的等效电路

图 3.22　利用叠加原理求解加减运算电路

因此，所有信号同时作用时的输出电压

$$u_o = u_{o1} + u_{o2} = R_F \left(\frac{u_{i3}}{R_3} + \frac{u_{i4}}{R_4} - \frac{u_{i1}}{R_1} - \frac{u_{i2}}{R_2} \right)$$

若电路只有两个输入，且参数对称，如图 3.23 所示，则

$$u_o = \frac{R_F}{R}(u_{i2} - u_{i1})$$

电路实现了对输入差模信号的比例运算。

双端输入（或称差分输入）运算电路由于电阻选取和调整不方便，实际上很少采用，常使用两级电路来实现差模信号的比例运算。

【例 3-2】 已知集成运算电路如图 3.24 所示。

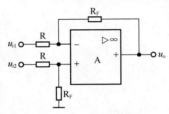

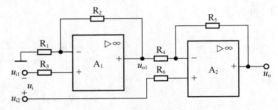

图 3.23　差分输入运算电路　　　　　图 3.24　例 3-2 电路

① 试推导 u_{o1}、u_o 的表达式。

② 当 $R_1=R_5$，$R_2=R_4$ 时，试求 u_o 与 u_i（设 $u_i=u_{i2}-u_{i1}$）的关系式。

解： ① 第 1 级电路为同相比例运算电路，因而有

$$u_{o1} = \left(1 + \frac{R_2}{R_1} \right) u_{i1}$$

利用叠加原理，第 2 级电路的输出

$$u_o = -\frac{R_5}{R_4} u_{o1} + \left(1 + \frac{R_5}{R_4} \right) u_{i2} = -\frac{R_5}{R_4} \left(1 + \frac{R_2}{R_1} \right) u_{i1} + \left(1 + \frac{R_5}{R_4} \right) u_{i2}$$

② 当 $R_1=R_5$，$R_2=R_4$ 时，有

$$u_o = \left(1 + \frac{R_1}{R_2} \right)(u_{i2} - u_{i1}) = \left(1 + \frac{R_1}{R_2} \right) u_i$$

例 3-2 是利用两级同相输入端输入信号来实现差模信号的比例运算。习题 5 则是两级反相输入端输入信号来实现差模信号的比例运算。

6. 积分电路

积分电路可以完成对输入信号的积分运算，即输出电压与输入电压的积分成正比。如图 3.25 所示为反相积分电路。电容 C 引入电压并联负反馈，集成运算放大器工作在线性区。

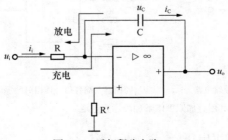

积分电路

图 3.25　反相积分电路

积分电路也存在"虚短"和"虚断"现象，因此有

$$i_i = i_C$$

$$u_o = -u_C = -\frac{1}{C}\int i_C \mathrm{d}t$$

所以

$$u_o = -\frac{1}{C}\int i_i \mathrm{d}t, \ \ 其中 i_i = \frac{u_i}{R}$$

将 i_i 代入 u_o 表达式得

$$u_o = -\frac{1}{RC}\int u_i \mathrm{d}t$$

电路实现了输出电压正比于输入电压对时间的积分。式中的比例常数 RC 称为电路的时间常数。

基本积分电路的信号波形如图 3.26 所示。

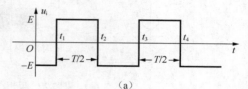

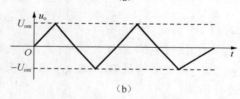

图 3.26   基本积分电路的信号波形

7. 微分电路

微分是积分的逆运算，微分电路的输出电压是输入电压的微分，电路如图 3.27 所示。图中 R 引入电压并联负反馈使运算放大器工作在线性区。

微分电路属于反相输入电路，因此同样存在"虚地"现象。

因为

$$i_C = C\frac{\mathrm{d}u_C}{\mathrm{d}t} = C\frac{\mathrm{d}u_i}{\mathrm{d}t}$$

又有

$$i_C = i_R = -\frac{u_o}{R}$$

所以

$$u_o = -RC\frac{\mathrm{d}u_i}{\mathrm{d}t}$$

微分电路

电路实现了输出电压正比于输入电压对时间的微分，式中的比例常数 RC 称为电路的时间常数。

微分电路的信号波形如图 3.28 所示。

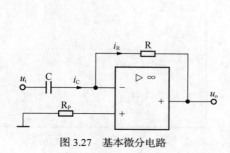

图 3.27   基本微分电路

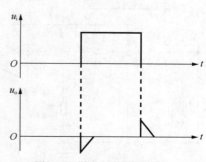

图 3.28   微分电路的信号波形

【练一练】实训 3-2：比例运算放大电路的仿真测试

1. 反相比例放大电路

反相比例放大电路的仿真测试电路如图 3.29 所示。

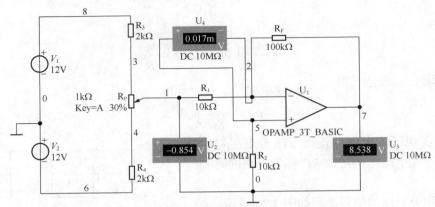

图 3.29　反相比例放大电路的仿真测试电路

（1）实训流程

① 按图 3.29 画好仿真电路，其中 OPAMP_3T_BASIC 为理想的集成运算放大器。

② 调整电位器 R_p，将 U_2、U_3、U_4 3 个电压表的数值填入表 3-6 中，并与理论估算值进行比较。

表 3-6　　　　　　　　　　反相比例放大电路仿真测试

输入电压	电位器百分比	0%	10%	20%	40%	60%	80%	90%	100%
	u_i/V								
输出电压	理论估算值 u_o/V								
	实际测量值 u_o/V								
运算放大器两输入端的电压 $(u_+ - u_-)$/V									

③ 将输入电压换成有效值为 0.5V 的交流信号，用虚拟示波器 XSC1 观察输入输出波形。仿真测试电路如图 3.30 所示，其仿真波形如图 3.31 所示。

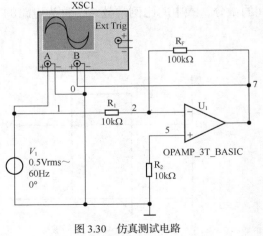

图 3.30　仿真测试电路

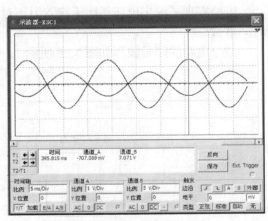

图 3.31　仿真波形

（2）结论

① 输入电压在一定范围内，反相比例放大电路的输出电压值与输入电压值之比等于_____（用电阻等元件符号表示），且输出电压相对于输入电压是_____（反相/同相）。

② 当输入电压超过一定范围时，输出电压值与输入电压值_____（成/不成）比例；此时，输出电压值_____（随/不随）输入电压值变化而变化。

2. 加法电路

加法电路的仿真测试电路如图 3.32 所示。

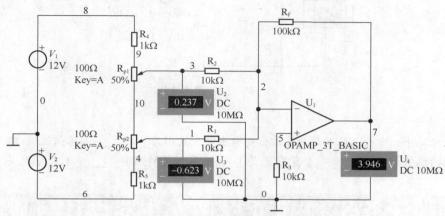

图 3.32　加法电路的仿真测试电路图

实训流程

① 按图 3.32 画好仿真电路。

② 根据表 3-7，调整电位器 R_{p1}、R_{p2}，将 U_2、U_3、U_4 3 个电压表的数值填入表中，并与理论估算值进行比较。

表 3-7　　　　　　　　　　加法电路仿真测试

电位器 R_{p1} 百分比	80%	60%	40%
电位器 R_{p2} 百分比	40%	30%	20%
输入电压 u_{i1}（即 U_2）/V			
输入电压 u_{i2}（即 U_3）/V			
输出电压 u_o（即 U_4）/V			
理论计算 u_o/V			

3. 积分电路

仿真测试电路如图 3.33 所示。

（1）实训流程

① 按图 3.33 画好仿真电路，其中 XFG1 为函数信号发生器。XFG1 产生方波，其频率为 1kHz，占空比为 50%，振幅 1V。

② 用虚拟示波器 XSC1 观察输入输出波形，画出各波形，并标出有关参数。

③ 改变接入电阻 R_1 值为 10 kΩ，观察并记录输入输出波形。

④ 保持 R_1 值为 1kΩ，信号频率分别改为 500Hz、1kHz 和 2kHz，观察并记录输出波形。

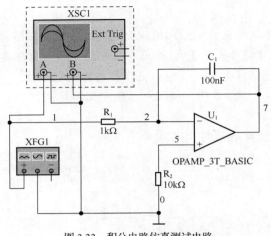

图 3.33 积分电路仿真测试电路

（2）结论

积分电路中，输入电压波形为方波，则输出电压波形为＿＿＿＿＿＿＿（正弦波/方波/三角波）。输出波形的幅值与 RC＿＿＿＿＿＿＿（有关/无关），与输入信号的频率＿＿＿＿＿＿＿（有关/无关）。

实训任务3.3 非正弦波发生器设计与制作

知识要点

- 能对滞回比较器、方波发生器、三角波发生器等典型的集成运算放大器的非线性应用电路进行分析和设计。

技能要点

- 能识读集成运算放大器的非线性应用电路。
- 会用示波器观察分析波形的频率和幅度。

在自动化、电子、通信等领域中，经常需要进行性能测试和信息的传送等，这些都离不开一些非正弦信号。常见的非正弦信号产生电路有方波、三角波、锯齿波产生电路等。

【做一做】实训3-3：非正弦波发生器电路的测试

1. 方波发生器

按图 3.34 在实验板上接好线路。

① 观察电容两端电压 u_C 和输出电压 u_o 的波形及频率。

$f_C=$ ＿＿＿＿＿＿＿Hz， $f_o=$ ＿＿＿＿＿＿＿Hz。

画出 u_C 和 u_o 的波形。

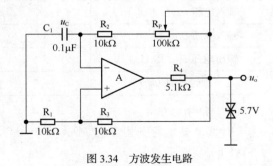

图 3.34 方波发生电路

② 调节 R_p，测量 $R_p=0$，$R_p=100\ k\Omega$ 时的频率及波形，并填表3-8。

表 3-8   电阻 R 对输出频率的影响（ $R=R_p+R_2$ ）

R/kΩ	测量值 f/Hz	计算值 f/Hz	输出波形
10			
110			

③ 为了获得更低的频率，调节 R_p、R_2、C、R_1、R_3。

改变电容 C，由 0.1～10μF，则 $f=$_____～_____。

改变电阻 R_1，由 10～20kΩ，则 $f=$_____～_____。

改变电阻 R_3，由 10～5kΩ，则 $f=$_____～_____。

2. 三角波发生器

按图 3.35 在实验板上接好线路。

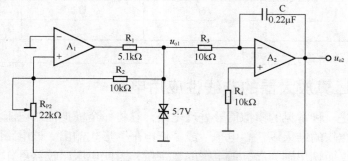

图 3.35   三角波发生电路

① 观察 A_1 输出电压 u_{o1} 及 A_2 输出电压 u_{o2} 的波形。

画出 u_{o1} 波形和 u_{o2} 波形。

② 改变输出波形的频率，方法如方波。选择合适的参数进行实验并观测。

3. 锯齿波发生器

按图 3.36 在实验板上接好线路。

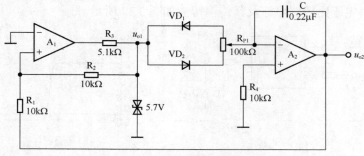

图 3.36   锯齿波发生电路

① 观察 A_1 输出电压 u_{o1} 及 A_2 输出电压 u_{o2} 的波形和频率并填表 3-9。

表 3-9 u_{o1} 和 u_{o2} 波形的比较

	频率/Hz	波形
u_{o1}		
u_{o2}		

② 改变 R_1、R_2、C 和 R_{p1} 值，测量锯齿波频率的变化范围并填表 3-10。

表 3-10 电阻、电容参数对锯齿波频率的影响

	R_1	R_2	C	R_{p1}
f/Hz				

③ 可以得到的结论：_____。

3.3.1　集成运算放大器的非线性应用电路

电压比较器是一种常见的模拟信号处理电路，它将一个模拟输入电压与一个参考电压进行比较，并将比较的结果以"高电平"或"低电平"形式输出。该电路的输入信号是连续变化的模拟量，而输出则为高、低电平的数字量，因此电压比较器可作为模拟电路和数字电路的"接口"，用于电平检测及波形变换等领域中。

电压比较器的输出只有高、低电平两种状态，因此集成运算放大器必须工作在非线性区。从电路结构来看，集成运算放大器应处于开环状态或加入正反馈。

集成运算放大器工作在开环或正反馈状态，电压放大倍数 A_u 极高，所以只要输入一个很小的信号电压，即可使集成运算放大器进入非线性区。

电压比较器

电压比较器一般有两种接法，将输入电压接在反相输入端，同相输入端接参考电压，称为反相电压比较器，反之则为同相电压比较器。

电压比较器根据传输特性不同，可分为单限电压比较器、滞回电压比较器等。

1. 单限电压比较器

单限电压比较器只有一个门限电平，当输入电压达到此门限值时，输出状态立即发生跳变。反相单限电压比较器电路及其传输特性如图 3.37 所示。

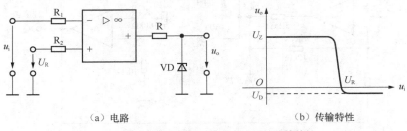

（a）电路　　　　　　　　　　　（b）传输特性

图 3.37　反相单限电压比较器电路及其传输特性

电压比较器输出电压由一种状态跳变为另一种状态时，所对应的临界输入电压通常称为阈值电压或门限电压，用 U_{TH} 表示。可见，单限电压比较器的阈值电压 $U_{TH}=U_R$。

若 $U_R=0$，即集成运算放大器的参考电压输入端接地，则电压比较器的阈值电压 $U_{TH}=0$。这种单限电压比较器也称为过零电压比较器，利用过零电压比较器可以将正弦波变为方波。

图 3.38（a）所示为反相过零电压比较器电路，同相输入端接地，其输入、输出波形如图 3.38（b）所示。

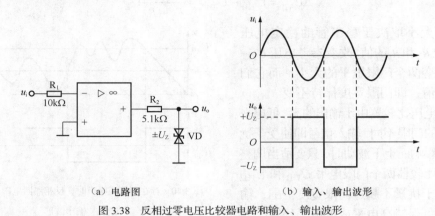

（a）电路图　　　　　　（b）输入、输出波形

图 3.38　反相过零电压比较器电路和输入、输出波形

2. 滞回电压比较器

单限电压比较器电路简单，灵敏度高，但其抗干扰能力差。如果输入电压受到干扰或噪声的影响，在门限电平上下波动，则输出电压将在高、低两个电平之间反复跳变，使后续电路出现误操作。为解决这一问题，常常采用滞回电压比较器。

图 3.39（a）所示为反相滞回电压比较器电路。它是从输出端引入一个正反馈电阻到同相输入端，使同相输入端的电位随输出电压变化而变化，使其形成上、下两个门限电压，达到获得正确、稳定的输出电压的目的。

传输过程中，当输入电压 u_i 从小逐渐增大，或者 u_i 从大逐渐减小时，两种情况下的门限电平是不相同的，由此电压传输特性呈现"滞回"曲线的形状，如图 3.39（b）所示。

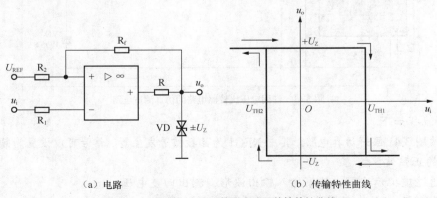

（a）电路　　　　　　　　（b）传输特性曲线

图 3.39　反相滞回电压比较器电路及传输特性曲线

可以求出该比较器的两个门限电压，即

$$U_{TH1} = \frac{R_f}{R_2 + R_f} U_{REF} + \frac{R_2}{R_2 + R_f} U_Z$$

$$U_{\text{TH2}} = \frac{R_{\text{f}}}{R_2 + R_{\text{f}}} U_{\text{REF}} - \frac{R_2}{R_2 + R_{\text{f}}} U_Z$$

从传输特性曲线可以看出，u_{i} 从小于 U_{TH2} 逐渐增大到超过 U_{TH1} 门限电平时，电路翻转；u_{i} 从大于 U_{TH1} 逐渐减小到小于 U_{TH2} 门限电平时，电路再翻转；而 u_{i} 在 U_{TH1} 与 U_{TH2} 之间时，电路输出保持原状，两个门限电平的差值称为门限宽度或回差，用符号 ΔU_{TH} 表示。

$$\Delta U_{\text{TH}} = U_{\text{TH1}} - U_{\text{TH2}} = \frac{2R_2}{R_2 + R_{\text{f}}} U_Z$$

回差大小取决于稳压管的稳定电压 U_Z 及电阻 R_2 和 R_{f} 的值。改变参考电压 U_{REF} 会同时改变两个门限电平的大小，而它们之间的差值，即门限宽度保持不变。

滞回电压比较器由于输出的高、低电平相互转换的门限不同，输入信号即使受干扰或噪声的影响而上下波动时，只要适当调整滞回电压比较器两个门限电平 U_{TH1} 和 U_{TH2} 的值，使干扰量不超过门限宽度范围，输出电压就可保持高电平或低电平稳定，如图 3.40 所示。

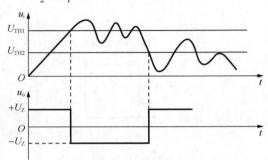

图 3.40　存在干扰或噪声时，反相滞回电压比较器的输入、输出波形

【练一练】实训 3-4：滞回电压比较器电路的仿真测试

滞回电压比较器电路的仿真测试电路如图 3.41 所示。

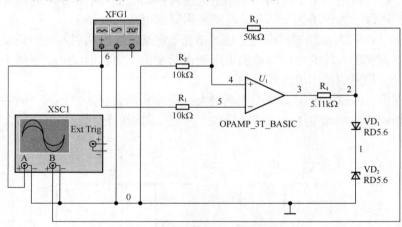

图 3.41　滞回电压比较器电路的仿真测试电路

实训流程如下。

① 按图 3.41 画好仿真电路。其中 XFG1 为函数信号发生器，信号可以设置为频率 50Hz，振幅 2V 的正弦波。

② 通过虚拟示波器，观察输入输出波形，测出回差电压。

③ 改变 R_2 数值，观察输出波形回差电压的变化。

3.3.2　非正弦波信号发生器

1. 方波发生器

图 3.42 所示为方波产生电路。它由滞回电压比较器与 RC 充放电回路组成，双向稳压

管将输出电压幅值钳位在其稳压值 ± U_Z 之间,利用电容两端的电压作比较,来决定电容是充电还是放电。

根据电路可得上下限电压为

$$U_{T+} = \frac{R_2}{R_1 + R_2} U_Z$$

$$U_{T-} = -\frac{R_2}{R_1 + R_2} U_Z$$

当电容 C 充电时,同相输入端电压为上门限电压 U_{T+},电容 C 上的电压 u_C 小于 U_{T+} 时,输出电压 u_o 等于 $+U_Z$;当 u_C 大于 U_{T+} 瞬间,输出电压 u_o 发生翻转,由 $+U_Z$ 跳变到 $-U_Z$,此时同相输入端电压变为下门限电压 U_{T-},电容 C 开始放电,电压下降。当电容 C 上的电压下降到小于 U_{T-} 瞬间,输出电压 u_o 又发生翻转,由 $-U_Z$ 跳变到 $+U_Z$,电容 C 又开始新一轮的充放电,因此,在输出端产生了方波电压波形,而在电容 C 两端的电压则为三角波。u_o、u_C 的波形如图 3.42(c)所示。

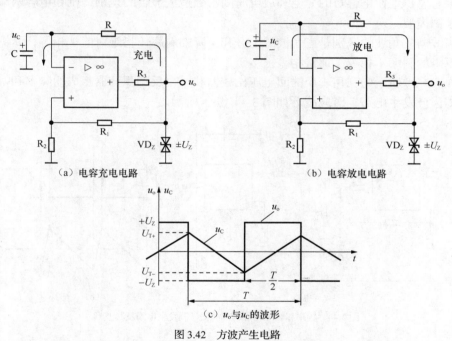

(a)电容充电电路　　　　　　　　　　　(b)电容放电电路

(c) u_o 与 u_C 的波形

图 3.42　方波产生电路

RC 的乘积越大,充放电时间越长,方波的频率就越低。方波的周期为

$$T = 2RC\ln\left(1 + \frac{2R_2}{R_1}\right)$$

由于方波包含极丰富的谐波,方波产生电路又称为多谐振荡器。

2. 三角波发生器

图 3.43(a)所示为三角波发生器电路,它是由滞回电压比较器和反向积分器组成。积分电路可将方波变换为线性度很高的三角波,但积分器产生的三角波幅值常随方波输入信号的频率而发生变化,为了克服这一缺点,可以将积分电路的输出信号输入到滞回电压比较器,再将滞回电压比较器输出的方波输入到积分电路,通过正反馈,可得到质量较高的三角波。三角波发生器波形如图 3.43(b)所示。

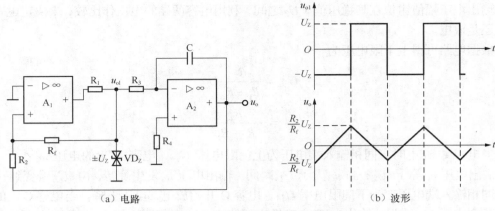

（a）电路 　　　　　　　　　（b）波形

图 3.43　三角波发生器及其波形

3. 锯齿波发生器

如果有意识地使电容 C 的充电和放电时间常数造成显著的差别，则在电容两端的电压波形就是锯齿波。

锯齿波与三角波的区别是三角波的上升和下降的斜率（指绝对值）相等，而锯齿波的上升和下降的斜率不相等（通常相差很多）。

图 3.44（a）所示为利用一个滞回电压比较器和一个反相积分器组成的频率和幅度均可调节的锯齿波发生电路，对应波形如图 3.44（b）所示。

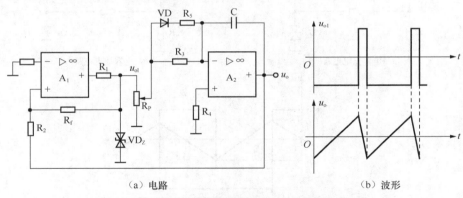

（a）电路 　　　　　　　　　（b）波形

图 3.44　频率和幅度均可调节的锯齿波发生电路及其波形

实训任务 3.4　函数信号发生器的设计与制作

知识要点

- 了解振荡器的功能、电路结构、振荡条件。
- 熟知 LC 振荡的电路组成，理解电路工作原理，会判别电路是否振荡。
- 了解石英晶体振荡电路的基本形式，理解基本工作原理。
- 掌握集成函数发生器 8038 的功能及其应用。

技能要点

- 会用示波器观察振荡器振荡波形的频率和幅度。
- 掌握振荡电路频率调整方法。
- 会用集成函数发生器 8038 设计实用信号产生电路，并掌握调试方法。

【做一做】实训 3-5：正弦波发生器电路

1. RC 正弦波振荡电路

按图 3.45 在实验板上接好线路。

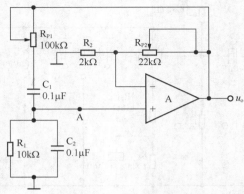

图 3.45　RC 正弦波振荡电路

① 将 R_{P1} 调到 10kΩ，调节 R_{P2} 并用示波器观察输出波形。
将波形填入表 3-11 中。

表 3-11　　　　　　　　　　　　　　　负反馈电阻对输出信号的影响

R_{P2}	阻值很小	恰当的阻值	阻值太大
输出波形			

② 用频率器测量上述电路的输出频率（测量前先调节 R_{P2}，使输出波形不失真）。
将数据填入表 3-12 中。

表 3-12　　　　　　　　　　　　　　输出频率测量值与理论值的比较

f/Hz	理论值	
	测量值	

③ 改变振荡频率

先将 R_{P1} 调到 30kΩ，然后在 R_1 与地之间串一个 20kΩ 的电阻。

测量其输出频率 $f=$ _____ Hz。

（测量输出频率 f 之前，应适当调节 R_{P2}，使 u_o 无明显失真，再测量频率。）

2. LC 正弦波振荡器

按图 3.46 在实验板上接好线路。

① 去掉信号源，断开 R_2，令 $R_{P2}=0$，调节 R_{P1} 使 VT 的集电极电位为 6V。

连接 B、C 两点，用示波器观察 A 点波形，调节 R_{P2} 使电路不失真，测量振荡频率、
输出电压极值 U_{om}，并填入表 3-13 中。

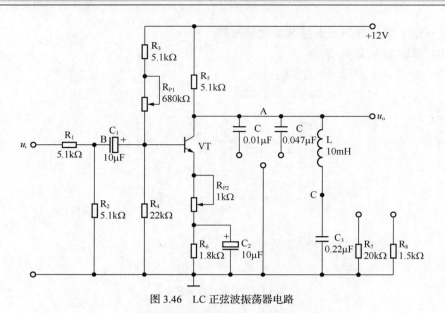

图 3.46　LC 正弦波振荡器电路

表 3-13　　　　　　　　　　　　　　电容量对电路振荡频率的影响

$C/\mu F$	f/Hz	U_{om}/V
0.01		
0.047		

② 在上述基础上，测量 B 点、C 点、A 点的电位 V_B、V_C、V_A，并填入表 3-14 中。

表 3-14　　　　　　　　　　　　　电容量对 B、C、A 点电位的影响

$C/\mu F$	V_B/V	V_C/V	V_A/V
0.01			
0.047			

③ 在振荡的情况下，在 A 点与接地端间连接电阻 R，用示波器观察波形，并填表 3-15。

表 3-15　　　　　　　　　　　　　负载对电路输出波形的影响

$R/k\Omega$	波形	结论
20		
1.5		

3.4.1　正弦波振荡电路

1. 正弦波振荡电路的产生条件

正弦波振荡电路是一种不需要输入信号的带选频网络的正反馈放大电路。振荡电路与放大电路不同之处在于放大电路需要外加输入信号，才会有输出信号；而振荡电路不需外

加输入信号就有输出信号，因此这种电路又称为自激振荡电路。

图 3.47（a）所示为反馈放大电路，当电路不接反馈网络处于开环系统时，输入信号 $\dot{X}_i$ 就是净输入信号 $\dot{X}_i'$，经放大产生输出信号 $\dot{X}_o$。当电路接成正反馈时，输入信号 $\dot{X}_i$、净输入信号 $\dot{X}_i'$ 与反馈信号 $\dot{X}_f$ 的关系为 $\dot{X}_i' = \dot{X}_i + \dot{X}_f$。

在图 3.47（b）中，输入端（1 端）外接一定频率、一定幅度的正弦波信号 $\dot{X}_i'$，经过基本放大电路和反馈网络所构成的环路传输后，在反馈网络的输出端（2 端），就可得到反馈信号 $\dot{X}_f$。如果 $\dot{X}_f$ 与 $\dot{X}_i'$ 在幅频和相位上都一致，那么，除去原来的外接信号，而将 1、2 两端连接在一起（如图 3.47 中的虚线所示），形成闭环系统，在没有任何输入信号的情况下，其输出端的输出信号也能继续维持与开环时一样的状况，即自激产生输出信号。

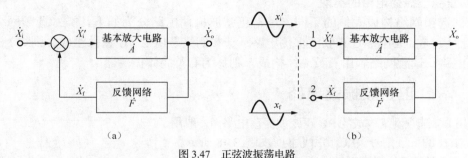

图 3.47 正弦波振荡电路

（1）正弦波振荡的平衡条件

因为振荡电路的输入信号 $\dot{X}_i = 0$，所以 $\dot{X}_i' = \dot{X}_f$。

因为

$$\frac{\dot{X}_f}{\dot{X}_i'} = \frac{\dot{X}_o \dot{X}_f}{\dot{X}_i' \dot{X}_o} = 1$$

所以可得到振荡的平衡条件

$$\dot{A}\dot{F} = 1$$

即振幅平衡条件

$$|\dot{A}\dot{F}| = AF = 1$$

相位平衡条件

$$\varphi_{AF} = \varphi_A + \varphi_F = \pm 2n\pi \ (n=0, 1, 2, \cdots)$$

（2）正弦波振荡的起振条件

振荡器在刚刚起振时，为了克服电路中的损耗，需要正反馈强一些，即要求

$$|\dot{A}\dot{F}| > 1$$

这称为振荡起振条件。因为 $|\dot{A}\dot{F}| > 1$，所以起振后就要产生增幅振荡。当振荡幅度达到一定值时，三极管的非线性特性就会限制幅度的增加，以使放大倍数 $\dot{A}$ 下降，直到 $|\dot{A}\dot{F}| = 1$，此时振荡幅度不再增加，振荡进入稳定状态。

2. 正弦波振荡电路的组成

为了产生正弦波，必须在放大电路里加入正反馈，因此放大电路和正反馈网络是振荡电路的最主要部分。但是，这两部分构成的振荡器一般得不到正弦波，这是由于很难控制

正反馈的信号大小。如果正反馈信号大，则增幅、输出幅度越来越大，最后由三极管的非线性限幅，这必然产生非线性失真。反之，如果正反馈信号不足，则减幅，可能停振，为此振荡电路要有一个稳幅电路。为了获得单一频率的正弦波输出，应该有选频网络，选频网络往往和正反馈网络或放大电路合而为一。选频网络由 R、C 和 L、C 等电抗性元件组成，正弦波振荡器的名称一般由选频网络来命名，其基本的组成部分如下。

① 放大电路：其作用是放大信号，满足起振条件，并把直流稳压电源的能量转为振荡信号的交流能量。

② 正反馈网络：其作用为满足振荡电路的相位平衡条件。

③ 选频网络：用于选出振荡频率，从而使振荡电路获得单一频率的正弦波信号输出。

④ 稳幅电路：用于稳定输出信号的幅度，改善波形，减少失真。

3. 正弦波振荡电路的类型

根据选频网络构成元件的不同，可把正弦波振荡电路分为如下几类：选频网络若由 R、C 元件组成，则称 RC 正弦波振荡电路；选频网络若由 L、C 元件组成，则称 LC 正弦波振荡电路；选频网络若由石英晶体构成，则称为石英晶体振荡器。

3.4.2 RC 正弦波振荡电路

采用 RC 选频网络构成的 RC 正弦波振荡电路，一般用于产生 1Hz～1MHz 的低频信号。RC 串并联网络如图 3.48 所示。

1. RC 串并联选频网络

RC 串联电路和 RC 并联电路的阻抗分别用 Z_1、Z_2 表示，则

$$Z_1 = R_1 + (1/\mathrm{j}\omega C_1)$$

$$Z_2 = R_2 // (1/\mathrm{j}\omega C_2) = \frac{R_2}{1 + \mathrm{j}\omega R_2 C_2}$$

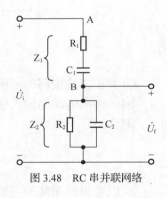

图 3.48　RC 串并联网络

RC 串并联选频网络的传输系数 $\dot{F}_u$ 为

$$
\begin{aligned}
\dot{F}_u &= \frac{\dot{U}_f}{\dot{U}_i} = \frac{Z_2}{Z_1 + Z_2} \\
&= \frac{R_2/(1 + \mathrm{j}\omega R_2 C_2)}{R_1 + (1/\mathrm{j}\omega C_1) + [R_2/(1 + \mathrm{j}\omega R_2 C_2)]} \\
&= \frac{R_2}{[R_1 + (1/\mathrm{j}\omega C_1)](1 + \mathrm{j}\omega R_2 C_2) + R_2} \\
&= \frac{1}{\left(1 + \dfrac{R_1}{R_2} + \dfrac{C_2}{C_1}\right) + \mathrm{j}\left(\omega R_1 C_2 - \dfrac{1}{\omega R_2 C_1}\right)}
\end{aligned}
$$

RC 正弦波振荡电路

可得到 RC 串并联选频网络的幅频特性和相频特性，分别为

$$|\dot{F}_u| = \frac{1}{\sqrt{\left(1 + \dfrac{R_1}{R_2} + \dfrac{C_2}{C_1}\right)^2 + \left(\omega R_1 C_2 - \dfrac{1}{\omega R_2 C_1}\right)^2}}$$

$$\varphi_{\mathrm{F}} = -\arctan \frac{\omega R_1 C_2 - \dfrac{1}{\omega R_2 C_1}}{1 + \dfrac{R_1}{R_2} + \dfrac{C_2}{C_1}}$$

当 $R_1 = R_2 = R$，$C_1 = C_2 = C$，且令 $\omega_0 = \dfrac{1}{RC}$，则 $f_0 = \dfrac{1}{2\pi RC}$ 时

$$|\dot{F}_{\mathrm{u}}| = \frac{1}{\sqrt{3^2 + \left(\dfrac{\omega}{\omega_0} - \dfrac{\omega_0}{\omega}\right)^2}} = \frac{1}{\sqrt{3^2 + \left(\dfrac{f}{f_0} - \dfrac{f_0}{f}\right)^2}}$$

$$\varphi_{\mathrm{F}} = -\arctan \frac{\dfrac{\omega}{\omega_0} - \dfrac{\omega_0}{\omega}}{3} = -\arctan \frac{\dfrac{f}{f_0} - \dfrac{f_0}{f}}{3}$$

由上式可以得到，当 $\omega = \omega_0$，即 $f = f_0$ 时，$|\dot{F}_{\mathrm{u}}|$ 达到最大值，即等于 $1/3$，相位移 $\varphi_{\mathrm{F}} = 0°$，输出电压与输入电压同相，RC 串并联网络具有选频作用。

2. RC 正弦波桥式振荡电路

RC 正弦波桥式振荡器的电路如图 3.49 所示，由 RC 串并联选频网络与放大器组成。放大器可采用三极管等分离元件，也可采用运算放大器；串并联选频网络是正反馈网络。此外，该电路还增加了 R_{T} 和 R' 组成的负反馈网络。C_1、R_1 和 C_2、R_2 正反馈支路与 R_{T}、R' 负反馈支路正好构成一个桥路，称为桥式。此电路的谐振频率为

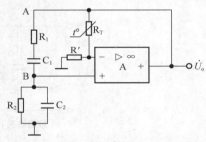

图 3.49   RC 正弦波桥式振荡器的电路

$$f_0 = \frac{1}{2\pi\sqrt{R_1 R_2 C_1 C_2}}$$

当 $R_1 = R_2 = R$，$C_1 = C_2 = C$ 时，谐振角频率和谐振频率分别为

$$\omega_0 = \frac{1}{RC}, \ f_0 = \frac{1}{2\pi RC}$$

当 $f = f_0$ 时，反馈系数 $|\dot{F}| = \dfrac{1}{3}$，且与频率 f_0 的大小无关，此时的相位角 $\varphi_{\mathrm{F}} = 0°$。即调节谐振频率不会影响反馈系数和相位角，在调节频率的过程中，不会停振，也不会使输出幅度改变。

为满足振荡的幅度条件 $|\dot{A}\dot{F}| = 1$，放大电路 A 的闭环放大倍数需满足自激振荡的振幅及相位起振和平衡条件。

在图 3.49 所示电路中，由于加入 R_{T}、R' 支路构成串联电压负反馈，振荡电路起振时其闭环放大倍数需满足 $A_{\mathrm{f}} = 1 + \dfrac{R_{\mathrm{T}}}{R'} \geqslant 3$，即 $R_{\mathrm{T}} \geqslant 2R'$。

谐振频率为 $f_0 = \dfrac{1}{2\pi RC}$（$R_1 = R_2 = R$，$C_1 = C_2 = C$ 时）

RC 正弦波桥式振荡电路的稳幅作用是靠热敏电阻 R_T 实现的。R_T 是负温度系数热敏电阻，当输出电压升高，R_T 上所加的电压升高，即温度升高，R_T 的阻值下降，负反馈减弱，输出幅度下降。

3.4.3 LC 正弦波振荡电路

LC 正弦波振荡电路一般用于产生高于 1MHz 的高频正弦信号，其构成与 RC 正弦波振荡电路相似，包括放大电路、正反馈网络、选频网络和稳幅电路。这里的选频网络由 LC 并联谐振电路构成，正反馈网络因不同类型的 LC 正弦波振荡电路而有所不同。

LC 正弦波振荡
电路

1. LC 并联谐振网络

在选频放大器中，经常采用如图 3.50 所示的 LC 并联谐振网络。其中图 3.50（a）所示为理想网络，无损耗，其谐振频率为

$$f_0 \approx \frac{1}{2\pi\sqrt{LC}}$$

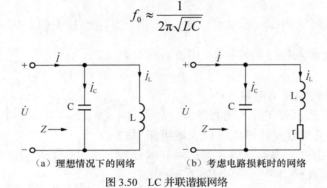

（a）理想情况下的网络　　（b）考虑电路损耗时的网络

图 3.50　LC 并联谐振网络

实际的 LC 并联谐振网络总是存在着损耗，如线圈的电阻等，可将各种损耗等效成电阻 r，如图 3.50（b）所示。

并联支路总导纳为

$$Y = \frac{1}{r + j\omega L} + j\omega C = \frac{r}{r^2 + \omega^2 L^2} + j\left(\omega C - \frac{\omega L}{r^2 + \omega^2 L^2}\right)$$

当并联谐振时，电路的表现为电阻性，即其电纳

$$B = \omega C - \frac{\omega L}{r^2 + \omega^2 L^2} = 0$$

可得到并联谐振角频率

$$\omega_0 = \frac{1}{\sqrt{LC}}\sqrt{1 - \frac{1}{Q^2}}$$

其中，$Q = \frac{1}{r}\sqrt{\frac{L}{C}}$ 为 LC 并联谐振回路的品质因素，一般有 $Q \gg 1$，则谐振角频率

$$\omega_0 \approx \frac{1}{\sqrt{LC}}$$

或谐振频率

$$f_0 \approx \frac{1}{2\pi\sqrt{LC}}$$

2. 变压器反馈式 LC 正弦波振荡电路

变压器反馈式 LC 正弦波振荡电路如图 3.51 所示，其中分压式偏置的共射放大器，起信号放大及稳幅作用，LC 并联谐振电路作为选频网络，反馈线圈 L_f 将反馈信号送入三极管的输入回路。交换反馈线圈的两个线头，可改变反馈的极性，形成正反馈；调整反馈线圈的匝数可以改变反馈信号的强度，以使正反馈的幅度条件得以满足。

变压器反馈式 LC 正弦波振荡电路的振荡频率与并联 LC 谐振电路相同，即

$$f_0 = \frac{1}{2\pi\sqrt{LC}}$$

变压器反馈式 LC 正弦波振荡电路易于起振，输出电压的失真较小。但是由于输出电压与反馈电压靠磁路耦合，损耗较大，且振荡频率的稳定性不高。

3. 三点式 LC 正弦波振荡电路

三点式 LC 正弦波振荡电路的连接规律如下：对于振荡器的交流通路，与三极管的发射极或者运算放大器的同相输入端相连接的为同性电抗（同是电感或同为电容）；不与发射极（三极管的基极和集电极）或者运算放大器的反相输入端和输出端相连接的为异性电抗。这就是三点式 LC 正弦波振荡电路的相位平衡条件判断法则。

（1）电感三点式 LC 正弦波振荡电路

电感三点式 LC 正弦波振荡电路如图 3.52 所示。在该交流等效电路中，与发射极相连接的两个电抗元件同为电感，另一个电抗元件为电容，满足三点式振荡器的相位平衡条件。选频网络由电感线圈 L_1、L_2 串联与电容 C 构成 LC 并联选频回路，反馈信号 $\dot{U}_f$ 取自电感 L_2 两端，其振荡频率近似等于 LC 并联谐振回路的固有频率，即

$$f_0 = \frac{1}{2\pi\sqrt{LC}}$$

其中，$L = L_1 + L_2 + 2M$，M 为电感 L_1、L_2 间的互感系数。

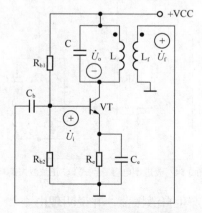

图 3.51　变压器反馈式 LC 正弦波振荡电路

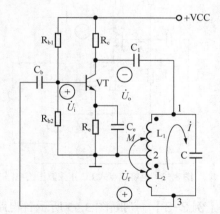

图 3.52　电感三点式 LC 正弦波振荡电路

改变电感抽头，即改变 L_2/L_1 的比值，可以改变反馈系数，使电路满足起振与相位平衡的条件。

电感三点式 LC 正弦波振荡电路因为选频网络中电感线圈 L_1 与 L_2 耦合紧密，正反馈较强，容易起振。此外，改变振荡回路中的电容 C，可较方便地调节振荡信号频率。但反馈电压取自电感 L_2 两端，对高次谐波的电抗很大，不能将高次谐波滤除，输出波形中含有

高次谐波，振荡器输出的电压波形较差，而且频率稳定度也不高，因此通常用于要求不高的设备中，如高频加热器、接收机的本机振荡等。

（2）电容三点式LC正弦波振荡电路

电容三点式LC正弦波振荡电路如图3.53所示，由图可见，其电路构成与电感三点式LC正弦波振荡电路基本相同，不过正反馈选频网络由电容C_1、C_2和电感L构成，反馈信号$\dot{U}_f$取自电容C_2两端，其振荡频率也近似等于LC并联谐振回路的固有频率，即

$$f_0 = \frac{1}{2\pi\sqrt{LC}}$$

其中$C = \dfrac{C_1 C_2}{C_1 + C_2}$。

调整电容C_1、C_2的电容量，可使电路满足起振的振幅平衡条件。

由于反馈电压取自C_2两端，电容是高通元件，对高次谐波的电抗很小，所以输出波形中的高次谐波分量小，振荡器输出的电压波形比电感三点式好；由于电容C_1、C_2的容量可以选得很小，并将放大管的极间电容也计算到C_1、C_2中去，因此振荡频率较高，一般可以达到100MHz以上。

对于振荡频率的调节，若用改变C_1或C_2的方法，会影响反馈的强弱，这是不可取的。通常是固定C_1、C_2，另用一个容量很小的微调电容串接在电感L支路上，以调节f_0，此时，回路的总电容量为C_1与C_2串联再与串接在L支路上的可变电容C_3串联，如图3.54所示。由于C_3比C_1、C_2小得多，振荡频率近似由C_3和L决定。此时，C_1、C_2仅构成正反馈，增大C_1、C_2的容量，也就是相对减小与之并联的各种输入电容、输出电容的影响，可以提高频率的稳定度。

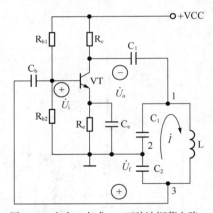

图3.53　电容三点式LC正弦波振荡电路

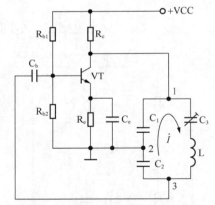

图3.54　改进型电容三点式LC正弦波振荡电路

【例3-3】　判断图3.55所示各电路中能否产生自激振荡，并说明理由。

解题方法：判断电路能否产生正弦波振荡一般有以下几个步骤。

① 观察电路是否包含了放大电路、选频网络、正反馈网络和稳幅环节4个组成部分。

② 判断放大电路能否正常工作，即是否有合适的静态工作点且动态信号是否能够输入、输出和放大。

③ 振荡器能否满足相位平衡条件和振幅平衡条件。相位平衡条件一般用电压瞬时极性法判别，要满足正反馈条件；振幅平衡条件是通过改变电路元件的参数获得的。一般认为振幅平衡条件是能够满足的，故只需判断是否满足相位平衡条件。其具体做法是：断开反

馈信号至放大器的连接点，假设从该点引入输入信号 u_i，并给定其瞬时极性；根据信号的传递及反馈关系得到反馈信号 u_f 的瞬时极性。若 u_i 与 u_f 的极性相同，则说明满足相位平衡条件，电路有可能产生正弦波振荡，否则表明不满足相位平衡条件，电路不可能产生正弦波振荡。

解： 对于图 3.55（a）由于静态时线圈的直流电阻很小，L_1、L_2 可视为短路，三极管的集电极电位和基极电位均为+VCC，集电结无反偏电压，不满足放大条件，该电路不能产生振荡。

图 3.55（b）该电路为共射电路，L_1 为反馈元件，交流等效电路如图 3.55（e）所示。根据电压瞬时极性法判定反馈信号 u_f 与原假设的输入信号 u_i 的极性相反，为负反馈，不满足相位平衡条件，电路不可能产生正弦波振荡。

图 3.55（c）的交流等效电路如图 3.55（f）所示，为电感三点式 LC 正弦波振荡电路，满足相位平衡条件，电路可能产生振荡。

图 3.55（d）的交流等效电路如图 3.55（g）所示，为变压器反馈式 LC 正弦波振荡电路，L_2 为反馈元件，满足相位平衡条件，电路可能产生振荡。

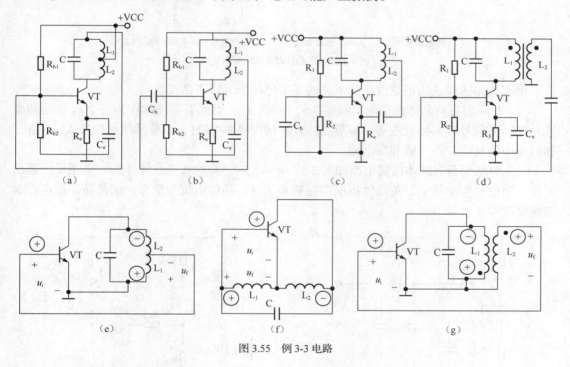

图 3.55 例 3-3 电路

3.4.4 石英晶体振荡器

石英晶体谐振器是由石英晶体（其化学成分是 SiO_2）做成的谐振器，简称晶振。其振荡频率非常稳定，广泛应用于频率计、时钟、计算机等振荡频率稳定性要求较高的场合。

石英晶体的基本特性是压电效应。当晶片的两极加上交变电压时晶片会产生机械变形振动，同时机械变形振动又会产生交变电场。当外加交变电压的频率与晶片的固有振动频率相等时，机械振动的幅度和感应电荷量均将急剧增加，这种现象称为压电谐振效应，这和 LC 回路的谐振现象十分相似。石英晶体的固有谐振频率取决于晶片的几何形状和切片方向等。

石英晶体谐振器

石英晶体谐振器的图形符号如图 3.56（a）所示，它可用一个 LC 串并联电路来等效，如图 3.56（b）所示。其中 C_0 是晶片两表面涂敷银膜形成的电容，L 和 C 分别模拟晶片的质量（代表惯性）和弹性，晶片振动时因摩擦而造成的损耗用电阻 R 来代表。

图 3.56（c）所示为电抗与频率之间的特性曲线，称晶体谐振器的电抗频率特性曲线。它有两个谐振频率，一个是串联谐振频率 f，在这个频率上，晶体电抗等于零。另一个是并联谐振频率 f_P，在这个频率上，晶体电抗趋于无穷大。

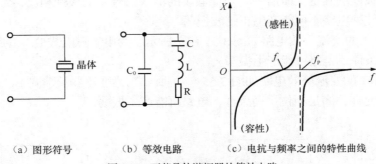

（a）图形符号　　　（b）等效电路　　　（c）电抗与频率之间的特性曲线

图 3.56　石英晶体谐振器的等效电路

用石英晶体构成的正弦波振荡电路的基本电路分为以下两类。

（1）并联型石英晶体振荡电路如图 3.57 所示。这一类的石英晶体作为一个高 Q 值的电感元件，当信号频率接近或等于石英晶体并联谐振频率 f_P 时，石英晶体呈现极大的电抗，和回路中的其他元件形成并联谐振。

（2）串联型石英晶体振荡电路如图 3.58 所示。这一类的石英晶体作为一个正反馈通路元件，当信号频率等于石英晶体串联谐振频率 f 时，晶体电抗等于零，振荡频率稳定在固有振动频率 f 上。

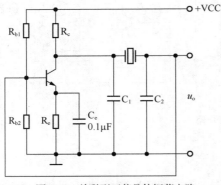

图 3.57　并联型石英晶体振荡电路

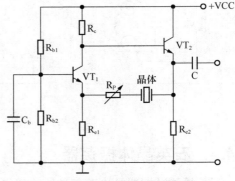

图 3.58　串联型石英晶体振荡电路

【练一练】实训 3-6：正弦波发生器电路仿真测试

1. RC 正弦波振荡电路

RC 正弦波振荡电路的仿真测试电路如图 3.59 所示。

实训流程如下所示。

① 按图 3.59 画好仿真电路。

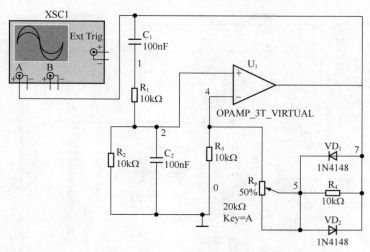

图 3.59 RC 正弦波振荡电路的仿真测试电路

② 调整电位器 R_p，记录虚拟示波器 XSC1 的波形情况并填入表 3-16 中。

表 3-16　　　　　　　　　　　　RC 正弦波振荡电路仿真测试

电位器百分比	45%	50%~55%	75%	95%~98%
波形图				

【想一想】

① 逐渐增大电位器的百分比时，大约在 50%以上时可以看到电路起振，且振荡波形幅度逐渐增大，试分析原因。

② 继续增大电位器的百分比时，振荡波形幅度稳定值会不断增大；而当电位器的百分比达到 95%以上时，振荡波形出现失真，试分析原因。

③ 根据读数指针测出该 RC 正弦波振荡电路输出正弦波的周期。

2. LC 正弦波振荡电路

LC 正弦波振荡电路的仿真测试电路如图 3.60 所示。

实训流程如下所示。

① 按图 3.60 画好仿真电路。

② 根据实训 3-5 LC 正弦波振荡器实验步骤，仿真验证所做的实验，并分析其结果。

令 $R_{P2}=0$，调节 R_{P1} 使 U_1 的集电极电位为 6V。

连接 B、C 两点，用示波器观察输出波形，调节 R_{p2} 使其不失真，测量振荡频率 f 和输出电压极值 U_{om}，并填入表 3-17 中。

表 3-17　　　　　　　　　　电容量对电路振荡频率和输出电压的影响

$C_1/\mu F$	f/Hz	U_{om}/V
0.01		
0.047		

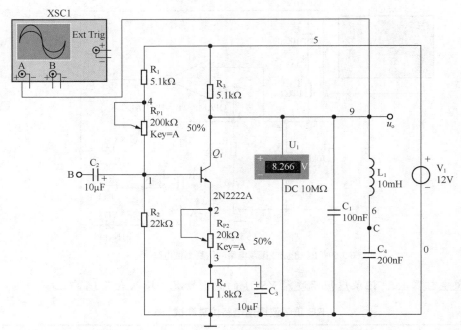

图 3.60　LC 正弦波振荡电路的仿真测试电路

3.4.5　集成函数发生器 8038

集成函数发生器 8038 是一种多用途的波形发生器，可以用来产生正弦波、方波、三角波和锯齿波，其频率可通过外加的直流电压进行调节，使用方便，性能可靠。

集成函数发生器 8038 为塑封双列直插式集成电路，其管脚功能如图 3.61 所示。

集成函数发生器 8038 由两个恒流源、两个电压比较器和一个触发器等组成，其内部电路结构框图如图 3.62 所示。

在图 3.62 中，电压比较器 A、B 的门限电压分别为两个电源电压之和 U（$U=V_{CC}+V_{EE}$）的 2/3 和 1/3，电流源 I_1 和 I_2 的大小可通过外接电阻调

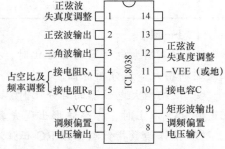

图 3.61　集成函数发生器 8038 管脚功能

节，并且 I_2 必须大于 I_1。当触发器的输出端为低电平时，它控制开关 S 使电流源 I_2 断开。而电流源 I_1 则向外接电容 C 充电，使电容两端电压 u_C 随时间线性上升，当 u_C 上升到 U 的 2/3 时，电压比较器 A 输出电压发生跳变，使触发器输出端由低电平变为高电平，控制开关 S 使电流源 I_2 接通。由于 $I_2 > I_1$，因此外接电容 C 放电，u_C 随时间线性下降。当 u_C 下降到 $u_C \leqslant U/3$ 时，电压比较器 B 输出发生跳变，使触发器输出端又由高电平变为低电平，I_2 再次断开，I_1 再次向 C 充电，u_C 又随时间线性上升。如此周而复始，产生振荡。

若调整电路，使 $I_2 = 2I_1$，则触发器输出的为方波，经反相器缓冲由管脚 9 输出；而 u_C 上升时间与下降时间相等，产生三角波，经电压跟随器后，由管脚 3 输出；三角波经正弦波变换器变成正弦波后由管脚 2 输出。

当 $I_1 < I_2 < 2I_1$ 时，u_C 的上升时间与下降时间不相等，管脚 3 输出的是锯齿波。

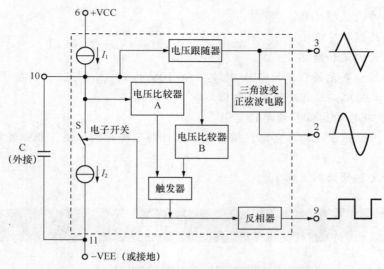

图 3.62 集成函数发生器 8038 内部电路结构框图

因此，集成函数发生器 8038 能输出方波、三角波、正弦波和锯齿波 4 种不同的波形。

【做一做】实训 3-7：函数信号发生器的设计与制作

1. 设计要求

① 用集成函数发生器 8038 产生方波、三角波和正弦波。

② 输出信号的频率可调。

③ 方波的占空比，锯齿波的上升与下降时间比值，正弦波的失真度可调。

2. 实训流程

（1）原理图的设计

图 3.63 所示为利用集成函数发生器 8038 构成的函数发生器参考电路。其振荡频率由电位器 R_{P1} 滑动触点的位置、电容 C 的容量、R_A 和 R_B 的阻值决定，调节 R_{P1} 可以改变输出信号的频率。C_1 为高频旁路电容，用以消除 8 脚的寄生交流电压；调节 R_{P2} 可改变方波的占空比，锯齿波的上升与下降时间比值和正弦波的失真度。当 $R_A = R_B$，且 R_{P2} 位于中间时，可输出占空比为 50% 的方波、对称的三角波和对称的正弦波。R_{P3} 与 R_{P4} 是双联电位器，可进一步调节正弦波失真度。

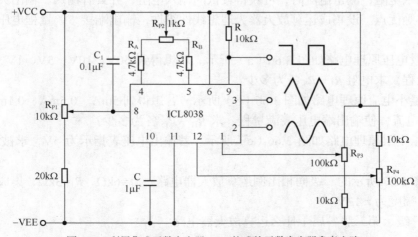

图 3.63 利用集成函数发生器 8038 构成的函数发生器参考电路

（2）元器件的选型（略）

（3）电路的制作（略）

（4）电路的调试和检测

组装电路经检查无误后，加+10V 的 V_{CC} 和−10V 的 V_{EE}，用示波器进行调试，使2、3、9 管脚分别有正弦波、三角波和方波输出。

调节 R_{P1}，观察输出信号频率的变化。

调节 R_{P2}，观察方波的占空比，锯齿波的上升与下降时间比值，正弦波的失真度变化情况。

（5）设计文档的编写（略）

习　　题

1. 如图 3.64 所示的电路中，设 R_1=10kΩ，R_f =100kΩ。

① 求闭环放大倍数 A_{uf}。

② 如果 u_i=10cosωt mV 时，求输出电压 u_o。

③ 电路平衡电阻 R' 应取何值？

④ 说明该电路实现了怎样的运算功能。

2. 在如图 3.65 所示电路中，设 R=5kΩ，u_{i1}=30mV，u_{i2}=20mV。求输出电压 u_o。

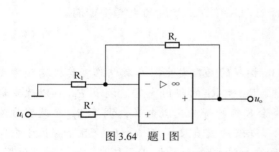

图 3.64　题 1 图

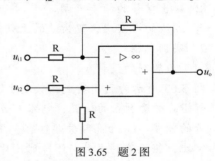

图 3.65　题 2 图

3. 用集成运算放大器，可以做成测量电压、电流和电阻的三用表。测量电压时，可获得较高的输入电阻；测量电流时，可获得较低的输入电阻；并具有输入、输出关系稳定，测量误差小等优点。设集成运算放大器为理想线性组件，输出端接 5V 量程电压表，吸取电流 500μA。

① 测量电压原理电路如图 3.66（a）所示。若想得到 50V、10V、5V、1V 和 0.5V 5 种不同的量程，求电阻 R_1～R_5 各为多少？

② 测量小电流原理电路如图 3.66（b）所示。若想得到 5mA、0.5mA、0.1mA、50μA 和 10μA 的电流，使输出端电压表满量程，求 R_{f1}～R_{f5} 各为多少？

③ 测量电阻原理电路如图 3.66（c）所示。若输出电压表指示为 5V，求被测电阻 R_x 为多少？

4. 如图 3.67 所示的二级同相比例运算放大器电路，R_F=6kΩ，R_1=3kΩ，集成运算放大器最大输出幅度为 ± 12V。

① 第一级、第二级各属于什么运算放大器电路？

② 如果 U_i=3V，求输出电压 U_{o1} 和 U_{o2}。

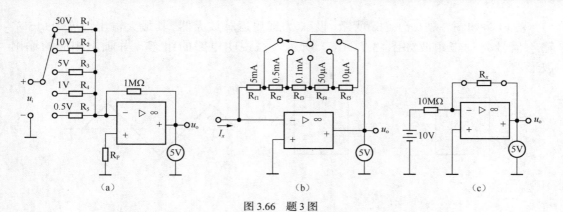

图 3.66 题 3 图

③ 如果 U_i=5V，求输出电压 U_{o1} 和 U_{o2}。

④ 求电阻 R_2 的值？

5. 已知集成运算电路如图 3.68 所示。

① 试推导 u_{o1}、u_o 的表达式。

② 当 $R_1=R_4$，$R_2=R_6$ 时，试求 u_o 与 u_i（设 $u_i=u_{i2}-u_{i1}$）的关系式。

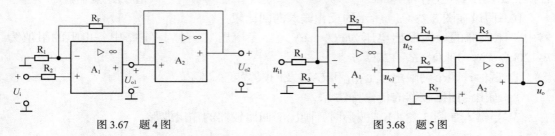

图 3.67 题 4 图 　　　　　　　　图 3.68 题 5 图

6. 电路如图 3.69 所示，设运算放大器是理想的，R=10kΩ，C=100μF。试回答下列问题。

① 该电路完成了怎样的运算功能？

② 若输入端加入 $u_i(t)$=0.1tV 的电压，求输出电压 u_o 值。

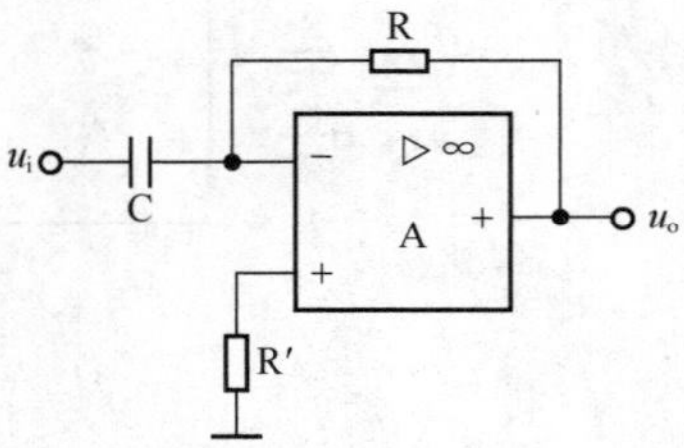

7. 电路如图 3.70 所示，设运算放大器是理想的，R=10kΩ，R'=10kΩ，电容 C 的容量为 0.2μF。已知初始状态 $u_C(0)$=0。试回答下列问题。

① 该电路完成了怎样的运算功能？

② 若突然加入 $u_i(t)$=1V 的阶跃电压，求 2ms 后输出电压 u_o 值。

③ 若输入信号 u_i 波形如图 3.70（b）所示，试画出相应的 u_o 波形图。

图 3.69 题 6 图

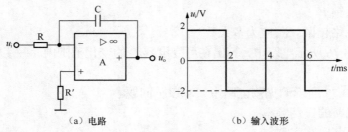

（a）电路　　　　　　　　（b）输入波形

图 3.70 题 7 图

8. 电路如图 3.71（a）、（b）所示。设 A 为理想运算放大器，其最大输出幅度为±15V，输入信号为一三角波如图 3.71（c）所示。试说明电路的组态，并画出相应的输出波形。

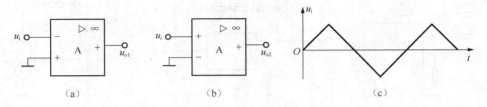

图 3.71　题 8 图

9. 电路如图 3.72 所示。设 A 为理想运算放大器，稳压管 VD_z 稳压值为 6V，正向压降为 0.7V，参考电压 U_R 为 3V。说明电路工作在什么组态，并画出该电路输入与输出关系的电压传输特性。若 u_i 与 U_R 位置互换，试画出其电压传输特性。

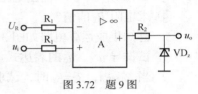

图 3.72　题 9 图

10. 假设在图 3.73（a）所示的反相输入滞回比较器中，比较器的最大输出电压为±U_Z=±6V，参考电压 U_R=9V，电路中各电阻的阻值为 R_2=20kΩ，R_F=30kΩ，R_1=12kΩ。

① 试估计两个门限电压 U_{TH1} 和 U_{TH2} 及门限宽度 $\triangle U_{TH}$。

② 画出滞回比较器的传输特性。

③ 当输入如图 3.73（b）波形时，画出滞回比较器的输出波形。

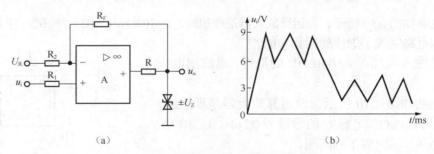

图 3.73　题 10 图

11. 试判断图 3.74 所示的电路能否产生自激振荡，说出判断的理由，并指出可能振荡的电路属于什么类型。

12. 在图 3.75 所示的电路中，根据给定的电路参数，求以下问题。

① 计算振荡频率 f_0。

② 为保证电路起振，R_p 应为多大？

13. 在如图 3.76 所示电路中，算出在可变电容 C 的变化范围内，振荡频率的可调范围是多少？

14. 在如图 3.77 所示的振荡电路中，求以下问题。

① 计算该电路的振荡频率。

② 说明此振荡电路名称。

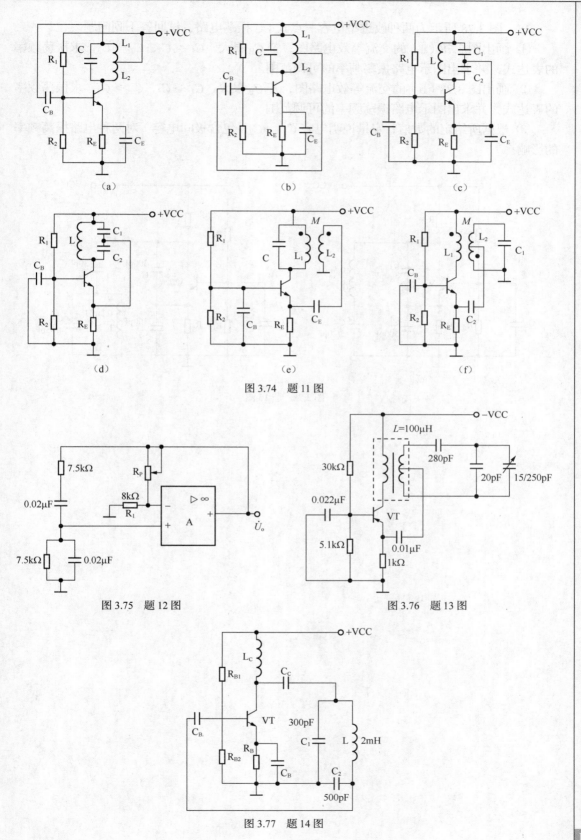

（a）　　　　　　　　（b）　　　　　　　　（c）

（d）　　　　　　　　（e）　　　　　　　　（f）

图 3.74　题 11 图

图 3.75　题 12 图

图 3.76　题 13 图

图 3.77　题 14 图

15. 图 3.78 所示为两种改进型电容三点式 LC 振荡电路，试回答下列问题。

① 画出图 3.78（a）的交流等效电路图，若 C_B 很大，$C_1 \gg C_3$，$C_2 \gg C_3$，求振荡频率的表达式，并求出图示电路振荡频率的可调范围。

② 画出图 3.78（b）的交流等效电路图，若 C_B 很大，$C_1 \gg C_3$，$C_2 \gg C_3$，求振荡频率的表达式，并求出图示电路振荡频率的可调范围。

③ 根据所给定的数值，定量说明电容 C_1、C_2（包含极间电容）对两种电路振荡频率的影响。

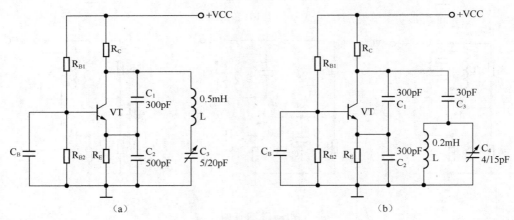

图 3.78 题 15 图

项目 4 小规模组合逻辑电路的分析与设计

实训任务 4.1 数字信号的认识和逻辑函数

知识要点

- 理解二进制、十进制、十六进制概念，掌握它们之间的相互转换。
- 理解用编码表示二进制数的方法。
- 熟悉逻辑代数中的基本定律、基本公式，理解逻辑代数中的基本规则。
- 掌握逻辑函数的表示方法及其相互之间的转换。

技能要点

- 能正确使用数字电路综合测试系统及常用仪表。

数字电路实验台种类很多，如果要完成数字电路的常规实验，基本部分应包括以下内容。

① 电源：提供 TTL 和 MOS 芯片工作的合适电源。

② 脉冲信号源：一般有单次脉冲和连续脉冲两种。

③ 逻辑电平指示：一组发光二极管，用其亮灭来表示输出电平"0""1"值。

④ 逻辑电平开关：一组拨位开关，利用上推（输出高电平，如 5V）或下拨（输出低电平，如 0V）来输出电平"1"或"0"值。

⑤ 集成电路插座：用来安放所要测试的芯片。

⑥ 有的实验台还有数码显示器、逻辑笔、元件库（如电位器、二极管、三极管）等。

【做一做】实训 4-1：数字电路实验装置的使用和数字信号的认识

实训步骤如下所示。

① 逻辑电平开关输出口与逻辑电平指示输入口逐个连接，拨动逻辑开关，体会逻辑信号"0"和"1"的输出和显示；检测结果填入表 4-1、表 4-2 中（正常的数据可在对应位置打"√"）。

表 4-1　　　　　　　　　　　　实训 4-1　表 1

H1	H2	H3	H4	H5	H6	H7	H8

表 4-2　　　　　　　　　　　　实训 4-1　表 2

L1	L2	L3	L4	L5	L6	L7	L8

用万用表测量输出的低电平电压数值为_____，高电平电压数值为_____。

② 将单脉冲输出口与电平指示输入口相连，按下相应的按键，发光二极管亮后熄灭，说明输出一个单脉冲，体会逻辑信号"0"和"1"的变换。

③ 将逻辑开关的 K1～K4 输出口分别与数码显示器的 A、B、C、D 输入口对应接通，根据逻辑开关的 K1～K4 输出情况，写出数码显示器所显示的数码，填入表 4-3 中。

表 4-3　　　　　　　　　　　　逻辑开关与数码显示器的对应关系

逻辑开关				数码显示器显示的字形
K4	K3	K2	K1	
0	0	0	0	
0	0	0	1	
0	0	1	0	
0	0	1	1	
0	1	0	0	
0	1	0	1	
0	1	1	0	
0	1	1	1	
1	0	0	0	
1	0	0	1	
1	0	1	0	
1	0	1	1	
1	1	0	0	
1	1	0	1	
1	1	1	0	
1	1	1	1	

④ 将拨盘的 A、B、C、D 输出口分别与电平指示 L1、L2、L3、L4 输入口对应接通，根据拨盘数值写出 4 个指示灯显示的状况，填入表 4-4 中。

表 4-4　　　　　　　　　　　　拨盘上数码与电平指示的对应关系

拨盘上的数码	电平指示			
	L4	L3	L2	L1
0				
1				
2				
3				
4				
5				
6				
7				
8				
9				

⑤ 用示波器观察信号源，简单画出观察到的数字信号。

【想一想】

① 数字信号一般用几种逻辑电平来描述？

② 0～9 的 10 个数码需要用几个逻辑开关来表示？

③ 0～9 的 10 个数码分别对应逻辑开关的什么状态？

4.1.1　数字电子技术概述

电子线路中的信号可分为两类，一类是随时间连续变化的模拟信号，另一类是离散的、不连续变化的数字信号。处理和传输模拟信号的电路称为模拟电路，处理和传输数字信号的电路称为数字电路。

所谓数字信号，是指可以用两种逻辑电平 0 和 1 来描述的信号。

模拟信号和
数字信号

逻辑电平 0 和 1 不表示具体的数量，是一种逻辑值，反映在电路上就是高电平和低电平。逻辑值 0 和 1，可用于表示元器件的两个稳定状态，如二极管的导通和截止、三极管的饱和与截止、开关的闭合与断开、灯泡的亮与灭等。

若数字逻辑电路中的高电平用逻辑 1 表示、低电平用逻辑 0 表示，则称为正逻辑；反之，高电平用逻辑 0 表示、低电平用逻辑 1 表示，则称为负逻辑。本书若无特殊说明，一律采用正逻辑。

在数字电路中，各种半导体器件均工作在开关状态。与模拟电路相比，数字电路具有以下特点。

① 电路结构简单，利于集成化。数字电路只需要正确区分两种截然不同的工作状态，电路对各元器件参数的精度要求不高，电路结构也比较简单，可以用一些基本门电路组成各种各样的数字电路，非常有利于实现数字电路的集成化。

② 抗干扰能力强、精度高。由于数字电路所传送和处理的是二值信息，只要外界干扰在电路的噪声容限范围内，电路就能区分 0 和 1，因而抗干扰能力强。数字量的精度取决于量化单位的大小，用增加二进制的位数可提高电路的运算精度。

③ 使用灵活，易于器件标准化。可以通过组合标准的逻辑部件和器件，或者制造如中央处理器、单片机、数字信号处理器等功能很强的标准化通用器件，定制专用的芯片等实现各种各样的数字电路和系统，使用十分方便灵活。

④ 具有"逻辑思维"能力。数字电路不仅具有算术运算能力，而且还具备一定的"逻辑思维"能力，数字电路能够按照人们设计好的规则，进行逻辑推理和逻辑判断。

⑤ 数字电路中的元件处于开关状态，功耗较小。

数字电路在通信、仪表、计算机、自动控制、广播电视、家用电器等几乎所有领域都得到了应用。目前，数字集成电路的集成度已经达到每个芯片含上亿个晶体管的水平，具有强大计算能力和控制能力的智能型数字器件，已经广泛应用于各种以数字系统构成的电子设备。因此，在电子领域中，数字系统逐步替代模拟系统已经成为一种必然趋势。通信领域目前已基本实现数字化。

4.1.2　数制和码制

1. 数制

所谓数制就是记数方法。在生产实践中，人们常采用位置记数法，即将表示数字的数码从左到右排列起来。

（1）各种记数体制及其表示方法

人们常用十进制进行数据计算。在数字系统中，通常只有两种状态，可分别用 0、1 表示，用电路也很容易实现，因此数字电路中多使用二进制。二进制位数多，不易读写，此处数字系统还用到八进制、十六进制等进制。它们之间的比较见表 4-5。

素质拓展

基、权和进制是数制的 3 个要素。基是指数码的个数，权是指数码所在位置表示数值的大小，进制是指进位规则。

表 4-5 　　　　　　　　　　　十进制、二进制、八进制和十六进制的比较

记数体制	十进制	二进制	八进制	十六进制
数码	0, 1, 2, 3, 4, 5, 6, 7, 8, 9	0, 1	0, 1, 2, 3, 4, 5, 6, 7	0, 1, 2, 3, 4, 5, 6, 7, 8, 9, A, B, C, D, E, F
进制	逢十进一	逢二进一	逢八进一	逢十六进一
基	10	2	8	16
i 位权	10^{i-1}	2^{i-1}	8^{i-1}	16^{i-1}
按权 展开式	$(N)_{10}=$ $\sum\limits_{i=0}^{n-1} K_i \times 10^i$	$(N)_{2}=$ $\sum\limits_{i=0}^{n-1} K_i \times 2^i$	$(N)_{8}=$ $\sum\limits_{i=0}^{n-1} K_i \times 8^i$	$(N)_{16}=$ $\sum\limits_{i=0}^{n-1} K_i \times 16^i$

注：①n 为数的总位数，②K_i 为 $1+i$ 位数上数码，③十六进制中的 A～F 分别代表 10～15。

【例 4-1】　$(101101)_2=(1\times2^5+0\times2^4+1\times2^3+1\times2^2+0\times2^1+1\times2^0)_{10}=45$。

【例 4-2】　$(4E8)_{16}=(4\times16^2+E\times16^1+8\times16^0)_{10}=1\ 256$。

（2）数制转换

① 非十进制转换为十进制。

方法："按权相加"，见例 4-1、例 4-2。

② 十进制转换为非十进制。

方法："除基取余，逆序排列"，即一个十进制整数用 N 进制的基数 N 连除，一直到商为 0，每除一次记下余数，把它们从后向前排列，即为所求的 N 进制数。

【例 4-3】　将十进制数 213 转换为二进制数。

解：
```
2|213         ……………………余 1
 2|106        ……………………余 0
  2|53        ……………………余 1
   2|26       ……………………余 0
    2|13      ……………………余 1
     2|6      ……………………余 0
      2|3     ……………………余 1
       2|1    ……………………余 1
        0
```

所以 $(213)_{10}=(11010101)_2$

③ 二进制与八进制、十六进制之间的转换。

每个十六进制数对应 4 位二进制数。十六进制数转换成二进制数，只需用 4 位二进制数代替每个相应的十六进制数码即可；二进制数转换成十六进制数，则先将二进制数从低位到高位分成若干组 4 位二进制数，然后用对应的十六进制数码代替每组二进制数。

【例 4-4】　$(4A7E)_{16}=(100, 1010, 0111, 1110)_2=(100\ 1010\ 0111\ 1110)_2$。

【例 4-5】　$(11011010101)_2=(110, 1101, 0101)_2=(6D5)_{16}$。

同样，每个八进制数对应 3 位二进制数。八进制数转换成二进制数，只需用 3 位二进制数去代替每个相应的八进制数码即可；二进制数转换成八进制数，则先将二进制数从低位到高位分成若干组 3 位二进制数，然后用对应的八进制数码代替每组二进制数。

【例 4-6】　$(617)_8=(110，001，111)_2=(110\ 001\ 111)_2$。

【例 4-7】　$(1011010101)_2=(1，011，010，101)_2=(1325)_8$。

2. 码制

码制是指用二进制代码表示数字和符号的编码方法。

用二进制码表示十进制数的编数方法称为二－十进制编码，即 BCD 码。常用 BCD 码的几种编码方法见表 4-6。

表 4-6　　　　　　　　　　　常用 BCD 码的几种编码方法

十进制数	8421 码	5421 码	余 3 码（无权码）	格雷码 （无权码）
0	0000	0000	0011	0000
1	0001	0001	0100	0001
2	0010	0010	0101	0011
3	0011	0011	0110	0010
4	0100	0100	0111	0110
5	0101	1000	1000	0111
6	0110	1001	1001	0101
7	0111	1010	1010	0100
8	1000	1011	1011	1100
9	1001	1100	1100	1000

从表中可以看出，从 0000～1111 的 16 种状态中选取不同的 10 种状态就构成不同的 BCD 码。其他不用的 6 种状态，称为禁用码。

8421 码和 5421 码为有权码，从高位到低位的权值分别为 8（或 5）、4、2、1。

余 3 码是在 8421 码的基础上加二进制数 0011（十进制数 3）而得到。

格雷码又称循环码，其显著特点是任意两个相邻的数所对应的代码之间只有一位不同，其余位数都相同。

【例 4-8】　$(3975)_{10}=(0011\ 1001\ 0111\ 0101)_{8421BCD}$。

4.1.3　逻辑代数

逻辑代数是研究逻辑电路的数学工具，它为分析和设计逻辑电路提供了理论基础。逻辑代数用二值函数进行逻辑运算。利用逻辑代数可以将客观事物的逻辑关系用简单的逻辑代数式进行描述，从而方便地研究各种复杂的逻辑问题。

1. 基本的逻辑运算

逻辑代数中有与、或、非 3 种基本的逻辑关系，对应着 3 种基本的逻辑运算，即与运算、或运算和非运算。

逻辑与运算：$F=A·B$（其中 "·" 表示逻辑乘，一般省略不写）。

逻辑或运算：$F=A+B$（其中 "+" 也叫逻辑加）。

逻辑非运算：$F=\overline{A}$。

逻辑代数的基本逻辑运算法则见表 4-7，逻辑代数的运算定律见表 4-8。

表4-7 逻辑代数的基本逻辑运算法则

运算律	逻辑与	逻辑或	运算律	逻辑非
01律	$A \cdot 1 = A$	$A + 0 = A$	还原律	$\overline{\overline{A}} = A$
	$A \cdot 0 = 0$	$A + 1 = 1$		
互补律	$A \cdot \overline{A} = 0$	$A + \overline{A} = 1$		
重叠律	$A \cdot A = A$	$A + A = A$		

表4-8 逻辑代数的运算定律

交换律	$A \cdot B = B \cdot A$	$A + B = B + A$
结合律	$A \cdot (B \cdot C) = (A \cdot B) \cdot C$	$A + (B + C) = (A + B) + C$
分配律	$A \cdot (B + C) = A \cdot B + A \cdot C$	$A + BC = (A + B)(A + C)$
反演律	$\overline{AB} = \overline{A} + \overline{B}$	$\overline{A + B} = \overline{A} \cdot \overline{B}$

　　将逻辑函数输入变量的所有可能取值和对应的输出变量函数值排列在一起而组成的表格称为真值表。如果两个逻辑函数具有相同的真值表，则这两个逻辑函数相等。用真值表法可以证明逻辑代数的基本逻辑运算法则和运算定律。

　　【例4-9】 证明反演律：$\overline{AB} = \overline{A} + \overline{B}$。

　　解： 等式两边的真值表见表4-9。

　　从表4-9中可以看出，$\overline{AB}$ 与 $\overline{A} + \overline{B}$ 在变量 A、B 的所有4种取值组合下结果完全相同，因此等式成立。

表4-9 证明 $\overline{AB} = \overline{A} + \overline{B}$ 的真值表

A	B	$\overline{AB}$	$\overline{A} + \overline{B}$
0	0	1	1
0	1	1	1
1	0	1	1
1	1	0	0

2. 逻辑代数的基本规则

（1）代入规则

　　在任何一个逻辑等式中，如果将等式两边出现的某变量 A 都用一个函数代替，则等式依然成立，这个规则称为代入规则。如在 $\overline{AB} = \overline{A} + \overline{B}$ 中，将所有出现 B 的地方代以函数 BC，则等式仍成立。即

$$\overline{ABC} = \overline{A} + \overline{BC} = \overline{A} + \overline{B} + \overline{C}$$

　　同理，$\overline{A + B + C} = \overline{A} \cdot \overline{B} \cdot \overline{C}$

　　也就是说反演律可以推广到3个及以上的变量。

（2）反演规则

　　对于一个逻辑表达式 Y，若将 Y 中所有的"·"变成"+"、"+"变成"·"，所有的原变量变成反变量（如 A 换成 $\overline{A}$ ）、反变量变成原变量，所有的"1"变成"0"，"0"变成"1"，

那么所得到表达式就是 Y 的反函数，记作 $\overline{Y}$ 。

注意：①反演变换时应保持原来的运算优先顺序；②不是一个变量以上的"非"号应保持不变。

【例 4-10】　已知 $Y=\overline{A}\ \overline{B}+CD+0$，则反函数

$$\overline{Y}=(A+B)\cdot(\overline{C}+\overline{D})\cdot1$$

已知 $Y=A+\overline{B(C+\overline{D})}$，则反函数

$$\overline{Y}=\overline{A}\cdot B(C+\overline{D})\ 或者\ \overline{Y}=\overline{A}\cdot\overline{\overline{B}+\overline{C}\cdot D}$$

（3）对偶规则

对于一个逻辑表达式 Y，若把 Y 中所有的"·"变成"+"，"+"变成"·"，所有的"1"变成"0"，"0"变成"1"，那么所得到的表达式就是 Y 的对偶式，记作 Y′。

【例 4-11】　已知 $Y=A(B+C)$，则对偶式

$$Y'=A+BC$$

已知 $Y=A+\overline{B(C+\overline{D})}$，则对偶式

$$Y'=A\cdot\overline{B+C\overline{D}}$$

对偶定理：如果两个表达式相等，则它们的对偶式也一定相等。

【例 4-12】　已知 $F=A（B+C）$，则对偶式

$$F'=A+BC$$

已知 $G=AB+AC$，则对偶式

$$G'=(A+B)(A+C)，$$

如果 F=G，则它们的对偶式也一定相等，即 F′=G′。

4.1.4　逻辑函数

1. 逻辑函数的概念

下面用逻辑函数来研究开关控制灯亮的实际问题，如图 4.1 所示。

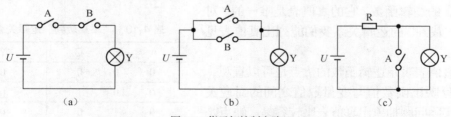

图 4.1　指示灯控制电路

首先要将实际问题变成逻辑问题，即确定各变量的逻辑含义。开关 A、B 为输入变量，开关闭合为 1，断开为 0；灯 Y 为输出变量，灯亮为 1，灯灭为 0。

对于图 4.1（a）所示电路，只有 A、B 两个开关都闭合时，灯 Y 才能亮，即 A、B 均为 1 时，Y 为 1。这种"只有决定某件事情的所有条件都具备时，结果才会发生"关系称为"与"逻辑关系，表示为 Y=AB。

对于图 4.1（b）所示电路，只要有一个开关闭合，灯 Y 就亮，即 A 或 B 有一个为 1 时，Y 为 1。这种"在决定某件事情的多个条件中，只要有一个（或一个以上的）条件具备，结果就会发生"关系称为"或"逻辑关系，表示为 Y=A+B。

对于图 4.1（c）所示电路，当开关 A 断开时灯 Y 亮；开关 A 闭合时灯 Y 灭，即 A 为 1 时，Y 为 0；A 为 0 时，Y 为 1。这种"条件具备时结果不发生，条件不具备时结果才发生"关系称为"非"逻辑关系，表示为 $Y=\overline{A}$ 。

与逻辑关系

或逻辑关系

非逻辑关系

其他逻辑运算

因此，当输入变量的取值确定之后，输出变量的值便被唯一的确定下来，这种输出与输入之间的关系就称为逻辑函数关系，简称为逻辑函数。用公式表示为 $Y=F(A,B,C,D\cdots)$。这里的 A、B、C、D…为输入变量，Y 为输出变量或者称为逻辑函数，F 为某种对应的逻辑关系。

任何一件具有因果关系的事件都可以用一个逻辑函数来表示。例如，在举重比赛中有 3 个裁判员，规定只要两个或两个以上的裁判员认为成功，试举成功；否则试举失败。我们可以将 3 个裁判员作为 3 个输入变量，分别用 A，B，C 来表示，并且用"1"表示该裁判员认为成功，用"0"表示该裁判员认为不成功。用 Y 作为输出的逻辑函数，Y=1 表示试举成功，Y=0 表示试举失败。则 Y 与 A，B，C 之间的逻辑关系式就可以表示为 $Y=F(A，B，C)$。

2. 逻辑函数的表示方法

表示逻辑函数的方法包括真值表、逻辑表达式、逻辑图、波形图和卡诺图等。表 4-11 为基本逻辑函数的几种表示方法，表 4-12 为常用复合逻辑函数的几种表示方法。卡诺图在以后介绍。

（1）真值表表示法

真值表是将输入逻辑变量的所有可能取值和对应的输出变量函数值排列在一起而组成的表格。每个输入变量有 0 和 1 两种取值，n 个变量就有 2^n 个不同的取值组合。对于一个确定的逻辑函数，它的真值表是唯一的。对于"举重裁判"的逻辑关系我们能列出真值表见表 4-10。

用真值表表示逻辑函数的优点是可以直观、明了地反映出函数值与变量取值之间的对应关系；由实际问题抽象出真值表比较容易。缺点是由于一个变量有两种取值，两个变量有 2×2=4 种取值组合，n 个变量有 2^n 种取值组合。因此变量多时真值表太过庞大。

（2）逻辑函数表达式表示法

逻辑函数表达式是将逻辑变量用与、或、非等运算符号按一定规则组合起来表示逻辑函数的一种方法，它是逻辑变量与逻辑函数之间逻辑关系的表达式。例如，表 4-11 和表 4-12 中的常用的逻辑关系表达式。

再例如"举重裁判"函数关系可以表示为

表 4-10　"举重裁判"逻辑关系真值表

A	B	C	Y
0	0	0	0
0	0	1	0
0	1	0	0
0	1	1	1
1	0	0	0
1	0	1	1
1	1	0	1
1	1	1	1

$$Y = \overline{A}BC + A\overline{B}C + AB\overline{C} + ABC = AB + BC + AC$$

逻辑函数表达式表示法的优点是简单、容易记忆、不受变量个数的限制、可以直接用公式法化简逻辑函数；缺点是不能直观地反映出输出函数与输入变量之间的一一对应关系。

（3）逻辑图表示法

逻辑图是用逻辑符号表示逻辑函数的一种方法。每一个逻辑符号就是一个最简单的逻辑图。为了画出表示"举重裁判"的逻辑图，只要用逻辑符号来代替逻辑函数式中的运算符号即可以得到图 4.2 所示的逻辑图。

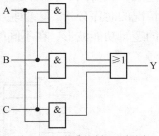

图 4.2　"举重裁判"逻辑图

用逻辑图表示逻辑函数的优点是最接近工程实际，图中每一个逻辑符号通常都有相应的门电路与之对应。它的缺点是不能用于化简；不能直观的反应出输出函数与输入变量之间的对应关系。

表 4-11　　　　　　　　　　　　基本逻辑函数的几种表示方法

逻辑函数	逻辑与			逻辑或			逻辑非	
逻辑表达式	Y=AB			Y=A+B			$Y=\overline{A}$	
逻辑图	A B —&— Y			A B —≥1— Y			A —1○— Y	
真值表	A	B	Y	A	B	Y	A	Y
	0	0	0	0	0	0	0	1
	0	1	0	0	1	1		
	1	0	0	1	0	1	1	0
	1	1	1	1	1	1		
特点	有 0 出 0　全 1 出 1			全 0 出 0　有 1 出 1			0 出 1　1 出 0	

表 4-12　　　　　　　　　　　　常用复合逻辑函数的几种表示方法

逻辑函数	逻辑与非			逻辑或非			逻辑异或			逻辑同或		
逻辑表达式	$Y=\overline{AB}$			$Y=\overline{A+B}$			$Y=A\oplus B$ $(Y=A\overline{B}+\overline{A}B)$			$Y=A\odot B$ $(Y=AB+\overline{A}\,\overline{B})$		
逻辑图	A B —&○— Y			A B —≥1○— Y			A B —=1— Y			A B —=1○— Y		
真值表	A	B	Y	A	B	Y	A	B	Y	A	B	Y
	0	0	1	0	0	1	0	0	0	0	0	1
	0	1	1	0	1	0	0	1	1	0	1	0
	1	0	1	1	0	0	1	0	1	1	0	0
	1	1	0	1	1	0	1	1	0	1	1	1
特点	有 0 出 1　全 1 出 0			全 0 出 1　有 1 出 0			异出 1　同出 0			同出 1　异出 0		

（4）波形图表示法

如果将逻辑函数输入变量每一种可能出现的取值与对应的输出值按时间顺序依次排列起来，就得到了表示该逻辑函数的波形图。波形图也称为时序图，多用于信号随时间变化情况的时序分析，以检验实际逻辑电路的功能正确性。图 4.3 所示为"举重裁判"逻辑图的逻辑功能波形，在不同的输入信号（信号"A""B""C"）下可得到相应的输出信号（信号"Y"）。

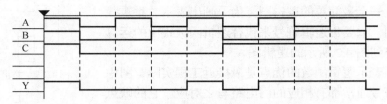

图 4.3 "举重裁判"逻辑图的逻辑功能波形

3. 各种表示法之间的转换

每一种表示法都有其优点和缺点。表示逻辑函数时应该视具体情况而定，要扬长避短，而且几种表示法之间能相互转换。

（1）由逻辑图写逻辑函数表达式

由逻辑图写逻辑函数表达式是从输入端到输出端逐级写出每一个逻辑符号所对应的逻辑函数式。

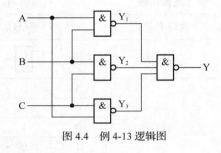

图 4.4 例 4-13 逻辑图

【例 4-13】 写出图 4.4 的逻辑函数表达式。

解：从输入端 A、B、C 开始，逐个写出每个逻辑符号输出端与输入端的关系式，有

$$Y_1 = \overline{AB}，Y_2 = \overline{BC}，Y_3 = \overline{AC}$$

则，$Y = \overline{Y_1 \cdot Y_2 \cdot Y_3} = \overline{\overline{AB} \cdot \overline{BC} \cdot \overline{AC}}$。

（2）由逻辑函数表达式列真值表

只要将输入变量的各种取值组合代入逻辑函数表达式中，求出函数值，填在对应的位置上，即可得到该函数的真值表。

【例 4-14】 求逻辑函数表达式 $Y = AB + \overline{A}\,\overline{B}$ 的真值表。

该逻辑函数表达式由 2 个变量组成，所以用两个变量的真值表。二变量有 $2^2 = 4$ 种变量取值组合，分别代入逻辑函数表达式中求出函数值，填在对应的位置上，可以得到表 4-13 所示的真值表。

（3）由真值表写逻辑函数表达式

由表 4-10 "举重裁判"逻辑关系真值表可以看出，只有 A、B、C 3 个变量中两个或两个以上的变量为"1"时 Y 才为"1"，即表中在输入变量为以

表 4-13		例 4-14 真值表
A	B	Y
0	0	1
0	1	0
1	0	0
1	1	1

下 4 种情况时 Y 为"1"：A=0、B=1、C=1；A=1、B=0、C=1；A=1、B=1、C=0；A=1、B=1、C=1。而 A=0、B=1、C=1 会使乘积项 $\overline{A}BC = 1$；A=1、B=0、C=1 会使乘积项 $A\overline{B}C = 1$；A=1、B=1、C=0 会使乘积项 $AB\overline{C} = 1$；A=1、B=1、C=1 会使乘积项 ABC=1。因此 Y 的逻

辑函数表达式应等于 4 个乘积项的"或"运算，即 $Y=\overline{A}BC+A\overline{B}C+AB\overline{C}+ABC$。

通过以上例子可以得出，由真值表写逻辑函数表达式的一般方法。

① 找出使逻辑函数 Y=1 的行，每一行用一个乘积项表示。其中变量取值为"1"时用原变量表示；变量取值为"0"时用反变量表示。

② 将所有的乘积项"或"运算，即可以得到 Y 的逻辑函数表达式。

（4）由逻辑函数表达式画逻辑图

把逻辑函数表达式中的每一种逻辑关系用相对应的逻辑符号表示出来即可以得到该逻辑函数的逻辑图。

【例 4-15】　已知逻辑函数表达式 $Y=A\overline{B}+\overline{A}B$，画出逻辑图。

解：由表达式可以知道，把 $\overline{A}$、$\overline{B}$ 分别用"非"的逻辑符号表示，然后把 $\overline{A}$ 和 B、A 和 $\overline{B}$ 用"与"的逻辑符号表示，最后用"或"的逻辑符号表示 $A\overline{B}$ 和 $\overline{A}B$ 的或运算，得到如图 4.5 所示的逻辑图。

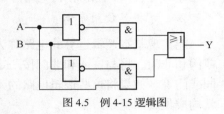

图 4.5　例 4-15 逻辑图

（5）由波形图列真值表

首先在波形图中找出每个时间段里输入变量与输出函数的取值，然后将这些输入、输出取值对应列表，就可得到对应的真值表。

注意：所有变量取值组合在波形图中必须都出现，否则不能写出完整的真值表。若在周期性重复的波形图中有些输入变量状态组合始终没有出现，则这些输入变量组合等于 1 的最小项为函数的约束项，在真值表中用"×"表示。

【例 4-16】　已知逻辑函数 Y 的波形如图 4.6（a）所示，试求该逻辑函数的真值表。

解：从 Y 的波形图上可以看出，在 $0\sim t_8$ 时间区间里输入变量 A、B、C 所有可能的取值组合均已经出现。t_8 后的波形只不过是重复出现。因此，只要将 $0\sim t_8$ 区间每个时间段 A、B、C 与 Y 的取值对应列表即得该函数的真值表，见表 4-14。

（6）根据真值表完成波形图

根据已知的真值表各种取值在输入波形中对应的时间区间依次画出输出波形即可。

表 4-14　　例 4-16 的真值表

A	B	C	Y
0	0	0	0
0	0	1	0
0	1	0	0
0	1	1	1
1	0	0	0
1	0	1	1
1	1	0	1
1	1	1	1

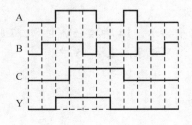

（a）

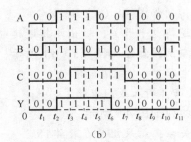

（b）

图 4.6　例 4-16 的波形图

实训任务 4.2　常用集成门电路功能和逻辑参数测试

知识要点

- 了解基本逻辑门电路、常见集成门电路的电路组成和工作原理
- 了解集成门电路的主要参数。
- 掌握 TTL 和 CMOS 门电路管脚识读方法，掌握其使用常识。

技能要点

- 会查阅数字集成电路资料，能根据逻辑功能选用或代换集成门电路。
- 熟悉集成门电路的逻辑功能和主要参数的测试方法。

能实现基本逻辑运算的电路称为门电路。与运算功能相对应的基本逻辑门电路有与门、或门和非门。将与、或和非门按一定关系结合在一起，可构成与非门、或非门、异或门、同或门等。如果将这些逻辑电路的元件和连线制作在一块半导体基片上，然后封装起来，就构成集成门电路。

目前使用较多的集成门电路主要有双极型的 TTL 门电路和单极型的 CMOS 门电路。

74 系列门电路为 TTL 门电路，其中 74LS08 是四 2 输入与门电路、74LS32 是四 2 输入或门电路、74LS04 是六反相器（非门电路也称反相器）、74LS00 为四 2 输入与非门电路等。

74 系列门电路芯片外形及管脚编号如图 4.7 所示。管脚编号方法为管脚半月形缺口向上，从左上角开始，按照逆时针方向进行编号直到右上角，如图 4.7 所示。一般一个芯片内有若干个门电路。

测试门电路的逻辑功能有两种方法。

① 静态测试法：给门电路的输入端加固定的高（H）、低（L）电平，用示波器、万用表或逻辑电平指示（发光二极管）显示门电路的输出响应。

图 4.7　74 系列门电路芯片外形及管脚编号

② 动态测试法：给门电路的输入端加一串脉冲信号，用示波器观测输入波形与输出波形的同步关系。

【做一做】实训 4-2：TTL 门电路逻辑功能测试

（1）与门电路

74LS08 是四 2 输入与门电路。

与门管脚排列如图 4.8（a）所示。

输入端接逻辑电平开关，输出端接逻辑电平指示，14 脚接+5V 电源，7 脚接地，与门电路逻辑功能测试接线图如图 4.8（b）所示，结果记录在表 4-15 中。

（2）或门电路

74LS32 是四 2 输入或门电路。

或门管脚排列如图 4.9 所示。

测试逻辑关系，结果记录在表 4-15。

（3）非门电路

74LS04 是六反相器。

非门管脚排列如图 4.10 所示。

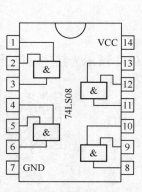

（a）与门管脚排列

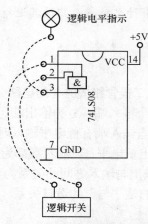

（b）与门电路逻辑功能测试接线图

图 4.8　与门管脚排列及与门电路逻辑功能测试接线图

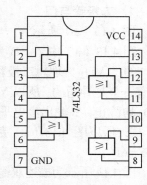

图 4.9　或门管脚排列图

测试逻辑关系，结果记录在表 4-15 中。

（4）与非门电路

74LS00 为四 2 输入与非门电路。

与非门管脚排列如图 4.11 所示。

测试逻辑关系，结果记录在表 4-15 中。

（5）异或门电路

74LS86 为四 2 输入异或门电路。

异或门管脚排列如图 4.12 所示。

测试其逻辑功能，结果记录在表 4-15 中。

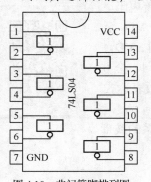

图 4.10　非门管脚排列图

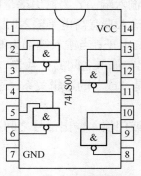

图 4.11　与非门管脚排列图

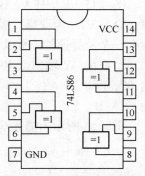

图 4.12　异或门管脚排列图

表 4-15　　　　门电路的逻辑功能测试

输入		输出				
A	B	与门	或门	非门（$\bar{A}$）	与非门	异或门
0	0					
0	1					
1	0					
1	1					

【想一想】

上述 5 种常用的门电路各有什么特点？归纳其逻辑功能。

4.2.1 基本逻辑门电路

1. 二极管与门

图 4.13（a）所示为一个由二极管组成的与门电路，图 4.13（b）所示为其逻辑符号。

图 4.13（a）中 A、B 为两个输入端，Y 为输出端，R 为限流电阻。设 VD_1、VD_2 为理想二极管，当输入端有低电平输入时，VD_1、VD_2 至少有一个是导通的，所以 Y 输出低电平；当输入端都为高电平时，VD_1、VD_2 均截止，Y 输出高电平。输出与输入之间的关系为"有 0 出 0，全 1 出 1"，所以图 4.13（a）完成的是"与"的逻辑关系，逻辑函数表达式为 $Y=AB$。

二极管与门电路

图 4.14 所示为描述双输入端与门输入输出信号之间逻辑关系的波形。

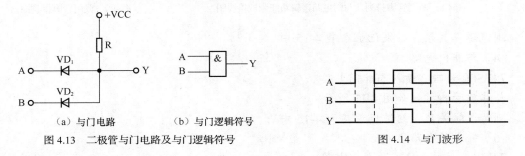

（a）与门电路　　　（b）与门逻辑符号

图 4.13　二极管与门电路及与门逻辑符号

图 4.14　与门波形

2. 二极管或门

图 4.15（a）是一个由二极管组成的或门电路，图 4.15（b）所示为其逻辑符号。

图 4.15（a）中 A、B 为两个输入端，Y 为输出端，R 为限流电阻。设 VD_1、VD_2 为理想二极管，当输入端有高电平输入时，VD_1、VD_2 至少有一个是导通的，所以 Y 输出高电平；当输入端都为低电平时，VD_1、VD_2 均截止，Y 输出低电平。输出与输入之间的关系为"有 1 出 1，全 0 出 0"，所以图 4.15（a）完成的是"或"的逻辑关系，逻辑函数表达式为 $Y=A+B$。

二极管或门电路

图 4.16 所示为描述双输入端或门输入输出信号之间逻辑关系的波形。

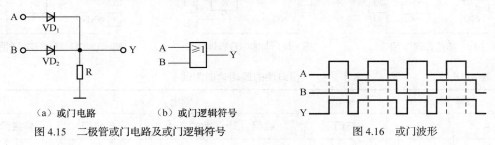

（a）或门电路　　　（b）或门逻辑符号

图 4.15　二极管或门电路及或门逻辑符号

图 4.16　或门波形

3. 三极管非门

三极管非门电路如图 4.17（a）所示，图 4.17（b）所示为其逻辑符号。

三极管非门
电路

图 4.17（a）只有一个输入端 A，一个输出端 Y。当输入高电平时，三极管导通，输出低电平；当输入低电平时，三极管截止，输出高电平。输出与输入之间的关系为"1 出 0，0 出 1"，所以图 4.17（a）完成的是"非"的逻辑关系，逻辑函数表达式为 $Y=\overline{A}$。

图 4.18 所示为描述非门输入输出信号之间逻辑关系的波形。

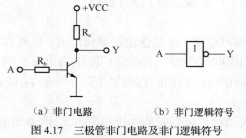

（a）非门电路　　　　（b）非门逻辑符号

图 4.17　三极管非门电路及非门逻辑符号

图 4.18　非门波形

4.2.2　集成 TTL 与非门

1. 电路组成和工作原理

图 4.19 所示为 TTL 与非门电路，该电路由 VT_1、VD_1 和 VD_2 组成输入级，VT_2 组成中间级，VT_3、VT_4 和 VD_3 组成输出级。

若任意一个发射极接低电平（如接地），多发射极三极管 VT_1 一定工作在饱和导通状态，其集电极电位约为 0.2V，三极管 VT_2 必定截止，使 VT_4 截止，而 VT_3 饱和导通，输出 Y 为高电平。若 VT_1 的所有发射极都接高电平（如接 5V），VT_1 处于倒置工作状态，电源 VCC 通过 R_1 和 VT_1 集电极向 VT_2 和 VT_4 提供基极电流，使 VT_2 和 VT_4 饱和，输出为低电平。倒置工作状态是指三极管的发射极和集电极的作用倒置使用的状态，即三极管的发射极反偏，集电极正偏。

三极管—三极管逻辑门电路（TTL）

可见，电路实现了与非门的逻辑功能"有 0 出 1，全 1 出 0"。

本节采用的是 TTL 四 2 输入与非门 74LS00，管脚排列如图 4.20 所示。

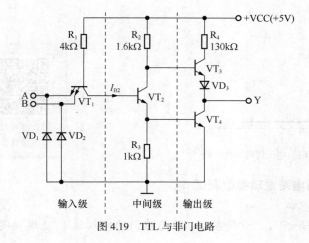

输入级　　中间级　输出级

图 4.19　TTL 与非门电路

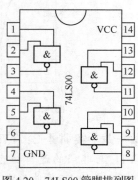

图 4.20　74LS00 管脚排列图

每片集成电路中有4个独立的与非门，其结构和逻辑功能相同，它们对称性好，可以单独使用，也可以一起使用。每一个与非门有两个输入端，一个输出端。

2. TTL与非门的直流参数

（1）输入短路电流 I_{IS}

输入短路电流 I_{IS} 是指当一个输入端接地，而其他输入端开路或接高电平时，流过该接地输入端的电流。I_{IS} 是流入前级与非门的灌电流，它的大小将直接影响前级与非门的工作情况。因此，对输入短路电流要加以限制，产品规范值 $I_{IS} \leqslant 1.6mA$。

（2）高电平输入电流 I_{IH}

高电平输入电流 I_{IH} 是指某一输入端接高电平，而其他输入端接地时，流入高电平输入端的电流，又称为输入漏电流。当与非门串联运用时，若前级门输出高电平，则后级门的 I_{IH} 就是前级门的拉电流负载，I_{IH} 过大将使前级门输出的高电平下降。一般 $I_{IH} \leqslant 40\mu A$。

（3）输出高电平 U_{OH}

输出高电平 U_{OH} 是指至少有一个输入端接低电平时的输出电平。U_{OH} 的典型值是3.6V，产品规范值为 $U_{OH} \geqslant 2.4V$，74LS00的指标为 $U_{OH} > 2.7V$。

（4）输出低电平 U_{OL}

输出低电平 U_{OL} 是指输入全为高电平时的输出电平。U_{OL} 的典型值是0.3V，产品规范值为 $U_{OL} \leqslant 0.4V$，74LS00的指标为 $U_{OL} < 0.5V$。

（5）扇出系数 N_O

扇出系数 N_O 是指与非门输出端连接同类门负载的个数，反映了与非门的带负载能力。一般 $N_O \geqslant 8$。

（6）阈值电压 U_{TH}

TTL与非门一个输入端接高电平，另一个输入端接输入电压 u_i，当输入电压 u_i 由小变大时，输出电压由高电平变成低电平时所对应的输入电压值。它是与非门截止与导通的分界点。其理论值为1.4V。

3. TTL与非门的电压传输特性

TTL与非门的输出电压随输入电压的变化而变化的关系称为电压传输特性，如果用曲线表示称为电压传输特性曲线。TTL与非门的电压传输特性曲线如图4.21所示。

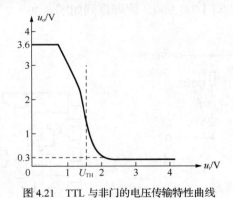

图4.21 TTL与非门的电压传输特性曲线

TTL与非门的
电压传输特性

【做一做】实训4-3：TTL门电路逻辑参数测试

1. TTL与非门的逻辑功能的测试

将74LS00的14管脚(+VCC)接+5V，7管脚接地。将与非门的输入端1、2端接实验箱上的逻辑电平开关，3 端接发光二极管。输入不同的逻辑电平值（逻辑 0 或逻辑 1），分别测出输出的逻辑电平值，填入表 4-16 中。

2．TTL 与非门的直流参数的测试

（1）输入短路电流 I_{IS}

按照图 4.22 连接电路，电流表的读数即为被测 I_{IS} 的值。$I_{IS}=$＿＿＿＿＿＿＿。

（2）高电平输入电流 I_{IH}

按照图 4.23 连接电路，电流表的读数即为被测 I_{IH} 的值。$I_{IH}=$＿＿＿＿＿＿＿。

（3）输出高电平 U_{OH}

按照图 4.24 连接电路，电压表的读数即为被测 U_{OH} 的值。$U_{OH}=$＿＿＿＿＿＿＿。

表 4-16　　与非门逻辑功能表

A	B	Y
0	0	
0	1	
1	0	
1	1	

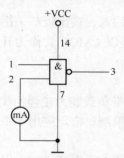
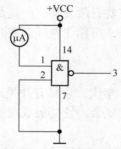
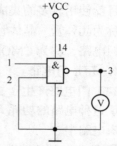

图 4.22　输入短路电流 I_{IS} 测试图　　图 4.23　高电平输入电流 I_{IH} 测试图　　图 4.24　输出高电平 U_{OH} 测试图

（4）输出低电平 U_{OL}

按照图 4.25 连接电路，测试输出低电平 U_{OL} 时，输出端要带模拟负载 R_L（$R_L=1.5\text{k}\Omega$），输入端接高电平的下限值 1.8V，电压表的读数即为被测 U_{OL} 值。$U_{OL}=$＿＿＿＿＿＿＿。

（5）扇出系数 N_O

按照图 4.26 连接电路，输入端开路。改变可变电阻 R_W 的值，由 300Ω 开始逐渐减小，直到输出端的电压表的读数为额定的低电平 0.35V 为止，读出电流表的读数 $I_L=$＿＿＿＿＿＿＿，根据公式可以求出 N_O 的值。

$$N_O = \frac{I_L}{I_{IS}} = \underline{\qquad\qquad}$$

3．TTL 与非门的电压传输特性的测试

① 按照图 4.27 连接电路，输入端用直流稳压电源做输入电压（注意：直流稳压电源的输出端不可短路），输入电压由小到大（$u_i=0$ 不加信号得到）逐点测出输出电压值，并将测试结果填入表 4-17 中。

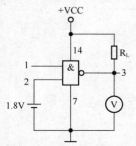
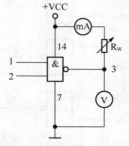
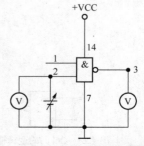

图 4.25　输出低电平 U_{OL} 测试图　　图 4.26　扇出系数 N_O 测试图　　图 4.27　TTL 与非门的电压传输特性曲线测试图

表 4-17　　　　　　　　　　　　74LS00 电压传输特性曲线测试

u_i/V	0	0.3				1.4		1.8		3.6	4
u_o/V											

② 画出 74LS00 电压传输特性曲线。

③ 确定所测试的门电路的阈值电压 U_{TH}。

④ 判定你所测试的门电路是否合格。

【想一想】

① 如果测出输出高电平 $U_{OH} > 3.4V$ 说明什么问题？

② 如果测出输出高电平 $U_{OH} < 2.7V$ 说明什么问题？

4.2.3　其他集成逻辑门电路

目前使用较多的集成门电路主要有两大类：一类是门电路的输入、输出级都采用晶体管，称为晶体管－晶体管逻辑电路，简称 TTL 门电路；另一类是以 CMOS 管作为开关元件的门电路，称为 CMOS 门电路。

1. TTL 门电路

TTL 门电路产生于 20 世纪 60 年代，它具有开关速度较高，带负载能力较强的优点，但由于这种电路的功耗大、线路较复杂，使其集成度受到一定的限制，广泛应用于中小规模逻辑电路中。

集成 TTL 门电路除了与非门以外还有与门、或门、非门、或非门、与或非门、异或门等不同功能的集成产品。此外，还有两种特殊门电路——集电极开路门（OC 门）和三态门（TS 门）。

（1）集电极开路门

普通与非门电路不允许输出端直接并联使用，因为每个与非门输出级的三极管都带有负载电阻 R_L，输出电阻较小，若多个与非门的输出端并联，将产生较大的电流，流入输出低电平的与非门，造成功耗较大，甚至损坏门电路。OC 门是把一般 TTL 与非门电路的推拉式输出级改为三极管集电极开路输出，并取消集电极负载电阻 R_L，集电极开路后，输出端可以直接并联使用，这样构成的特殊逻辑门，称为集电极开路与非门。OC 门的逻辑符号如图 4.28 所示。OC 门如图 4.29 所示连接,其逻辑表达式为

$$Y = \overline{AB} \cdot \overline{CD} \cdot \overline{EF} = \overline{AB + CD + EF}$$

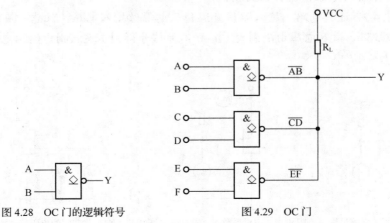

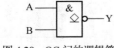

图 4.28　OC 门的逻辑符号　　　　　　　　图 4.29　OC 门

由表达式可以看出，实现的是"与或非"的逻辑功能。

（2）三态门

三态门是在普通门的基础上附加控制电路而构成的。所谓三态门，是指其输出有 3 种状态，即高电平、低电平和高阻态。在高阻态时，其输出与外接电路呈断开状态。图 4.30 所示为三态与非门的逻辑符号。

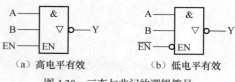

（a）高电平有效　　（b）低电平有效

图 4.30　三态与非门的逻辑符号

图 4.30（a）所示的三态门是控制端为高电平时有效。当 EN=1 时，三态门处于正常工作状态，实现 A、B 与非门逻辑功能；当 EN=0 时，三态门处于高阻状态，不论 A、B 状态如何，输出均为高阻态。

图 4.30（b）所示的三态门是控制端为低电平时有效。当 EN=0 时，三态门处于正常工作状态，实现 A、B 与非门逻辑功能；当 EN=1 时，三态门处于高阻状态，不论 A、B 状态如何，输出均为高阻态。

图 4.31（a）所示是利用三态门实现单向总线传输，只要保证各门的控制端 EN 轮流为高电平，且在任何时刻只有一个门的控制端为高电平，就可以将各门的输出信号互不干扰地轮流送到公共的数据总线上，实现一条总线分时传输多路信号。

图 4.31（b）所示是利用三态门实现数据的双向传输。当 EN=1 时，G_1 工作，G_2 处于高组态，D_0 数据经反相后送到总线。当 EN=0 时，G_1 处于高组态，G_2 工作，总线上数据 D_1 经反相后在 G_2 输出端送出。

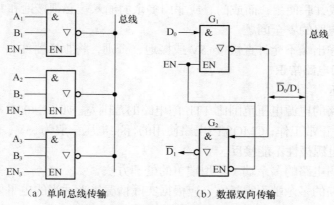

（a）单向总线传输　　　（b）数据双向传输

图 4.31　三态门在数据传输中的应用

2. CMOS 门电路

CMOS 门电路由 N 沟道 MOS 管和 P 沟道 MOS 管组合成互补型 MOS 电路。CMOS 门电路比 TTL 门电路制造工艺简单、工序少、成本低、集成度高、功耗低、抗干扰能力强，但数据传输速度较慢。

CMOS 反相器是数字电路的基本单元，电路如图 4.32 所示。

CMOS 门电路除了非门以外，还有与非门、或非门、与或门、异或门、三态门及 OD 门（漏极开路门电路）等，图 4.33 所示为 CMOS 传输门电路和逻辑符号，图 4.34 所示为 CMOS 模拟开关的电路和逻辑符号。

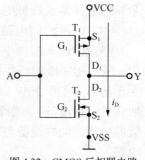

图 4.32　CMOS 反相器电路

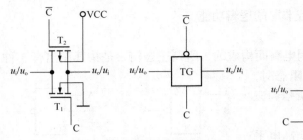

图 4.33　CMOS 传输门电路和逻辑符号

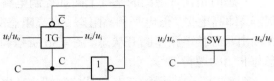

图 4.34　CMOS 模拟开关电路和逻辑符号

4.2.4　集成门电路的使用常识

1.　TTL 门电路常识

（1）电源电压

对于 TTL 门电路，电源电压正端常用"VCC"表示，负端常用"GND"表示。TTL 门电路对电源电压要求较高，要保持+5V(±10%)，过低不能正常工作，过高易损坏器件。

（2）TTL 门电路多余端（不用端）的处理方法

对于实际应用时，有时门电路的输入端可能会不用，其不用的端子称为多余端（不用端），其处理方法一般可根据门电路的逻辑功能分别接高电平或低电平。

TTL 门电路多余的输入端要进行合理的处理，实践表明 TTL 门电路输入端悬空，相当于"1"状态（接高电平），但其抗干扰能力较差。因此，TTL 与门、与非门多余的输入端接高电平、悬空或并联使用；而或门、或非门多余的输入端必须接地和并联使用。

（3）TTL 门电路的安全问题

TTL 门电路输出端不允许直接接+5V 或接地，否则，将损坏器件。

2.　CMOS 门电路常识

（1）电源电压

CMOS 门电路的电源电压范围比 TTL 门电路的范围宽。如 CC4000 系列的集成电路可在 3～18V 电压下正常工作；CMOS 门电路使用的标准电压一般为+5V、+10V、+15V 3 种。在使用中应注意电源极性不能接反。

（2）CMOS 门电路的多余端（不用端）的处理方法

CMOS 门电路的多余端不得悬空，应根据实际情况接上适当的电平值，一般可以根据门电路的逻辑功能将多余端接高电平"1"或接低电平"0"。

对于与门、与非门的多余端可以接到高电平或电源 VCC 上；对于或门、或非门的多余端则应接地或接低电平。

（3）CMOS 门电路的安全问题

多余的输入端决不能悬空，必须做合理的处理，并且要接触良好；在存放和运送过程中，应用铝锡纸包好并放入屏蔽盒中，不允许与容易产生静电的材料相接触；在焊接时应使用小功率（小于 20W）的烙铁并使烙铁有良好的接地保护；测试过程中应使仪表良好接地；所有低阻抗设备（如脉冲信号发生器等）在接到 CMOS 集成电路输入端以前必须让器件先接通电源，同样设备与器件断开后器件才能断开电源；在通电状态时不准插入或拔出集成电路。

【练一练】实训 4-4：门电路逻辑功能仿真测试

1.　与门逻辑功能仿真测试

测试电路如图 4.35 所示。

（1）实训流程

① 按图 4.35 所示画好仿真电路。

② 双击逻辑转换仪图标，显示如图 4.36 所示的面板。

③ 单击逻辑转换仪面板中的按钮 [⟶ →1011]，得到 74LS08D 与门逻辑真值表。

④ 单击逻辑转换仪面板中的按钮 [1011 → AIB]，得到相应的逻辑函数表达式。

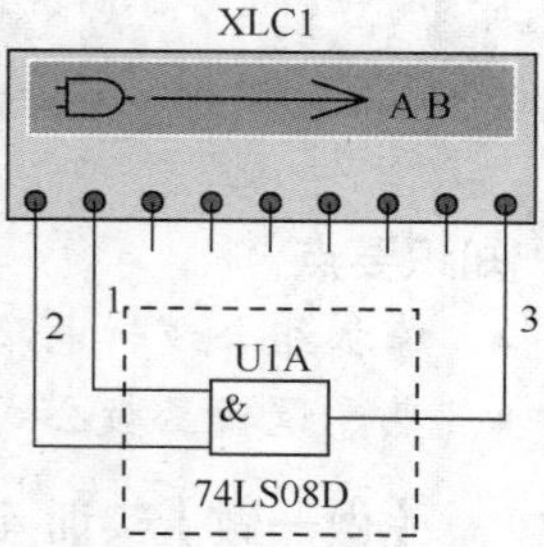

（2）结论

① 74LS08D 与门逻辑功能：＿＿＿＿＿＿＿＿＿＿＿＿。

② 74LS08D 与门逻辑函数表达式：＿＿＿＿＿＿＿＿＿。

2. 与或非门逻辑功能仿真测试

与或非门逻辑功能测试电路如图 4.37 所示。

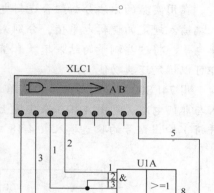

图 4.35　测试电路

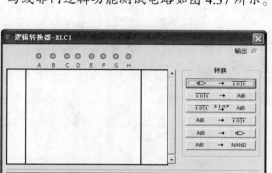

图 4.36　逻辑转换仪

图 4.37　与或非门逻辑功能测试电路

（1）实训流程

① 按图 4.37 所示画好仿真电路。

② 双击逻辑转换仪图标，显示如图 4.36 所示的面板。

③ 单击逻辑转换仪面板中的按钮 [⟶ →1011]，得到与或非门逻辑真值表。

④ 单击逻辑转换仪面板中的按钮 [1011 → AIB]，得到相应的逻辑函数表达式。

⑤ 单击逻辑转换仪面板中的按钮 [1011 SIMP AIB]，得到最简逻辑函数表达式。

（2）结论

① 与或非门真值表为：

② 与或非门最简逻辑函数表达式：＿＿＿＿＿＿＿。

实训任务4.3 组合逻辑电路的测试和分析

知识要点

- 掌握组合逻辑电路的分析方法。
- 熟悉逻辑函数公式法化简。

技能要点

- 能用实验的方法分析组合逻辑电路。

【做一做】实训4-5：组合逻辑电路的测试

测试如图4.38所示逻辑电路的功能，学会组合逻辑电路的分析方法。

在用实验的方法分析组合逻辑电路时，可以在输入端输入规定的逻辑电平值，分别测出对应输出的逻辑电平，将这些测量的结果填入真值表，根据真值表即可以确定逻辑功能。

用74LS00四2输入与非门电路和74LS20二4输入与非门电路（见图4.39）来实现上述逻辑电路图，并将Y输出信号的状态填入表4-18中。

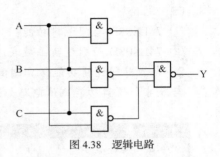

图4.38 逻辑电路

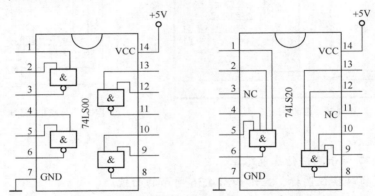

图4.39 74LS00四2输入与非门电路和74LS20二4输入与非门电路管脚排列图

表4-18 　　　　　　　　　　组合逻辑电路分析真值表

输入			输出
A	B	C	Y
0	0	0	
0	0	1	
0	1	0	
0	1	1	
1	0	0	
1	0	1	
1	1	0	
1	1	1	

图4.38实现的逻辑功能为_____。

【想一想】

① 74LS20 是二 4 输入与非门电路，每个与非门有 4 个输入端，现只要使用 3 个，如何处理不用的输入端？

② 理论上的组合逻辑电路的分析方法应该怎样？

4.3.1　组合逻辑电路的分析方式

在数字电路中一般有两类电路：一类是组合逻辑电路，另一类是时序逻辑电路。若电路的输出仅取决于该时刻的输入状态，而与输入信号作用之前电路的状态无关，即无记忆功能，则为组合逻辑电路；若电路的输出不仅与该时刻的输入有关，而且与电路原来的状态有关，则为时序逻辑电路。

常见的组合逻辑电路有编码器、译码器、数据选择器、数值比较器、加法器等。

组合逻辑电路的分析就是根据给定的逻辑图，找出（或验证）电路的逻辑功能。

理论上组合逻辑电路分析的一般步骤如下。

① 根据给定的组合逻辑电路图，写出逻辑表达式。

② 化简（或变换）逻辑表达式。

③ 列出真值表。

④ 根据真值表描述（或验证）所给电路的逻辑功能。

4.3.2　逻辑函数的公式法化简

1. 化简的意义和最简单的概念

对于同一个逻辑函数，可以有多个不同的逻辑表达式，即逻辑函数的表达式不是唯一的。例如逻辑式 $Y_1 = A+AB+\overline{ABC}+BC+\overline{B}C$ ，$Y_2=A+C$ ，这两个表达式就是同一个逻辑函数。可以看出第一个表达式比较复杂，第二个表达式比较简单。如果用具体的门电路实现，第一个表达式需要用四个与门、一个非门、一个与非门和一个或门实现；第二个表达式只需要用一个或门实现。由此可见表达式越简单，实现起来所用的元器件越少，连线越少，工作越可靠，电路的成本越低。第二个表达式就是第一个表达式通过化简得到的。因此为了得到最简单的逻辑电路，就需要对逻辑函数式进行化简，这是使用小规模集成电路（如门电路）设计组合逻辑电路所必需的步骤之一。

最常用的逻辑表达式是与或表达式。最简的与或表达式应当使乘积项的个数最少，每个乘积项的变量最少。

2. 逻辑代数的常用公式

利用基本公式，可以得到以下的常用公式，这些公式对于逻辑函数的化简有着重要的作用。

公式 1　　　　$A+AB=A$

证明：$A+AB =A（1+B）$　　（分配律）

　　　　　　　$=A·1$　　　　（01 律）

　　　　　　　$=A$　　　　　（01 律）　　　等式成立

公式 2　　　　$A+\overline{A}B=A+B$

证明：$A+\overline{A}B=（A+\overline{A}）（A+B）$　　（分配律）

　　　　　　　$=1·（A+B）$　　　（互补律）

$$=A+B \qquad （01律）\quad 等式成立$$

公式 3 $\quad AB+A\overline{B}=A$

证明：$AB+A\overline{B}=A(B+\overline{B})$ （分配律）

$$=A\cdot 1 \qquad （互补律）$$

$$=A \qquad （01律）\qquad 等式成立$$

公式 4 $\quad AB+\overline{A}C+BC=AB+\overline{A}C$

证明：$AB+\overline{A}C+BC=AB+\overline{A}C+（A+\overline{A}）BC$

$$=AB+\overline{A}C+ABC+\overline{A}BC$$

$$=AB（1+C）+\overline{A}C（1+B）$$

$$=AB+\overline{A}C \qquad 等式成立$$

推论：$AB+\overline{A}C+BCDE=AB+\overline{A}C$

公式 5 $\quad \overline{AB+A\overline{B}}=AB+\overline{A}\,\overline{B}$

证明：$\overline{AB+A\overline{B}}=\overline{AB}\cdot\overline{A\overline{B}}=（\overline{A}+\overline{B}）（\overline{A}+B）$ （反演律）

$$=\overline{A}\,\overline{A}+\overline{A}B+\overline{A}\,\overline{B}+\overline{B}B \qquad （分配律）$$

$$=AB+\overline{A}\,\overline{B} \qquad （互补律）\qquad 等式成立$$

3. 公式法化简

利用基本公式和常用公式，消去逻辑函数表达式中多余的乘积项和多余的变量，就可以得到最简单的"与或"表达式。公式法化简没有固定的步骤，不仅要对公式熟练、灵活地运用，而且还要有一定的运算技巧。常用的化简方法有下列几种。

（1）并项法

利用公式 $AB+A\overline{B}=A$ 把两项合并成一项，合并的过程中消去一个取值互补的变量。

【例 4-17】 化简逻辑函数 $Y=A\overline{B}C+A\overline{B}\,\overline{C}$。

解：$Y=A\overline{B}C+A\overline{B}\,\overline{C}=A\overline{B}（C+\overline{C}）=A\overline{B}$

（2）吸收法

利用公式 $A+AB=A$ 和 $AB+\overline{A}C+BC=AB+\overline{A}C$ 消去多余的乘积项。

【例 4-18】 化简逻辑函数 $Y=A\overline{B}+A\overline{B}CD（E+F）$。

解：$Y=A\overline{B}+A\overline{B}CD（E+F）=A\overline{B}$

【例 4-19】 化简逻辑函数 $Y=\overline{A}BC+AD+BCDE$。

解：$Y=\overline{A}BC+AD+BCDE=\overline{A}BC+AD$

（3）消去法

利用公式 $A+\overline{A}B=A+B$ 消去乘积项中多余的变量。

【例 4-20】 化简逻辑函数 $Y=\overline{A}B+A\overline{C}+\overline{B}\,\overline{C}$。

解：$Y=\overline{A}B+A\overline{C}+\overline{B}\,\overline{C}=\overline{A}B+（A+\overline{B}）\overline{C}=\overline{A}B+\overline{\overline{A}B}\,\overline{C}=\overline{A}B+\overline{C}$

（4）配项法

在适当的项中乘 1（$1=A+\overline{A}$），拆成两项后分别与其他项合并，进行化简；利用 $A+A=A$ 在表达式中重复写入某一项，然后同其他项合并进行化简。

【例 4-21】 化简逻辑函数 $Y=A\overline{B}+\overline{A}B+B\overline{C}+\overline{B}C$。

解：$Y=A\overline{B}+\overline{A}B+B\overline{C}+\overline{B}C=A\overline{B}+\overline{A}B（C+\overline{C}）+B\overline{C}+（A+\overline{A}）\overline{B}C$

$$=A\overline{B}+\overline{A}BC+\overline{A}B\overline{C}+B\overline{C}+A\overline{B}C+\overline{A}\,\overline{B}C$$

$$= (A\overline{B} + A\overline{B}\,C) + (B\overline{C} + \overline{A}B\overline{C}) + (\overline{A}BC + \overline{A}\,\overline{B}\,C)$$

$$= A\overline{B} + B\overline{C} + \overline{A}C$$

化简逻辑函数时往往需要综合应用以上各种方法，才能得到最简单的"与或"表达式。如上述函数也可用下列方法求解。

$$Y = A\overline{B} + \overline{A}B + B\overline{C} + \overline{B}\,C$$

$$= A\overline{B} + B\overline{C} + \overline{A}C + \overline{A}B + \overline{B}\,C$$

$$= (A\overline{C} + \overline{A}B + B\overline{C}) + (A\overline{C} + \overline{B}\,C + A\overline{B})$$

$$= A\overline{C} + \overline{A}B + A\overline{C} + \overline{B}\,C$$

$$= \overline{A}B + A\overline{C} + \overline{B}\,C$$

【例 4-22】　化简逻辑函数 $Y = ABC\overline{D} + ABD + BC\overline{D} + ABC + BD + B\overline{C}$。

解：$Y = ABC\overline{D} + ABD + BC\overline{D} + ABC + BD + B\overline{C}$

$$= ABC + BD + BC\overline{D} + B\overline{C}$$

$$= B（AC + D + C\overline{D} + \overline{C}）$$

$$= B（AC + D + C + \overline{C}）= B$$

【例 4-23】　化简逻辑函数 $Y = \overline{AC + \overline{A}BC + \overline{B}C + AB\overline{C}}$。

解：$Y = \overline{AC + \overline{A}BC + \overline{B}C + AB\overline{C}}$

$$= \overline{AC} \cdot \overline{\overline{A}BC} \cdot \overline{\overline{B}C} + AB\overline{C}$$

$$= (\overline{A} + \overline{C})（A + \overline{B} + \overline{C}）（B + \overline{C}）+ AB\overline{C}$$

$$= (\overline{A}\,\overline{B} + \overline{A}\,\overline{C} + A\overline{C} + \overline{B}\,\overline{C} + \overline{C})（B + \overline{C}）+ AB\overline{C}$$

$$= (\overline{A}\,\overline{B} + \overline{C})（B + \overline{C}）+ AB\overline{C} = \overline{C} + AB\overline{C} = \overline{C}$$

例 4-23 还可以这样解答。

解：$Y = \overline{AC + \overline{A}BC + \overline{B}C + AB\overline{C}}$

$$= \overline{C（A + \overline{A}B + \overline{B}）} + AB\overline{C}$$

$$= \overline{C（A + B + \overline{B}）} + AB\overline{C}$$

$$= \overline{C} + AB\overline{C} = \overline{C}$$

4.3.3　分析组合逻辑电路

【例 4-24】　分析图 4.40 所示电路的逻辑功能。

解：（1）写逻辑表达式，并化简

$$S = \overline{F_2 F_3}$$

$$= \overline{\overline{AF_1}\ \ \overline{BF_1}}$$

$$= \overline{\overline{\overline{A\overline{AB}}}\ \ \overline{\overline{B\overline{AB}}}}$$

$$= A\overline{AB} + B\overline{AB}$$

$$= (\overline{A} + \overline{B})（A + B）$$

$$= \overline{A}B + A\overline{B}$$

$$= A \oplus B$$

$$C = \overline{F_1} = \overline{\overline{AB}} = AB$$

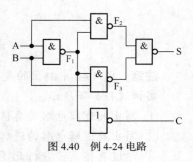

图 4.40　例 4-24 电路

（2）列电路真值表

电路的真值表见表4-19。

（3）描述逻辑功能

该电路实现两个一位二进制数相加的功能。S 是它们的和，C 是向高位的进位。由于这一加法器电路没有考虑低位的进位，称该电路为半加器。

根据 S 和 C 的表达式，原电路可改为图 4.41 所示的逻辑电路图。

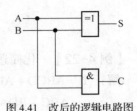

图 4.41　改后的逻辑电路图

表 4-19　　　　　　例 4-24 电路的真值表

A	B	S	C
0	0	0	0
0	1	1	0
1	0	1	0
1	1	0	1

【练一练】

① 用两片 74LS00 四 2 输入与非门电路，实现图 4.40 所示电路，验证其逻辑功能。

② 用 74LS08 是四 2 输入与门电路和 74LS86 四 2 输入异或门电路各一片，实现图 4.41 所示电路，验证其逻辑功能。

【做一做】实训 4-6：组合逻辑电路的仿真测试

组合逻辑电路的仿真测试电路如图 4.42 所示。

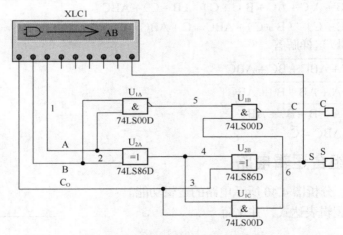

图 4.42　组合逻辑电路的仿真测试电路

注意：图 4.42 中测出的是 S 的结果，若要测试 C 的结果，则将测试线改接到 C 端。实训过程如下所示。

① 写出此逻辑电路的真值表。

② 写出此逻辑电路的逻辑表达式。

③ 通过真值表，分析此逻辑电路的逻辑功能。

④ 根据组合逻辑电路的分析方式，分析此逻辑电路的逻辑功能。

【做一做】实训 4-7：简单抢答器的分析和测试

（1）设计要求

用基本门电路构成简易型 4 人抢答器。J1、J2、J3、J4 为抢答操作开关。任何一个人

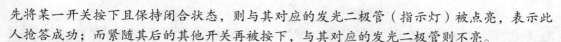

先将某一开关按下且保持闭合状态，则与其对应的发光二极管（指示灯）被点亮，表示此人抢答成功；而紧随其后的其他开关再被按下，与其对应的发光二极管则不亮。

（2）实训流程

① 简易抢答器设计参考电路如图 4.43 所示，电路中标出的 74LS20D 为双 4 输入端与非门，74LS04D 为六非门。试分析其工作原理。

② 绘制简易抢答器仿真电路图，对电路进行仿真调试。

③ 按正确方法插好 IC 芯片，参照图 4.43 连接线路。

④ 通电后，分别按下 J1、J2、J3、J4 各键，观察对应指示灯是否点亮。

⑤ 当其中某一指示灯点亮时，再按其他键，观察其他指示灯的变化。

⑥ 在进行操作步骤④、⑤时，分别测试 IC 芯片输入、输出管脚的电平变化，并完成表 4-20 所示内容。表中，J1、J2、J3、J4 表示按键开关，"×"表示开关动作无效；L1、L2、L3、L4 表示 4 个指示灯 LED。按键闭合或指示灯亮用"1"表示，开关断开或指示灯灭用"0"表示。

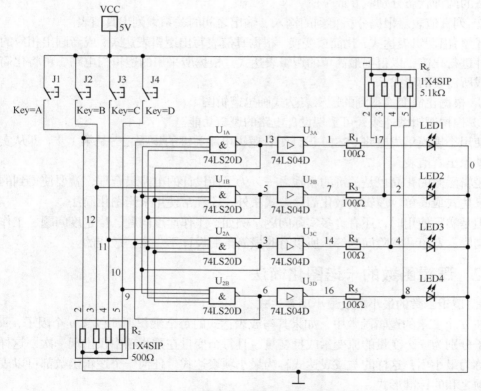

图 4.43　简易抢答器设计参考电路

表 4-20　　　　　　　　　　　　　　　　抢答器逻辑状态

J4	J3	J2	J1	L4	L3	L2	L1

实训任务4.4 裁判判定电路的设计

知识要点
- 掌握组合逻辑电路的设计方法。
- 熟悉逻辑函数卡诺图法化简。

技能要点
- 能根据需要选用合适型号的集成电路设计出简单的组合逻辑电路。

4.4.1 组合逻辑电路的设计方式

组合逻辑电路的设计，就是根据给定的设计要求，设计出最佳（或最简）的组合电路。组合逻辑电路设计一般包括以下步骤。

① 分析设计要求，设置输入和输出变量。根据逻辑功能要求，建立逻辑关系。一般把引起事件的原因、条件等作为输入变量，而把事件的结果作为输出变量，并且要给这些逻辑变量的两种状态分别赋 0 或 1 值。

② 列真值表。根据分析得到的输入、输出之间的关系，列出真值表。

③ 写出逻辑表达式，化简或变换。根据真值表写出逻辑表达式，或者画出相应的卡诺图，并进行化简，以得到最简单的逻辑表达式。根据所采用的逻辑门电路，可将化简结果变换成所需要的形式。

④ 根据化简变换得到的逻辑表达式画出逻辑图。

⑤ 根据逻辑图连线，可实现设计电路的逻辑功能。

使用小规模集成电路（SSI）设计组合逻辑电路关键的步骤之一是第 1 步，即从实际问题中抽象出真值表。

逻辑函数的化简也是关键的步骤之一，为了使设计的电路最合理，就要使得到的逻辑函数表达式最简单。逻辑函数化简除公式法外，还经常使用卡诺图化简法。

但是实际使用时，还有许多实际问题。例如，工作速度问题、稳定度问题、工作的可靠性问题、竞争 - 冒险问题等，所以有时最简单的设计不一定是最佳的。

4.4.2 逻辑函数的卡诺图化简法

1. 逻辑函数的最小项及最小项表达式

在 n 个变量的逻辑函数中，如果其与或表达式的每个乘积项都包含 n 个因子，而这 n 个因子分别为 n 个变量的原变量或反变量，且每个变量在乘积项中仅出现一次，这样的乘积项称为最小项，这样的与或表达式称为最小项表达式。任何一个逻辑函数都可以表示成最小项之和的标准形式。

2 个变量的最小项分别是 $\overline{A}\,\overline{B}$、$\overline{A}\,B$、$A\,\overline{B}$、$A\,B$。

n 个变量共有 2^n 个最小项。表 4-21 是 3 变量最小项及其编号表示。

最小项有如下性质。

① 在输入变量的任何取值组合下，必有一个且仅有一个最小项的值为 1。

② 全体最小项之和为 1。

③ 任意两个不同最小项的乘积为 0。

④ 具有逻辑相邻性（只有一个因子不同）的两个最小项之和，可以合并成一个乘积项，合并后可以消去一个取值互补的变量，留下取值不变的变量。

为了使用方便，需要将最小项进行编号，记作 m_i。方法是将变量取值组合对应的十进制数作为最小项的编号。

表 4-21　　　　　　　　　　　　　3 变量最小项及其编号表示

变量取值组合			最小项	对应的十进制数	最小项编号
A	B	C			
0	0	0	$\overline{A}\,\overline{B}\,\overline{C}$	0	m_0
0	0	1	$\overline{A}\,\overline{B}\,C$	1	m_1
0	1	0	$\overline{A}\,B\,\overline{C}$	2	m_2
0	1	1	$\overline{A}\,B\,C$	3	m_3
1	0	0	$A\,\overline{B}\,\overline{C}$	4	m_4
1	0	1	$A\,\overline{B}\,C$	5	m_5
1	1	0	$A\,B\,\overline{C}$	6	m_6
1	1	1	$A\,B\,C$	7	m_7

【例 4-25】　把逻辑函数 $Y = A\overline{C} + BC + ABC$ 展开成最小项表达式。

解：$Y = A\overline{C} + BC + ABC = A(B + \overline{B})\overline{C} + (A + \overline{A})BC + ABC$

$\qquad = AB\overline{C} + A\overline{B}\,\overline{C} + ABC + \overline{A}BC + ABC$

$\qquad = ABC + AB\overline{C} + A\overline{B}\,\overline{C} + \overline{A}BC$

$\qquad = m_7 + m_6 + m_4 + m_3 = \sum_m(7, 6, 4, 3)$

2. 用卡诺图表示逻辑函数

（1）空白卡诺图

没有填逻辑函数值的卡诺图称为空白卡诺图。n 变量具有 2^n 个最小项，我们把每一个最小项用一个小方格表示，把这些小方格按照一定的规则排列起来，组成的图形叫作 n 变量的卡诺图。2 变量、3 变量、4 变量的卡诺图如图 4.44 所示。其中图 4.44（a）所示为 2 变量卡诺图；图 4.44（b）所示为 3 变量卡诺图；图 4.44（c）所示为 4 变量卡诺图。图中左侧和上边标注的是变量的取值，或变量取值组合，它们的排列规律是固定的，不允许任意改变。每一个小方格都与真值表的某一行一一对应，所以卡诺图与真值表一一对应。卡诺图也有编号，而且就是最小项的编号。图 4.44 中的最小项的编号按一定规则排列，是为了用卡诺图化简逻辑函数而设计的。

逻辑函数的
卡诺图表示

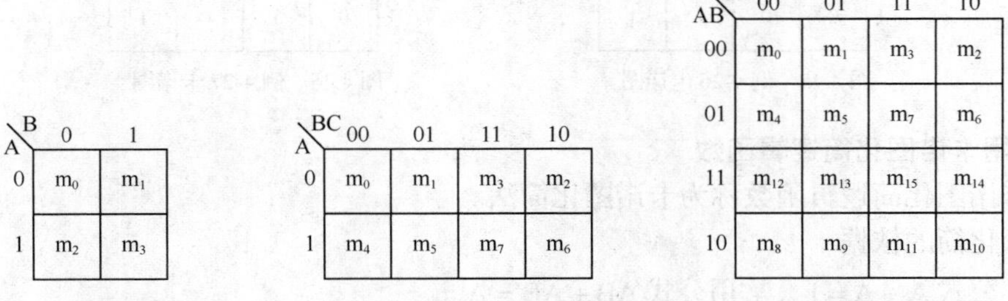

AB\CD	00	01	11	10
00	m_0	m_1	m_3	m_2
01	m_4	m_5	m_7	m_6
11	m_{12}	m_{13}	m_{15}	m_{14}
10	m_8	m_9	m_{11}	m_{10}

A\B	0	1
0	m_0	m_1
1	m_2	m_3

A\BC	00	01	11	10
0	m_0	m_1	m_3	m_2
1	m_4	m_5	m_7	m_6

（a）2 度量卡诺图　　　　　　（b）3 度量卡诺图　　　　　　（c）4 度量卡诺图

图 4.44　卡诺图

如果两个最小项只有一个变量取值不同，则这两个最小项称为逻辑相邻。图 4.44 中逻辑相邻的最小项在几何位置上也相邻。而且任何一行或一列的两端的最小项，也仅有一个变量取值不同，也满足逻辑相邻的要求，这种相邻称为滚卷相邻。因此卡诺图的排列具有相邻性。

（2）逻辑函数的卡诺图

任何逻辑函数都可以填到与之相对应的卡诺图中，称为逻辑函数的卡诺图。对于确定的逻辑函数的卡诺图和真值表一样都是唯一的。

由于卡诺图与真值表一一对应，即真值表的某一行对应着卡诺图的某一个小方格。因此，如果真值表中的某一行函数值为"1"，卡诺图中对应的小方格就填"1"；如果真值表的某一行函数值为"0"，卡诺图中对应的小方格填"0"，即可以得到逻辑函数的卡诺图。

（3）用卡诺图表示逻辑函数

首先把逻辑函数表达式展开成最小项表达式，然后在每一个最小项对应的小方格内填"1"，其余的小方格内填"0"就可以得到该逻辑函数的卡诺图。

【例 4-26】 用卡诺图表示逻辑函数 $Y = \overline{A}\,\overline{B}\,\overline{C} + AB + \overline{A}BC$ 。

解：$Y = \overline{A}\,\overline{B}\,\overline{C} + AB(C + \overline{C}) + \overline{A}BC$

$\qquad = \overline{A}\,\overline{B}\,\overline{C} + ABC + AB\overline{C} + \overline{A}BC$

$\qquad = m_7 + m_6 + m_3 + m_0$

在小方格 m_7、m_6、m_3、m_0 中填"1"，其余小方格中填"0"，可以得到图 4.45 所示的卡诺图。

如果已知逻辑函数的卡诺图，也可以写出该函数的逻辑表达式。其方法与由真值表写表达式的方法相同，即把逻辑函数值为"1"的那些小方格代表的最小项写出，然后"或"运算，就可以得到与之对应的逻辑表达式。

由于卡诺图与真值表一一对应，用卡诺图表示逻辑函数不仅具有用真值表表示逻辑函数的优点，而且还可以直接用来化简逻辑函数。但是卡诺图也有缺点，变量多时使用起来麻烦，所以多于 4 变量时一般不用卡诺图表示。

由于卡诺图中所填写的是一个个最小项，从卡诺图中也可得到函数的最小项表示式。

【例 4-27】 已知图 4.46 所示的卡诺图，写出逻辑函数最小项表示式。

解：逻辑函数最小项表示式为

$$Y = \overline{A}\,\overline{B}C + \overline{A}BC + A\overline{B}C + ABC + AB\overline{C}$$

BC \ A	00	01	11	10
0	1	0	1	1
1	0	1	0	1

图 4.45　例 4-26 卡诺图

BC \ A	00	01	11	10
0	0	1	1	0
1	0	1	1	1

图 4.46　例 4-27 卡诺图

3. 用卡诺图化简逻辑函数

用卡诺图化简逻辑函数称为卡诺图化简法。

（1）化简的依据

基本公式 $A + \overline{A} = 1$ ，常用公式 $AB + A\overline{B} = A$ 。

因为卡诺图中最小项的排列符合相邻性规则，所以可以直接在卡诺图上合并最小项，达到化简逻辑函数的目的。

（2）合并最小项的规则

① 如果相邻的两个小方格同时为"1"，可以合并一个两格组（用圈圈起来），合并后可以消去一个取值互补的变量，留下的是取值不变的变量。两小方格合并情况举例如图 4.47 所示。

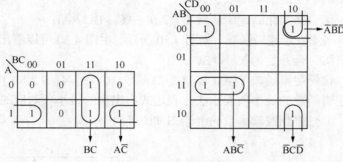

图 4.47 合并两小方格

② 如果相邻的 4 个小方格同时为"1"，可以合并一个四格组，合并后可以消去 2 个取值互补的变量，留下的是取值不变的变量。四小方格合并情况举例如图 4.48 所示。

③ 如果相邻的 8 个小方格同时为"1"，可以合并一个八格组，合并后可以消去 3 个取值互补的变量，留下的是取值不变的变量。八小方格合并情况举例如图 4.49 所示。

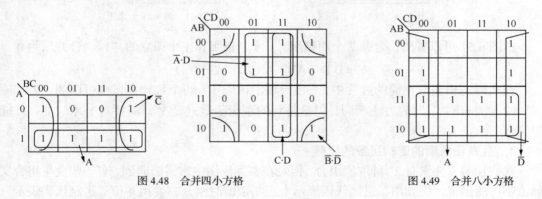

图 4.48 合并四小方格   图 4.49 合并八小方格

（3）用卡诺图化简逻辑函数的步骤

① 用卡诺图表示逻辑函数。

② 找出可以合并的最小项（画卡诺圈，一个圈代表一个乘积项）。

③ 所有乘积项相加，得最简与或表达式。

（4）画圈的原则

① 所有的"1"都要被圈到。

② 圈要尽可能地大。

③ 圈的个数要尽可能地少。

（5）画圈的步骤。

① 先圈孤立的"1"方格。

② 再圈仅与另一个"1"方格唯一相邻的"1"方格。也就是说，只有一种圈法的"1"方格要先圈。

③ 然后先圈大圈，后圈小圈。

（6）化简逻辑函数时应该注意的问题

① 合并最小项的个数只能为 2^n（n = 0，1，2，3）。

② 如果卡诺图中填满了"1"，则 Y=1。

③ 函数值为"1"的格可以重复使用，但是每一个圈中至少有一个"1"未被其他的圈使用过，否则得出的不是最简单的表达式。

【例 4-28】 用卡诺图化简逻辑函数 $Y = A\overline{B} + AC + BC + AB$。

解：首先用卡诺图表示逻辑函数，如图 4.50 所示。由图 4.50 可以看出，可以合并一个四格组和一个二格组，合并后为 Y=A+BC。

【例 4-29】 化简逻辑函数 $Y(A，B，C，D) = \sum_m (0，2，4，7，8，9，10，11)$。

解：此题是逻辑函数的最小项表示法，表达式中出现的最小项对应的小方格填"1"，其余的小方格填"0"。得到逻辑函数的卡诺图如图 4.51 所示。

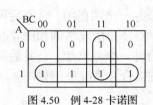

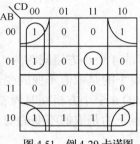

图 4.50　例 4-28 卡诺图　　　　图 4.51　例 4-29 卡诺图

由图 4.51 可以看出，合并 2 个四格组、1 个二格组和 1 个孤立的"1"。合并后为

$$Y = \overline{B}\,\overline{D} + A\overline{B} + \overline{A}\,C\overline{D} + \overline{A}BCD$$

在实际逻辑函数化简的过程中，如果卡诺图中"1"的个数较多，也可以圈"0"。圈"0"的方法与圈"1"的方法相同，但是得到的逻辑函数式是 $\overline{Y}$，需要对 $\overline{Y}$ 求"非"才能得到 Y。

4. 具有任意项的逻辑函数的化简

我们知道 n 变量有 2^n 种取值组合。但是在实际应用中常常会遇到，有一些变量组合实际上不可能出现。例如用二进制代码表示十进制数的时候，需要用 4 位二进制代码表示一位十进制数，而 4 位二进制代码有 2^4=16 种状态，只用其中 10 种组合表示 10 个数字，其余 6 种组合根本不使用。这些根本不可能出现的变量组合称为约束项，或称为任意项。任意项的取值是任意的，对函数的值没有影响，因此，在化简时它既可以看作"0"，也可以看作"1"，利用任意项可以得到更简单的逻辑函数表达式。

在真值表和卡诺图中，任意项所对应的函数值一般用"×"表示。在逻辑表达式中，通常用字母 d 表示任意项，或者用等于 0 的条件等式来表示任意项。该条件等式就是任意项之和等于 0 的逻辑表达式，也称为约束条件。

例如 8421 码中用 4 个变量 ABCD 的取值组合表示十进制数时，仅使用 0000～1001 这 10 种变量取值组合，而 1010～1111 不可能出现。这 6 种变量取值组合就是任意项。可以表示为

$$A\overline{B}C\overline{D} + A\overline{B}CD + AB\overline{C}\,\overline{D} + AB\overline{C}D + ABC\overline{D} + ABCD = 0$$

【例 4-30】 化简逻辑函数 $Y = \sum_m (1,2,7,8) + \sum_d (0,3,4,5,6,10,11,15)$

解：画出逻辑函数 Y 的卡诺图如图 4.52 所示。由图 4.52 可以看出，如果不利用任意项该逻辑函数不能化简；如果利用任意项则可以得到最简单的表达式 $Y = \bar{A} + \bar{B}\bar{D}$。

需要注意的是，利用的任意项如 m_0、m_3、m_4、m_5、m_6、m_{10} 要看成 "1"，未利用的任意项如 m_{11}、m_{15} 要看成 "0"。

利用卡诺图化简逻辑函数的优点是只要按照规则去做，一定能够得到最简单的表达式。其缺点是受变量个数的限制。

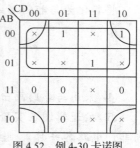

图 4.52　例 4-30 卡诺图

4.4.3　设计组合逻辑电路

【做一做】实训 4-8：裁判判定电路的设计

（1）设计要求

某比赛裁判判定电路的具体要求为设有 1 名主裁判和 3 名副裁判，当 3 名及以上裁判判定合格时，运动员的动作为成功；当主裁判和 1 名副裁判判定合格，运动员的动作也为成功。

（2）设计过程

① 分析：设 A 为主裁判，B、C、D 分别为 3 名副裁判，判定合格为 1，不合格为 0；运动员的动作成功与否用变量 Y 表示，成功为 1，不成功为 0 。即当 A，B，C，D 至少有 3 个为 1 时，Y=1；当 A=1，B、C、D 有一个为 1 时，Y=1。其他情况下 Y=0。

② 根据分析列真值表，见表 4-22。

表 4-22　　　　　　　　　　　裁判判定电路真值表

A	B	C	D	Y
0	0	0	0	0
0	0	0	1	0
0	0	1	0	0
0	0	1	1	0
0	1	0	0	0
0	1	0	1	0
0	1	1	0	0
0	1	1	1	1
1	0	0	0	0
1	0	0	1	1
1	0	1	0	1
1	0	1	1	1
1	1	0	0	1
1	1	0	1	1
1	1	1	0	1
1	1	1	1	1

③ 由真值表写出逻辑表达式并化简。

$$Y = \bar{A}BCD + A\bar{B}\bar{C}D + A\bar{B}C\bar{D} + A\bar{B}CD + AB\bar{C}\bar{D} + AB\bar{C}D + ABC\bar{D} + ABCD$$

用卡诺图化简，如图 4.53 所示。

$$Y = AB + AC + AD + BCD$$

将其化为与非门形式

$$Y = \overline{\overline{AB} + \overline{AC} + \overline{AD} + \overline{BCD}}$$

$$= \overline{\overline{AB} \cdot \overline{AC} \cdot \overline{AD} \cdot \overline{BCD}}$$

④ 采用与非门画出逻辑电路如图 4.54 所示。

⑤ 按逻辑图在实验箱上连线（采用 74LS00 四 2 输入与非门电路和 74LS20 二 4 输入与非门电路各一片），验证设计电路的逻辑功能，将数据填入表 4-23 中。

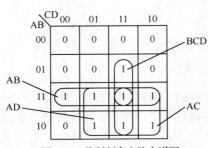

图 4.53 裁判判定电路卡诺图

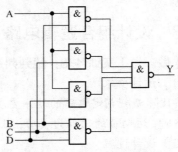

图 4.54 裁判判定电路逻辑图

表 4-23 裁判判定电路测试表

输 入				输 出
A	B	C	D	Y
0	0	0	0	
0	0	0	1	
0	0	1	0	
0	0	1	1	
0	1	0	0	
0	1	0	1	
0	1	1	0	
0	1	1	1	
1	0	0	0	
1	0	0	1	
1	0	1	0	
1	0	1	1	
1	1	0	0	
1	1	0	1	
1	1	1	0	
1	1	1	1	

【练一练】 设计一个火灾报警控制系统

该系统设有烟感、光感和热感 3 个感应器，当其中有 2 个或以上的感应器被启动时，系统发出报警信号。

要求：① 写出设计过程，用最少的与非门器件实现此电路。

② 画出电路图，测试并记录实验结果。

实训任务 4.5　加法器电路的设计

知识要点
- 掌握分析、设计全加器和加法计算器等应用电路的方法。

技能要点
- 能根据需要选用合适型号的集成电路设计组合逻辑电路。

4.5.1　全加器

【做一做】实训 4-9：全加器电路的设计

（1）设计要求

两个多位二进制数进行加法运算时，除了最低一位（可以使用半加器）以外，每一位相加时，不仅需要考虑两个加数（一个加数为 A_n，另一个加数为 B_n）的相加，还要考虑低一位向本位的进位（低位向本位的进位用 C_{n-1} 表示）。即两个加数和低一位的进位，3 个数相加。这样的加法叫全加。完成全加逻辑功能的单元电路称为全加器。

（2）设计过程

① 分析。

假设 n 位（本位）的两个加数分别为 A_n 和 B_n，$n-1$ 位向 n 位进位数为 C_{n-1}。本位和为 S_n，本位进位为 C_n。

② 列真值表，见表 4-24。

表 4-24　全加器真值表

A_n	B_n	C_{n-1}	S_n	C_n
0	0	0	0	0
0	0	1	1	0
0	1	0	1	0
0	1	1	0	1
1	0	0	1	0
1	0	1	0	1
1	1	0	0	1
1	1	1	1	1

③ 由真值表写出逻辑表达式并化简。

$$S_n = \overline{A}_n\overline{B}_nC_{n-1} + \overline{A}_nB_n\overline{C}_{n-1} + A_n\overline{B}_n\overline{C}_{n-1} + A_nB_nC_{n-1}$$

$$C_n = \overline{A}_nB_nC_{n-1} + A_n\overline{B}_nC_{n-1} + A_nB_n\overline{C}_{n-1} + A_nB_nC_{n-1}$$

经化简为

$$S_n = (A_n \oplus B_n) \oplus C_{n-1}$$

$$C_n = A_nB_n + (A_n \oplus B_n)C_{n-1}$$

④ 画出逻辑电路图，如图 4.55（a）所示。全加器也可用一个逻辑符号表示，如图 4.55（b）所示。

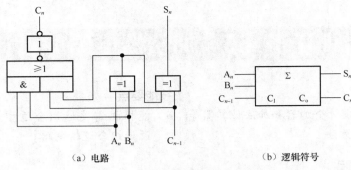

（a）电路　　　　　　　　　　　　　（b）逻辑符号

图 4.55　全加器电路及其逻辑符号

⑤ 根据逻辑图在实验箱上连线（采用异或门 74LS86、与非门 74LS00 和 74LS51 与或非门各一片），用 3 个逻辑开关代替 A_n、B_n、C_{n-1}，用两个电平指示代表 S_n、C_n。验证设计电路的逻辑功能，数据填入表 4-25 中。

表 4-25　　　　　　　　　　　　　　全加器验证表

A_n	B_n	C_{n-1}		S_n	C_n
0	0	0			
0	0	1			
0	1	0			
0	1	1			
1	0	0			
1	0	1			
1	1	0			
1	1	1			

全加器可以实现两个 1 位二进制数的相加，要实现多位二进制数的相加，需选用多位加法器电路。74LS283 电路是一个 4 位加法器电路，可实现两个 4 位二进制数的相加，其逻辑符号如图 4.56（b）所示。图中 C_I 是向低位的进位，C_O 是向高位的进位。它可以实现 $A_3A_2A_1A_0$ 和 $B_3B_2B_1B_0$ 两个二进制数的相加，$S_3S_2S_1S_0$ 是对应各位的和。因为它具有低位的进位及向高位的进位，所以可以进行功能扩展，即用两片 74LS283 加法器可构成 8 位的二进制加法器。图 4.56（a）所示为 74LS283 的管脚图。

加法器的功能扩展

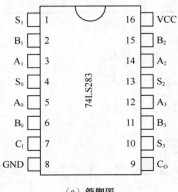

（a）管脚图　　　　　　　　　　　　（b）逻辑符号

图 4.56　74LS283 加法器

4.5.2　简单加法计算器

【做一做】实训 4-10：简单加法计算电路的设计

（1）设计要求

两个二进制数相加，其中一个加数为 2 位二进制数，另一个加数为 1 位二进制数。

（2）设计过程

① 分析。

假设两个加数分别为 A_1A_0 和 B_0，输出和为 $F_2F_1F_0$。

② 列真值表。真值表见表 4-26。

表 4-26　　　　　　　　　2 位加 1 位逻辑电路真值表

二进制数 A		二进制数 B	二进制相加结果		
A_1	A_0	B_0	F_2	F_1	F_0
0	0	0	0	0	0
0	0	1	0	0	1
0	1	0	0	0	1
0	1	1	0	1	0
1	0	0	0	1	0
1	0	1	0	1	1
1	1	0	0	1	1
1	1	1	1	0	0

③ 由真值表写出逻辑表达式并化简。

$$F_2 = A_1A_0B_0, \quad F_1 = \overline{A}_1A_0B_0 + A_1\overline{A}_0\overline{B}_0 + A_1\overline{A}_0B_0 + A_1A_0\overline{B}_0$$

$$F_0 = \overline{A}_1\overline{A}_0B_0 + \overline{A}_1A_0\overline{B}_0 + A_1\overline{A}_0B_0 + A_1A_0\overline{B}_0$$

用卡诺图化简后可得

$$F_2 = A_1A_0B_0, \quad F_1 = \overline{A}_1A_0B_0 + A_1\overline{B}_0 + A_1\overline{A}_0, \quad F_0 = \overline{A}_0B_0 + A_0\overline{B}_0$$

④ 如果使用集成电路与非门 74LS00 和异或门 74LS86 器件，则函数表达式变换为

$$F_2 = A_1A_0B_0 = \overline{\overline{\overline{A_1A_0B_0}}}$$

$$F_1 = \overline{A}_1A_0B_0 + A_1\overline{B}_0 + A_1\overline{A}_0 = \overline{A}_1A_0B_0 + A_1(\overline{B}_0 + \overline{A}_0) = \overline{A}_1A_0B_0 + A_1\overline{A_0B_0}$$

$$= A_1 \oplus (A_0B_0) = A_1 \oplus \overline{\overline{A_0B_0}}$$

$$F_0 = \overline{A}_0B_0 + A_0\overline{B}_0 = A_0 \oplus B_0$$

⑤ 画出逻辑电路图。

⑥ 根据逻辑图在实验箱上连线或者在 Multisim 仿真软件上画图，进行电路逻辑功能检测。图 4.57 所示为 2 位加 1 位逻辑电路仿真图。改变 A_1、A_0、B_0 的开关位置，可改变输入信号的状态，观察指示灯的情况，将结果填入表 4-27 中。

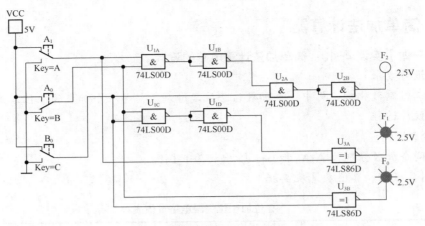

图 4.57　2 位加 1 位逻辑电路仿真图

表 4-27　　　　　　　　　2 位加 1 位逻辑电路测试表

二进制数 A		二进制数 B	二进制相加结果		
A_1	A_0	B_0	F_2	F_1	F_0
0	0	0			
0	0	1			
0	1	0			
0	1	1			
1	0	0			
1	0	1			
1	1	0			
1	1	1			

⑦ 仿真中，用虚拟逻辑分析仪也可观察此加法器的波形。波形观察仿真电路图，如图 4.58 所示。其中 XWG1 为字信号发生器，它能产生 32 位（路）同步逻辑信号，其放大面板的设置如图 4.59 所示，该仿真只需 000～111 信号。XLA1 为逻辑分析仪，仿真开启后，可得图 4.60 所示的面板。从波形中，也可分析出逻辑电路的真值表和逻辑功能。字信号发生器和逻辑分析仪的具体设置方法，详见有关书籍介绍。

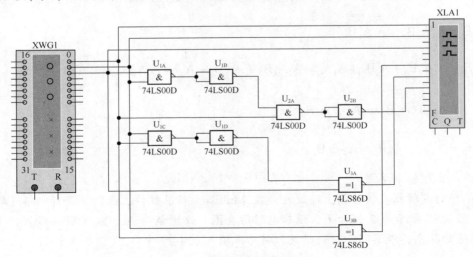

图 4.58　观察波形仿真电路图

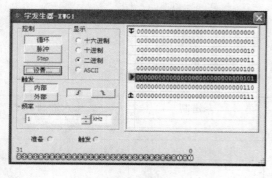

(a) 面板的设置 　　　　　　　　　　　　　　(b) 设置对话框的设置

图 4.59　字信号发生器的设置

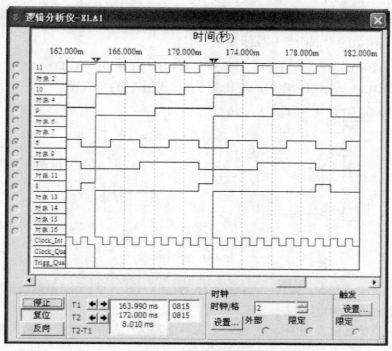

图 4.60　逻辑分析仪面板

习　　题

1. 将下列十进制数转换为二进制数。

$(29)_{10}=($　　　$)_2$；$(100)_{10}=($　　　$)_2$

2. 将下列二进制数转换成十进制数。

$(1101)_2=($　　　$)_{10}$；$(11001)_2=($　　　$)_{10}$

3. 完成下列数的转换。

$(329)_{10}=($　　　$)_2=($　　　$)_{16}$；$(10011101)_2=($　　　$)_{16}=($　　　$)_8$；

$(FFFF)_{16}=($　　　$)_2=($　　　$)_{10}$

4. 将下列 BCD 码转换成十进制数。

$(0101\ 0011\ 1000)_{8421BCD} = ($ 　　　$)_{10}$；$(1000\ 0010\ 1001)_{8421BCD} = ($ 　　　$)_{10}$

5. 将下列十进制数转换成 BCD 码。

$(734)_{10} = ($ 　　　$)_{8421BCD}$；$(367)_{10} = ($ 　　　$)_{8421BCD}$

6. 完成下列常用数制对应表。

二进制	十进制	八进制	十六进制
	24		
			4AE
11011			
		67	

7. 用真值表法证明下列等式成立。

（1）A+BC = (A+B)(A+C)　　　（2）$\overline{AB} + A\overline{B} = AB + \overline{A} \cdot \overline{B}$

8. 求下列函数的对偶函数和反函数。

（1）$F = A(B + C) + \overline{AC}$　　　（2）$F = \overline{\overline{AB + BD} \cdot (C + \overline{D})} + A\overline{CD}$

9. 写出图 4.61 所示组合电路的逻辑关系式，列出它的真值表。

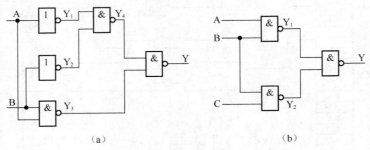

（a）　　　　　　　　　　　　　（b）

图 4.61　题 9 图

10. 已知逻辑函数 $Y = ABC + A\overline{B}\overline{C} + \overline{A}BC + A\overline{B}C$，试画出该逻辑函数未化简前和化简后两种不同的逻辑电路图。

11. 已知函数真值表如图 4.62 所示。请写出表达式，并根据已知输入波形画出输出波形。

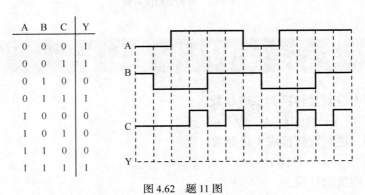

A	B	C	Y
0	0	0	1
0	0	1	1
0	1	0	0
0	1	1	1
1	0	0	1
1	0	1	1
1	1	0	0
1	1	1	1

图 4.62　题 11 图

12. TTL 与非门多余的输入端应该如何处理？

13. TTL 门电路有什么特点，在使用时应注意些什么问题？

14. CMOS 门电路有什么特点，在使用时应注意些什么问题?

15. 利用公式和运算法则定律证明下列各逻辑等式。

（1）$\overline{\overline{A}+B}+\overline{\overline{A}+\overline{B}}=A$　　　　（2）$\overline{A\overline{B}+C}=\overline{\overline{A}\cdot\overline{\overline{B}}\cdot\overline{C}\cdot\overline{C}}$

（3）$\overline{ABCD}+(\overline{A}+\overline{D})E=\overline{AD}+\overline{BC}$　　（4）$(A+B+C)(A+B+\overline{C})=A+B$

16. 用公式法化简下列各逻辑等式。

（1）$Y=\overline{\overline{AB}(B+C)A}$　　　　　　（2）$Y=\overline{A}BC+A\cdot\overline{B}\cdot\overline{C}+A\overline{B}C+AB\overline{C}$

（3）$Y=AB+ABD+\overline{A}C+BCD$　　（4）$Y=AB+C+(\overline{AB+C})(CD+A)+BD$

（5）$Y=\overline{\overline{\overline{A\overline{B}+ABC}}+A(B+A\overline{B})}$

（6）$Y=AC+\overline{B}C+B\overline{D}+AB+A\overline{C}+C\overline{D}+\overline{A}BCD$

17. 分析图 4.63 所示电路的逻辑功能。

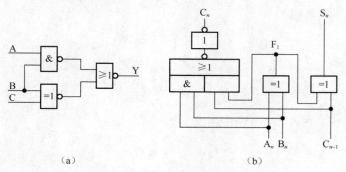

图 4.63　题 17 图

18. 写出图 4.64 所示电路的逻辑表达式，并画出用最简与非门组成的电路。

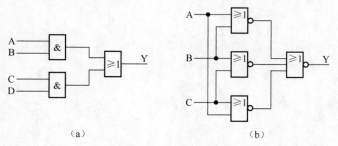

图 4.64　题 18 图

19. 用卡诺图法化简下列函数，写出最简与或表达式。

（1）$Y_1=\overline{A}\overline{B}\overline{C}+\overline{A}B\overline{C}+A\overline{C}$　　　　（2）$Y_2=A\overline{B}CD+A\overline{B}+\overline{A}+A\overline{D}$

（3）$Y_3=\overline{A}BC+A\overline{B}C+AB\overline{C}+ABC$　（4）$Y_4=A\overline{C}D+\overline{A}\overline{B}+A\overline{D}+A\overline{B}C$

20. 用卡诺图法化简下列 4 变量逻辑函数，写出最简与或表达式。

（1）$F_1(A,B,C,D)=\sum_m(0,1,2,3,4,6,8,10,12,13,14,15)$

（2）$F_2(A,B,C,D)=\sum_m(2,3,6,7,9,10,11,13,14,15)$

（3）$F_3(A,B,C,D)=\sum_m(0,1,8,10)+\sum_d(2,3,4,5,11)$

（4）F_4（A，B，C，D）$= \sum_m$（0，4，6，8，13）$+ \sum_d$（1，2，3，9，10，11）

21. 试设计一个用最简与非门组成的 3 人多数表决逻辑电路。

22. 有 3 台电动机 A，B，C。电机开机时必须满足下列要求：A 开机则 B 必须开机；B 开机则 C 必须开机。不满足要求时发出报警信号。若设开机为 1，不开机为 0；发报警信号为 1，不发报警信号为 0，试写出报警的逻辑表达式，画出用最简与非门组成的逻辑电路图。

23. 用器件 74LS00 和 74LS86，实现两个 2 位二进制数相加，并通过仿真进行验证。

项目 5　中规模组合逻辑电路的分析与设计

实训任务 5.1　医院病房呼叫控制电路设计

知识要点

- 熟知编码器的基本功能和常见类型，理解优先编码器的工作特点，掌握利用编码器设计电路的方法。

技能要点

- 能检测常见编码器的逻辑功能；会利用优先编码器设计典型的逻辑控制电路。

5.1.1　中规模组合逻辑电路的设计方法

组合逻辑电路的设计除了采用小规模集成电路设计以外，还可以采用中规模集成器件进行设计。用中规模集成器件设计组合逻辑电路时"最合理"指的是使用的中规模集成器件的片数最少、种类最少，而且连线最少。其设计步骤与采用小规模集成器件设计相比，既有相同之处，又有不同之处。其中不同之处是采用小规模集成器件设计中的第 3 步需化简或变换逻辑函数，而采用中规模集成器件设计时不需要化简，只需要变换。因为每一种中规模集成器件，都有它自己特定的逻辑函数表达式，所以采用这些器件设计电路时，必须将待实现的逻辑函数式变换成与所使用的集成器件的逻辑函数式相同的形式。其具体步骤如下。

① 根据给定事件的因果关系列出真值表。
② 由真值表写函数式。
③ 对函数式进行变换。
④ 画出逻辑电路，并测试逻辑功能。

常用的中规模集成器件主要包括全加器、编码器、译码器、数据选择器等。

5.1.2　编码器

用二进制代码表示文字、符号或者数码等某种信息的过程称为编码，完成编码功能的逻辑电路称为编码器。编码器有许多种，按照输出代码不同分类，分为二进制编码器、二－十进制编码器；按照工作方式不同分类，分为普通编码器和优先编码器。

二进制编码器

1. 普通编码器

对于普通编码器，某一时刻只允许一个输入端为有效的输入信号，否则输出的编码有可能出错。

二进制普通编码器的逻辑功能为根据产生了有效电平（可能是高电平，也可能是低电平，视具体情况而定）的输入端的序号，在输出端产生一组对应的二进制编码。

图 5.1（a）所示为一个 3 位二进制普通编码器的方框图，它的输入是 $\bar{I}_0 \sim \bar{I}_7$ 等 8 个信号（"非号"表示低电平为有效的输入电平），输出是 3 位二进制代码 $Y_2 \sim Y_0$，因此又称为

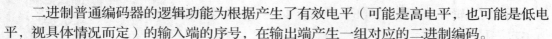

8 线 − 3 线编码器。图 5.1（b）所示为 3 位二进制普通编码器的一种逻辑图。

由图 5.1（b）可以写出下述逻辑函数表达式：

$$Y_2 = \overline{\overline{I_7} \cdot \overline{I_6} \cdot \overline{I_5} \cdot \overline{I_4}}$$

$$Y_1 = \overline{\overline{I_7} \cdot \overline{I_6} \cdot \overline{I_3} \cdot \overline{I_2}}$$

$$Y_0 = \overline{\overline{I_7} \cdot \overline{I_5} \cdot \overline{I_3} \cdot \overline{I_1}}$$

式中输入变量上的"非号"代表低电平是有效的输入电平，与图 5.1 中输入变量上的非号相对应。根据上述表达式可以得到表 5-1 所示的真值表。

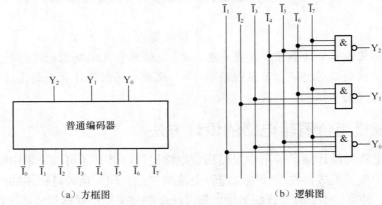

（a）方框图　　　　　　　　　　　　（b）逻辑图

图 5.1　3 位二进制普通编码器

表 5-1　　　　　　　　　　　　　　3 位二进制编码器真值表

输入								输出		
$\overline{I_7}$	$\overline{I_6}$	$\overline{I_5}$	$\overline{I_4}$	$\overline{I_3}$	$\overline{I_2}$	$\overline{I_1}$	$\overline{I_0}$	Y_2	Y_1	Y_0
0	1	1	1	1	1	1	1	1	1	1
1	0	1	1	1	1	1	1	1	1	0
1	1	0	1	1	1	1	1	1	0	1
1	1	1	0	1	1	1	1	1	0	0
1	1	1	1	0	1	1	1	0	1	1
1	1	1	1	1	0	1	1	0	1	0
1	1	1	1	1	1	0	1	0	0	1
1	1	1	1	1	1	1	0	0	0	0

由表 5-1 可以看出，当任何一个输入端为有效电平（本例为低电平有效）时，3 个输出端的取值组成对应的 3 位二进制代码，例如当 $\overline{I_5} = 0$ 时，输出的代码为"101"。因此电路能对任何一个输入信号进行编码。

2. 优先编码器

在实际产品中，均采用优先编码器。图 5.2（a）所示为优先编码器 74LS148 的逻辑符号，图 5.2（b）所示为 74LS148 的管脚排列，表 5-2 所示为 74LS148 功能表。

在优先编码器中，允许同时输入几个输入信号，电路只对其中优先级别最高的一个输入信号进行编码。

优先编码器

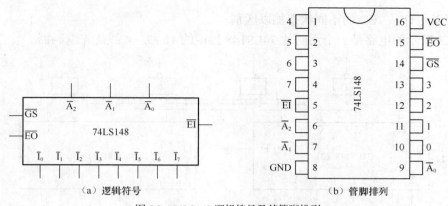

（a）逻辑符号　　　　　　　　　　　　（b）管脚排列

图 5.2　74LS148 逻辑符号及其管脚排列

表 5-2　　　　　　　　　　　　　　　74LS148 功能表

输入									输出				
$\overline{EI}$	$\overline{I_0}$	$\overline{I_1}$	$\overline{I_2}$	$\overline{I_3}$	$\overline{I_4}$	$\overline{I_5}$	$\overline{I_6}$	$\overline{I_7}$	$\overline{A_2}$	$\overline{A_1}$	$\overline{A_0}$	$\overline{GS}$	$\overline{EO}$
1	×	×	×	×	×	×	×	×	1	1	1	1	1
0	1	1	1	1	1	1	1	1	1	1	1	1	0
0	×	×	×	×	×	×	×	0	0	0	0	0	1
0	×	×	×	×	×	×	0	1	0	0	1	0	1
0	×	×	×	×	×	0	1	1	0	1	0	0	1
0	×	×	×	×	0	1	1	1	0	1	1	0	1
0	×	×	×	0	1	1	1	1	1	0	0	0	1
0	×	×	0	1	1	1	1	1	1	0	1	0	1
0	×	0	1	1	1	1	1	1	1	1	0	0	1
0	0	1	1	1	1	1	1	1	1	1	1	0	1

74LS148 的逻辑功能如下所示。

（1）选通输入端 $\overline{EI}$

$\overline{EI}$ 为低电平有效。只有在 $\overline{EI}=0$ 时，编码器才能正常编码；当 $\overline{EI}=1$ 时，无论输入端如何，所有输出端均被封锁在高电平。

（2）编码输入端 $\overline{I_0}\sim\overline{I_7}$

$\overline{I_0}\sim\overline{I_7}$ 低电平有效。$\overline{I_7}$ 端的优先权最高，$\overline{I_0}$ 端的优先权最低，只要 $\overline{I_7}=0$，就对 $\overline{I_7}$ 进行编码，而不管其他输入端信号为何种状态。

（3）编码输出端 $\overline{A_2}$、$\overline{A_1}$、$\overline{A_0}$

$\overline{A_2}$、$\overline{A_1}$、$\overline{A_0}$ 上面的 "—" 号，表示输出为反码。

（4）选通输出端 $\overline{EO}$ 和扩展端 $\overline{GS}$

两个扩展输出端 $\overline{GS}$ 和 $\overline{EO}$ 用于片与片之间的连接，扩展编码器的功能。

$\overline{EI}=1$ 表示 "此片未工作"，输出 $\overline{GS}=1$，$\overline{EO}=1$；$\overline{EI}=0$ 表示 "此片工作"，此时有两种情况：一是 "此片工作，但无有效编码信号输入"，则输出 $\overline{GS}=1$，$\overline{EO}=0$；二是 "此片工作，且有有效编码信号输入"，则输出 $\overline{GS}=0$，$\overline{EO}=1$。因此，表 5-2 出现的 3 种 $\overline{A_2}\overline{A_1}\overline{A_0}$=111

的情况可以用 $\overline{GS}$ 、$\overline{EO}$ 的不同状态加以区别。

图 5.3 所示的电路是一个用两片 74LS148 接成的 16 线 – 4 线优先编码器。

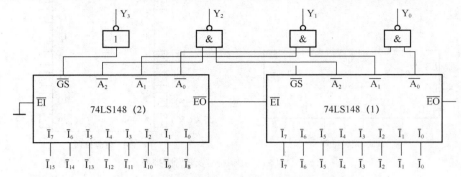

图 5.3　用 74LS148 接成的 16 线 – 4 线优先编码器

【做一做】实训 5-1：优先编码器 74LS148 逻辑功能测试

74LS148 管脚排列如图 5.4 所示。将 16 脚接 + 5V，8 脚接地，选通输入端 $\overline{EI}$ 接地，7～0 接"逻辑电平信号源"，输出端 $\overline{A_2}$、$\overline{A_1}$、$\overline{A_0}$ 接发光二极管。在 7～0 端输入低电平（低电平为有效输入电平），观察各输出端的状态，并把输出端的状态填入表 5-3 中。

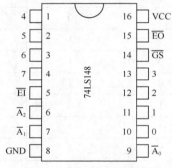

图 5.4　74LS148 管脚排列

表 5-3　　　　　　　　　　　　74LS148 功能表

$\overline{EI}$	0	1	2	3	4	5	6	7	理论值 $\overline{A_2}$	$\overline{A_1}$	$\overline{A_0}$	$\overline{GS}$	$\overline{EO}$	实验值 $\overline{A_2}$	$\overline{A_1}$	$\overline{A_0}$	$\overline{GS}$	$\overline{EO}$
1	×	×	×	×	×	×	×	×										
0	1	1	1	1	1	1	1	1										
0	×	×	×	×	×	×	×	0										
0	×	×	×	×	×	×	0	1										
0	×	×	×	×	×	0	1	1										
0	×	×	×	×	0	1	1	1										
0	×	×	×	0	1	1	1	1										
0	×	×	0	1	1	1	1	1										
0	×	0	1	1	1	1	1	1										
0	0	1	1	1	1	1	1	1										

74LS148 的逻辑功能为＿＿＿＿＿＿＿＿＿＿＿＿＿＿＿＿＿＿＿。

5.1.3 医院病房呼叫控制电路的设计

【做一做】实训 5-2：医院病房呼叫控制电路的设计

（1）设计要求

某医院有 1、2、3、4 号病室 4 间，每室设有呼叫按钮，同时在护士值班室内对应装有 1 号、2 号、3 号、4 号 4 个指示灯。

现要求当 1 号病室的按钮按下时，无论其他病室的按钮是否按下，只有 1 号灯亮。当 1 号病室的按钮没有按下而 2 号病室的按钮按下时，无论 3、4 号病室的按钮是否按下，只有 2 号灯亮。当 1、2 号病室的按钮都没有按下而 3 号病室的按钮按下时，无论 4 号病室的按钮是否按下，只有 3 号灯亮。只有在 1、2、3 号病室的按钮均未按下而 4 号病室的按钮按下时，4 号灯才亮，用优先编码器 74LS148 和门电路设计满足上述控制要求的逻辑电路。

要求写出设计过程，画出电路图并测试。

（2）设计过程

① 分析。

1、2、3、4 号病室的按钮作为输入变量分别用 X_1、X_2、X_3、X_4 来表示，并且用 "1" 表示按钮按下，"0" 表示按钮未按下；1 号、2 号、3 号、4 号 4 个指示灯作为输出变量分别用 L_1、L_2、L_3、L_4 来表示，"1" 表示灯亮，"0" 表示灯未亮。

② 完成真值表见表 5-4。

表 5-4　　　　　　　　　　病房呼叫控制电路真值表

输　　入				输　　出			
X_1	X_2	X_3	X_4	L_1	L_2	L_3	L_4
1	×	×	×	1	0	0	0
0	1	×	×	0	1	0	0
0	0	1	×	0	0	1	0
0	0	0	1	0	0	0	1

③ 查阅资料，明确 74LS148 集成电路的管脚及其功能如图 5.2（b）所示。

编码输入端有＿＿＿＿＿＿＿＿＿（优先权从高到低），＿＿＿电平有效，对应＿＿＿＿＿＿＿脚；编码输出端有＿＿＿＿＿＿＿＿＿，＿＿＿码有效，对应＿＿＿＿＿脚；其他输入控制脚有＿＿＿＿＿，正常工作时接＿＿＿＿＿电平；电源为＿＿＿＿＿＿脚；接地为＿＿＿＿＿＿脚。

④ 比较病房呼叫控制电路真值表与 74LS148 功能表，确定输入端、输出端和控制端，并画出病房呼叫控制电路的逻辑图。

输入端 X_1、X_2、X_3、X_4 分别经非门后输入至 $\overline{I_3}$、$\overline{I_2}$、$\overline{I_1}$、$\overline{I_0}$；输出端 $\overline{A_2}$、$\overline{A_1}$、$\overline{A_0}$ 经一定的门电路接至电平指示 L_1、L_2、L_3、L_4；控制端 $\overline{EI}$ 接低电平。

由输入输出关系表（见表 5-5）可以得到电平指示输出与 74LS148 输出之间的关系式。

表 5-5　　　　　　　　电平指示输出与 74LS148 输出的关系

输　　入				74LS148 输出			输　　出			
X_1	X_2	X_3	X_4	$\overline{A_2}$	$\overline{A_1}$	$\overline{A_0}$	L_1	L_2	L_3	L_4
1	×	×	×	1	0	0	1	0	0	0
0	1	×	×	1	0	1	0	1	0	0

续表

输　　入				74LS148 输出			输　　出			
X_1	X_2	X_3	X_4	$\overline{A_2}$	$\overline{A_1}$	$\overline{A_0}$	L_1	L_2	L_3	L_4
0	0	1	×	1	1	0	0	0	1	0
0	0	0	1	1	1	1	0	0	0	1

由于这里只用了 4 个输入端，$\overline{A_1}$、$\overline{A_0}$ 两个输出端就可以区分输入的 4 种状态，L_1、L_2、L_3、L_4 的输出表达式可以表示为

$$L_1 = \overline{\overline{A_1}\,\overline{A_0}}$$

$$L_2 = \overline{\overline{A_1}\,A_0}$$

$$L_3 = \overline{A_1\,\overline{A_0}}$$

$$L_4 = \overline{A_1\,A_0}$$

画出病房呼叫控制电路的逻辑图，如图 5.5 所示。

⑤ 根据逻辑图做出电路的安装图。

⑥ 根据安装图完成电路安装。

⑦ 验证病房呼叫控制电路的逻辑功能并填写表 5-6（与真值表比较）。

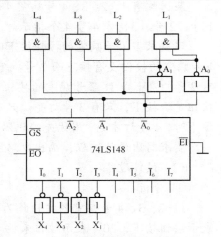

图 5.5　控制电路的逻辑图

表 5-6　　　　　　病房呼叫控制电路的逻辑功能验证

输　　入				输　　出			
X_1	X_2	X_3	X_4	L_1	L_2	L_3	L_4

【想一想】

为什么没有信号输入时此电路的 L_4 灯仍亮？如果没有信号输入时要使 L_4 灯不亮，应如何修改电路？（提示：利用选通输出端或者扩展端）

【练一练】

电信局要对 4 种电话进行编码，其紧急的次序为火警电话、急救电话、工作电话和生活电话。写出设计过程，画出用优先编码器 74LS148 和必要的门电路实现的电路，并进行测试。

实训任务 5.2　交通信号灯监控电路设计

知识要点

- 理解译码器的功能，了解译码器的类型，掌握利用译码器设计电路的方法。了解显示译码器的基本知识，掌握共阳、共阴七段显示数码管的相关内容，会利用常见显示译码器构成数码显示电路。

技能要点

- 能检测常见译码器的逻辑功能，会利用译码器设计典型的逻辑电路。

- 能检测判断出七段显示数码管的管脚排列顺序，会利用显示译码器构成一位数码显示电路。

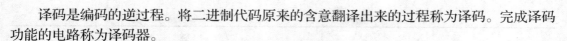

　　译码是编码的逆过程。将二进制代码原来的含意翻译出来的过程称为译码。完成译码功能的电路称为译码器。

　　常用的译码器包括二进制译码器、二－十进制译码器和显示译码器等。

5.2.1　二进制译码器

　　二进制译码器输入的是一组代码，输出的是与代码相对应的高、低电平。

　　图 5.6 所示为 3 位二进制译码器。输入信号是二进制代码，输出的是高、低电平信号。每输入一组代码，只有一个对应的输出端为有效状态，其余输出端均保持无效状态。或者说二进制译码器有多个输出端，每输入一组代码必有一个而且只有一个输出端有信号输出，其余的输出端均无信号输出。

　　如果输入的是 n 位二进制代码，译码器有 2^n 个输出端。2 位二进制译码器有 4 个输出端，又可以称为 2 线－4 线译码器；同理 3 位二进制译码器称为 3 线－8 线译码器；4 位二进制译码器称为 4 线－16 线译码器等。

图 5.6　3 位二进制译码器

　　图 5.7（a）所示为 74LS138 集成 3 线－8 线译码器的逻辑符号，图 5-6（b）所示为 74LS138 的管脚排列，表 5-7 为 74LS138 的功能表。

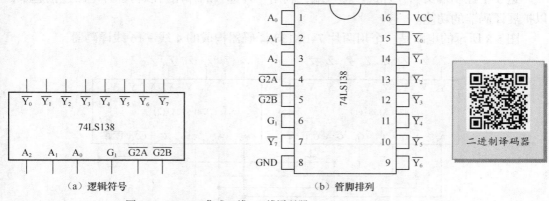

（a）逻辑符号　　　　　　　　　　（b）管脚排列

图 5.7　74LS138 集成 3 线－8 线译码器

表 5-7　　　　　　　　　　　　　　　　74LS138 的功能表

输　　入		输　　入	输　　出							
G_1	$\overline{G2A}+\overline{G2B}$	$A_2\ A_1\ A_0$	$\overline{Y}_0$	$\overline{Y}_1$	$\overline{Y}_2$	$\overline{Y}_3$	$\overline{Y}_4$	$\overline{Y}_5$	$\overline{Y}_6$	$\overline{Y}_7$
×	1	×　×　×	1	1	1	1	1	1	1	1
0	×	×　×　×	1	1	1	1	1	1	1	1
1	0	0　0　0	0	1	1	1	1	1	1	1
1	0	0　0　1	1	0	1	1	1	1	1	1
1	0	0　1　0	1	1	0	1	1	1	1	1
1	0	0　1　1	1	1	1	0	1	1	1	1
1	0	1　0　0	1	1	1	1	0	1	1	1

续表

输入			输入			输出							
G_1	$\overline{G2A}+\overline{G2B}$		A_2	A_1	A_0	$\overline{Y}_0$	$\overline{Y}_1$	$\overline{Y}_2$	$\overline{Y}_3$	$\overline{Y}_4$	$\overline{Y}_5$	$\overline{Y}_6$	$\overline{Y}_7$
1	0		1	0	1	1	1	1	1	1	0	1	1
1	0		1	1	0	1	1	1	1	1	1	0	1
1	0		1	1	1	1	1	1	1	1	1	1	0

74LS138 的逻辑功能如下。

74LS138 有 3 个译码输入端（又称地址输入端）A_2、A_1、A_0，8 个译码输出端 $\overline{Y}_0 \sim \overline{Y}_7$，以及 3 个控制端（又称使能端）$G_1$、$\overline{G2A}$、$\overline{G2B}$。

译码输入端 A_2、A_1、A_0 有 8 种用二进制代码表示的输入组合状态。每输入一组二进制代码将使对应的一个输出端为有效电平（$\overline{Y}_0 \sim \overline{Y}_7$ 上的"–"表示有效电平为低电平），其他输出端均为无效电平。如 A_2、A_1、A_0 输入为 010 时，$\overline{Y}_2$ 被"译中"，$\overline{Y}_2$ 输出为 0。

G_1、$\overline{G2A}$、$\overline{G2B}$ 是译码器的控制输入端，当 G_1=1、$\overline{G2A}+\overline{G2B}$ =0（即 G_1 为 1、$\overline{G2A}$、$\overline{G2B}$ 均为 0）时，译码器可正常译码；否则译码器被禁止，所有输出端均为无效电平（高电平）。

这 3 个控制端又叫"片选"输入端，利用"片选"的作用可以将多片电路连接起来，以扩展译码器的功能。

图 5.8 所示的电路是一个用两片 74LS138 译码器构成的 4 线–16 线译码器。

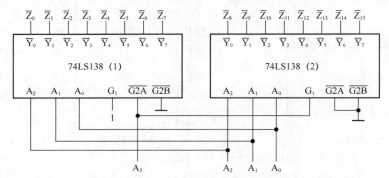

图 5.8 用 74LS138 译码器构成的 4 线–16 线译码器

【例 5-1】 试用 74LS138 译码器实现逻辑函数 $F = A\overline{C} + \overline{A}C + B\overline{C} + \overline{B}C$。

解：
$$F = A\overline{C} + \overline{A}C + B\overline{C} + \overline{B}C$$
$$= AB\overline{C} + A\overline{B}\overline{C} + \overline{A}BC + \overline{A}\overline{B}C$$
$$+ AB\overline{C} + \overline{A}B\overline{C} + A\overline{B}C + \overline{A}\overline{B}C$$
$$= m_1 + m_2 + m_3 + m_4 + m_5 + m_6$$
$$= \overline{\overline{m}_1 \cdot \overline{m}_2 \cdot \overline{m}_3 \cdot \overline{m}_4 \cdot \overline{m}_5 \cdot \overline{m}_6}$$
$$= \overline{\overline{Y}_1 \cdot \overline{Y}_2 \cdot \overline{Y}_3 \cdot \overline{Y}_4 \cdot \overline{Y}_5 \cdot \overline{Y}_6}$$

将 A、B、C 分别从 A_2、A_1、A_0 输入作为输入变量，把 $\overline{Y}_1$、$\overline{Y}_2$、$\overline{Y}_3$、$\overline{Y}_4$、$\overline{Y}_5$、$\overline{Y}_6$ 经一个与非门输出作为 F，并正确连接控制端使译码器处于工作状态，即可实现题目要求的逻辑函数，电路如图 5.9 所示。

5.2.2　二－十进制译码器

将 8421BCD 代码翻译成 10 个对应的输出信号，用来表示 0～9 共 10 个数字的逻辑电路称为二－十进制译码器。图 5.10 所示为 74LS42 二－十进制译码器的逻辑符号，表 5-8 所示为 74LS42 的功能表。

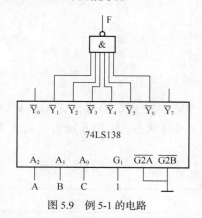

图 5.9　例 5-1 的电路

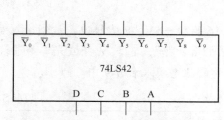

图 5.10　74LS42 二－十进制译码器的逻辑符号

表 5-8　74LS42 的功能表

数字	输入				十进制输出									
	D	C	B	A	$\overline{Y}_0$	$\overline{Y}_1$	$\overline{Y}_2$	$\overline{Y}_3$	$\overline{Y}_4$	$\overline{Y}_5$	$\overline{Y}_6$	$\overline{Y}_7$	$\overline{Y}_8$	$\overline{Y}_9$
0	0	0	0	0	0	1	1	1	1	1	1	1	1	1
1	0	0	0	1	1	0	1	1	1	1	1	1	1	1
2	0	0	1	0	1	1	0	1	1	1	1	1	1	1
3	0	0	1	1	1	1	1	0	1	1	1	1	1	1
4	0	1	0	0	1	1	1	1	0	1	1	1	1	1
5	0	1	0	1	1	1	1	1	1	0	1	1	1	1
6	0	1	1	0	1	1	1	1	1	1	0	1	1	1
7	0	1	1	1	1	1	1	1	1	1	1	0	1	1
8	1	0	0	0	1	1	1	1	1	1	1	1	0	1
9	1	0	0	1	1	1	1	1	1	1	1	1	1	0
6 个无效状态	1	0	1	0	1	1	1	1	1	1	1	1	1	1
	1	0	1	1	1	1	1	1	1	1	1	1	1	1
	1	1	0	0	1	1	1	1	1	1	1	1	1	1
	1	1	0	1	1	1	1	1	1	1	1	1	1	1
	1	1	1	0	1	1	1	1	1	1	1	1	1	1
	1	1	1	1	1	1	1	1	1	1	1	1	1	1

由表 5-8 可以看出，该电路输入的是 8421BCD 码，$\overline{Y}_0 \sim \overline{Y}_9$ 是译码器的 10 个输出端，"低电平" 为有效输出信号，即有输出时输出端为 "0"，没有译码输出时输出端为 "1"。当输入为 0000～1001 中的任意一组代码时，$\overline{Y}_0 \sim \overline{Y}_9$ 总有一个输出端为有效的低电平；当输入为 1010～1111 这 6 个无效信号时，译码器输出全 "1"，无有效输出。因此该电路为二－十进制译码器。

【做一做】实训 5-3：集成 3 线－8 线译码器 74LS138 逻辑功能测试

74LS138 管脚如图 5.11 所示。

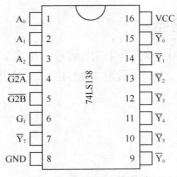

图 5.11　74LS138 管脚图

将 16 脚接 +5V，8 脚接地，控制输入端 G_1 接 +5V，$\overline{G2A}$、$\overline{G2B}$ 接地，A_2、A_1、A_0 接"逻辑电平信号源"，$\overline{Y}_7 \sim \overline{Y}_0$ 接发光二极管。改变输入端的状态，观察各输出端的状态，并把输出端的状态填入表 5-9 中。

表 5-9　　　　　　　　　　　　　　74LS138 功能表

输　入			输　　　出																
			理论值								实验值									
A_2	A_1	A_0	$\overline{Y}_0$	$\overline{Y}_1$	$\overline{Y}_2$	$\overline{Y}_3$	$\overline{Y}_4$	$\overline{Y}_5$	$\overline{Y}_6$	$\overline{Y}_7$	$\overline{Y}_0$	$\overline{Y}_1$	$\overline{Y}_2$	$\overline{Y}_3$	$\overline{Y}_4$	$\overline{Y}_5$	$\overline{Y}_6$	$\overline{Y}_7$
0	0	0																
0	0	1																
0	1	0																
0	1	1																
1	0	0																
1	0	1																
1	1	0																
1	1	1																

74LS138 的逻辑函数式为

$\overline{Y}_0 =$ ＿＿＿＿＿，　　$\overline{Y}_1 =$ ＿＿＿＿＿，　　$\overline{Y}_2 =$ ＿＿＿＿＿，　　$\overline{Y}_3 =$ ＿＿＿＿＿，

$\overline{Y}_4 =$ ＿＿＿＿＿，　　$\overline{Y}_5 =$ ＿＿＿＿＿，　　$\overline{Y}_6 =$ ＿＿＿＿＿，　　$\overline{Y}_7 =$ ＿＿＿＿＿。

74LS138 的逻辑功能为 ＿＿＿＿＿＿＿＿＿＿＿＿＿＿＿＿＿＿＿＿＿＿。

【做一做】实训 5-4：交通信号灯监控电路设计

（1）设计要求

每一组信号灯由红（R）、黄（A）、绿（G）3 盏灯组成。正常工作情况下，任何时刻必有一盏灯亮，而且只允许有一盏灯亮。而当出现其他 5 种点亮状态时，电路发生故障，这时要求发出故障报警信号，以提醒维护人员前去修理。

要求写出设计过程，画出电路图（用 74LS138 和必要的门电路实现）并测试。

（2）设计过程

① 分析。

取红、黄、绿 3 盏灯的状态为输入变量，分别用 R、A、G 表示，并规定灯亮时为 1，不亮时为 0；取故障信号为输出变量，用 Z 表示，并规定正常工作状态下 Z 为 0，发生故障时 Z 为 1。

② 完成真值表，见表 5-10。

表 5-10　　　　　　　　　　　监视交通信号灯工作状态的真值表

输　　　入			输　　出
R	A	G	Z
0	0	0	1
0	0	1	0
0	1	0	0
0	1	1	1
1	0	0	0
1	0	1	1
1	1	0	1
1	1	1	1

③ 由真值表写出表达式，并将其变换成 74LS138 芯片所需的表达式。

$$Z = \overline{R}\,\overline{A}\,\overline{G} + \overline{R}AG + R\overline{A}G + RA\overline{G} + RAG$$
$$= m_0 + m_3 + m_5 + m_6 + m_7$$
$$= \overline{\overline{m}_0 \cdot \overline{m}_3 \cdot \overline{m}_5 \cdot \overline{m}_6 \cdot \overline{m}_7}$$
$$= \overline{\overline{Y}_0 \cdot \overline{Y}_3 \cdot \overline{Y}_5 \cdot \overline{Y}_6 \cdot \overline{Y}_7}$$

④ 由表达式画出逻辑电路图。

将 R、A、G 分别从 A_2、A_1、A_0 输入作为输入变量，$\overline{Y}_0$、$\overline{Y}_3$、$\overline{Y}_5$、$\overline{Y}_6$、$\overline{Y}_7$ 经一个与非门输出作为 Z，并正确连接控制端使译码器处于工作状态。电路图如图 5.12 所示。

⑤ 根据逻辑图做出使用 74LS138 译码器的电路安装图。

⑥ 完成电路安装。

⑦ 验证电路的逻辑功能。

【练一练】

用 3 线－8 线译码器 74LS138 设计全加器。

要求：写出设计过程，包括真值表、逻辑表达式、电路图，并用 3 线－8 线译码器 74LS138 在实验箱上验证。

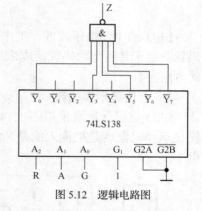

图 5.12　逻辑电路图

5.2.3　显示译码器

在数字系统中，为便于人们阅读或监视数字系统的工作情况，常常需要将数字量用十进制数码显示出来。数码显示电路一般由译码器、驱动器和显示器组成。那些能够直接驱动显示器件的译码器称为显示译码器。

由于目前大多数的显示器件为七段数码显示器，本书只介绍能驱动七段数码显示器的译码器。它的输出端要直接驱动数码显示器，因此它与二进制译码器、二-十进制译码器都不相同，它的输出端必须能够同时产生多个有效电平，而且要求输出功率较大，所以一般的集成显示译码器又称为七段显示译码器。

1. 七段数码显示器

七段数码显示器又称为七段数码管（有的加小数点为八段）。根据发光材料的不同有荧光数码管、液晶（LCD）数码管和发光二极管（LED）等。这里主要介绍最常用的发光二极管数码管。

七段数码管分共阴和共阳两类，其外形图和内部接线如图 5.13 所示。7 个字段通过管脚与外部电路连接。共阴数码管将各发光二极管的阴极连接在一起成为公共电极接低电平，阳极分别由译码器输出端来驱动。当译码输出某段码为高电平时，相应的发光二极管就导通发光；共阳数码管将各发光二极管的阳极连接在一起成为公共电极接高电平，阴极分别由译码器输出端来驱动。当译码输出某段码为低电平时，相应的发光二极管就导通发光。

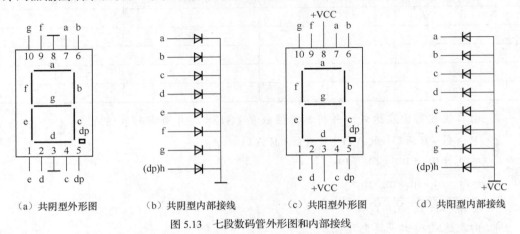

 （a）共阴型外形图 （b）共阴型内部接线 （c）共阳型外形图 （d）共阳型内部接线

图 5.13 七段数码管外形图和内部接线

LED 的工作电压较低，工作电流也不大，故可以用七段显示译码器直接驱动 LED 数码管。对于共阴型数码管，应采用高电平驱动方法；对于共阳型数码管，则采用低电平驱动方法。

2. 七段显示译码器

LED 数码管通常采用图 5.14 所示的七段字形显示方式来表示 0~9 的 10 个数字。七段显示译码器就是把输入的是 8421BCD 码，翻译成能够驱动七段数码管各对应段所需的电平。

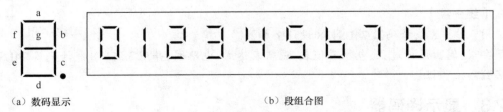

 （a）数码显示   （b）段组合图

图 5.14 七段数码管字形显示方式

74LS48 是一种七段显示译码器，图 5.15 所示为它的逻辑符号，表 5-11 是它的功能表。

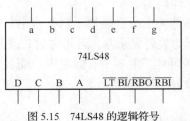

图 5.15 74LS48 的逻辑符号

表 5-11　　　　　　　　　　　　　　　74LS48 的功能表

十进制或功能	输入			BI/RBO	输出							显示数字
	$\overline{LT}$	$\overline{RBI}$	D C B A		a	b	c	d	e	f	g	
0	1	1	0 0 0 0	1	1 1 1 1 1 1 0							0
1	1	×	0 0 0 1	1	0 1 1 0 0 0 0							1
2	1	×	0 0 1 0	1	1 1 0 1 1 0 1							2
3	1	×	0 0 1 1	1	1 1 1 1 0 0 1							3
4	1	×	0 1 0 0	1	0 1 1 0 0 1 1							4
5	1	×	0 1 0 1	1	1 0 1 1 0 1 1							5
6	1	×	0 1 1 0	1	0 0 1 1 1 1 1							6
7	1	×	0 1 1 1	1	1 1 1 0 0 0 0							7
8	1	×	1 0 0 0	1	1 1 1 1 1 1 1							8
9	1	×	1 0 0 1	1	1 1 1 0 0 1 1							9
10	1	×	1 0 1 0	1	0 0 0 1 1 0 1							
11	1	×	1 0 1 1	1	0 1 1 1 0 0 1							
12	1	×	1 1 0 0	1	0 1 0 0 0 1 1							
13	1	×	1 1 0 1	1	1 0 0 1 0 1 1							
14	1	×	1 1 1 0	1	0 0 0 1 1 1 1							
15	1	×	1 1 1 1	1	0 0 0 0 0 0 0							灭零
灭灯	×	×	× × × ×	0	0 0 0 0 0 0 0							灭零
动态灭零	1	0	0 0 0 0	0	0 0 0 0 0 0 0							灭零
试灯	0	×	× × × ×	1	1 1 1 1 1 1 1							8

当输入代码小于 9 时，译码器的输出使七段数码管显示 0~9 这 10 种数字；当输入代码大于 9 时，译码器的输出使七段数码管显示一定的图形，而且这些图形应该与有效的数字有较大的区别，不至于引起混淆；当输入的代码为 1111（十进制数 15）时，译码器的输出使七段数码管的所有字段都不发光，这种状态称为"灭零"状态。

$\overline{BI}$ / RBO 既可以作为输入端使用，又可以作为输出端使用。$\overline{BI}$ / RBO 作为输入端使用时为灭灯输入端，低电平有效，即 $\overline{BI}$ =0 时，不管其他输入端为何种电平，各输出端均输出"0"，即处于"灭零"状态，该端优先权最高。

$\overline{LT}$ 为灯测试输入端。当 $\overline{BI}$ =1，$\overline{LT}$ =0 时，各字段 a~g 均输出高电平，显示数字"8"，可以对数码管进行测试，用来检查数码管各个字段是否正常。正常译码时 $\overline{LT}$ =1。

$\overline{RBI}$ 为灭零输入端。当不希望 0（例如小数点前后多余的 0）显示出来时，可以用该信号灭掉。在 $\overline{LT}$ =1 条件下，当输入端 DCBA=0000 时，若 $\overline{RBI}$ =1，显示器显示 0，同时动态灭零输出端 $\overline{RBO}$ =1；若 $\overline{RBI}$ =0，译码器各字段输出均为"0"，显示器熄灭，同时 $\overline{RBO}$ =0。

$\overline{BI}$ / RBO 作为输出端使用时称为灭零输出端。当 $\overline{LT}$ =1，$\overline{RBI}$ =0 时，若输入 DCBA=0000，不但使该译码器驱动的数码管灭零，而且输出 $\overline{RBO}$ =0。若将这个 0 送到另

一译码器的 $\overline{RBI}$ 端，可以使这个译码器驱动的数码管的 0 都熄灭。

因此，将 $\overline{BI}/\overline{RBO}$ 与相邻的译码器的 $\overline{RBI}$ 配合使用，可以消去整数有效数字之前和小数点之后，不必要显示的"0"。例如，要显示数字 008.600，人们习惯显示成 8.6，这样 8 前面的"0"和 6 后面的"0"都不需要显示，应该消隐，接成图 5.16 所示的电路即可实现。

74LS48 译码器内部输出端有 $2\text{k}\Omega$ 上拉电阻，故可以直接使用，显示电路如图 5.17 所示。但有些译码器内部没有上拉电阻，则需要在外部接上拉电阻或限流电阻，如图 5.18 所示。

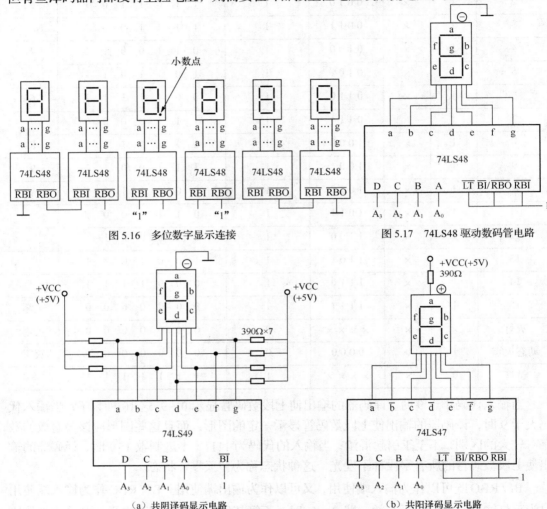

图 5.16　多位数字显示连接

图 5.17　74LS48 驱动数码管电路

（a）共阴译码显示电路　　　　（b）共阳译码显示电路

图 5.18　外接电阻的译码显示电路

【做一做】实训 5-5：七段显示译码器的设计和调试

（1）设计要求

要求设计一个译码器：使用两片 74LS00 能显示 0、5、6、9 这 4 个字形的译码逻辑电路，输入两变量 A、B。

（2）设计提示

① 要先选定 LED 数码管是共阳极还是共阴极形式。

② 要注意译码器的输出电流能否直接驱动 LED 发光，否则要加驱动器。

③ 驱动电路或译码电路输出与笔段之间要加限流电阻器。

（3）设计过程

① 选定 LED 数码管是共阳极还是共阴极形式的。（本实验 LED 数码管为共阴极，型号为 SM420501，共阴极 LED 的 COM 脚应接地。）

② 列出数码管显示状态表（见表 5-12）。

表 5-12　　　　　　　　　　　　数码管显示状态表

A	B	字形	a	b	c	d	e	f	g
0	0	0	1	1	1	1	1	1	0
0	1	5	1	0	1	1	0	1	1
1	0	6	1	0	1	1	1	1	1
1	1	9	1	1	1	1	0	1	1

③ 写出各段译码逻辑表达式。

$$a = c = d = f = \overline{A} \cdot \overline{B} + \overline{A}B + A\overline{B} + AB = 1$$

$$b = \overline{A} \cdot \overline{B} + AB = \overline{\overline{\overline{A} \cdot \overline{B}} \cdot \overline{AB}}$$

$$e = \overline{A} \cdot \overline{B} + A\overline{B} = \overline{B}$$

$$g = \overline{A}B + A\overline{B} + AB = A + B = \overline{\overline{A} \cdot \overline{B}}$$

④ 作逻辑电路图（见图 5.19）。

⑤ 根据逻辑图做出电路安装图。

⑥ 验证逻辑功能。

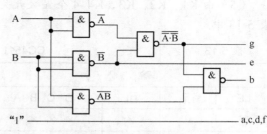

图 5.19　逻辑电路图

【做一做】实训 5-6：采用集成显示译码器 CC4511 的显示电路

七段显示译码器 CC4511 与显示译码器 74LS48 的主要区别是：CC4511 具有消隐功能。CC4511 的管脚图如图 5.20 所示。请利用显示译码器 CC4511 构成一位数码显示电路，并测试其功能。

实验步骤如下。

（1）译码器用输出高电平驱动显示器时，应该选用共阴极数码管；译码器用输出低电平驱动显示器时，应该选用共阳极数码管。

① CC4511 译码器输出高电平为有效电平，而且驱动电流大，可以直接驱动共阴 LED 数码管。其连接如图 5.21 所示。

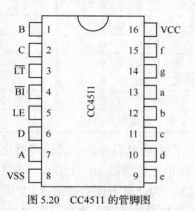

图 5.20　CC4511 的管脚图

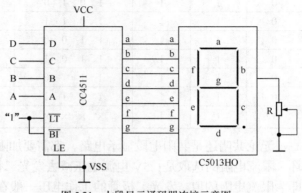

图 5.21　七段显示译码器连接示意图

② 将 A、B、C、D 分别接到 K1、K2、K3、K4 电平开关上，以便送入数码。

③ 将 a、b、c、d、e、f、g 接共阴型 LED（SM420501）（注：共阴极 LED 的 COM 脚应接地）。

④ $\overline{\text{LT}}$ 接电平开关 K8 上。

⑤ $\overline{\text{BI}}$ 接电平开关 K7 上。

⑥ LE 接电平开关 K6 上

（2）试灯输入：当 $\overline{\text{LT}}$ =0 时，不论 D（K4）、C（K3）、B（K2）、A（K1）输入状态如何，显示器应显示 8。（用于测试各发光二极管的好坏。）

（3）消隐试验：当 $\overline{\text{LT}}$ =1、$\overline{\text{BI}}$ =0 时，不论 A、B、C、D 输入状态如何，显示器应全灭。（$\overline{\text{BI}}$ 为消隐输入端，低电平有效。）

（4）锁存试验：当 $\overline{\text{LT}}$ =1，$\overline{\text{BI}}$ =1 时，在 LE 上升沿时锁存刚刚建立的状态。（LE 锁存控制端，高电平有效，正常译码时 LE=0。）

（5）由 K1、K2、K3、K4 4 个置数开关送入二进制码，记下显示器的对应字形填入表 5-13 中。

表 5-13　　　　　　　　　　　　　CC4511 功能测试表

输　入								输　出							显示数字
LE	$\overline{\text{LT}}$	$\overline{\text{BI}}$	D	C	B	A	a	b	c	d	e	f	g	
×	0	×	×	×	×	×	1	1	1	1	1	1	1	
×	1	0	×	×	×	×	0	0	0	0	0	0	0	
0	1	1	0	0	0	0	1	1	1	1	1	1	0	
0	1	1	0	0	0	1	0	1	1	0	0	0	0	
0	1	1	0	0	1	0	1	1	0	1	1	0	1	
0	1	1	0	0	1	1	1	1	1	1	0	0	1	
0	1	1	0	1	0	0	0	1	1	0	0	1	1	
0	1	1	0	1	0	1	1	0	1	1	0	1	1	
0	1	1	0	1	1	0	0	0	1	1	1	1	1	
0	1	1	0	1	1	1	1	1	1	0	0	0	0	
0	1	1	1	0	0	0	1	1	1	1	1	1	1	
0	1	1	1	0	0	1	1	1	1	1	0	1	1	
0	1	1	1	0	1	0	0	0	0	0	0	0	0	
0	1	1	1	0	1	1	0	0	0	0	0	0	0	
0	1	1	1	1	0	0	0	0	0	0	0	0	0	
0	1	1	1	1	0	1	0	0	0	0	0	0	0	
0	1	1	1	1	1	0	0	0	0	0	0	0	0	
0	1	1	1	1	1	1	0	0	0	0	0	0	0	
1	1	1	×	×	×	×	在 LE 由 0 变 1 时由输入决定							

无论共阴还是共阳七段显示电路，都需要加限流电阻，否则通电后会把七段译码管烧坏。限流电阻的选取是：5V 电源电压减去发光二极管的工作电压再除以 10～15mA，得数即为限流电阻的值。发光二极管的工作电压一般在 2.2～4.8V，为计算方便，通常选 2V 即可。发光二极管的工作电流选取为 10～20mA，电流选小了，七段数码管不太亮，选大了，发光管易烧坏。

实训任务 5.3　数据选择器应用电路的设计

知识要点

- 理解数据选择器的逻辑功能。
- 了解数据选择器在多路数据传输、数据通道扩展及实现逻辑函数功能方面的应用。

技能要点

- 能检测常见数据选择器的逻辑功能，会利用数据选择器设计典型的逻辑电路。

数据选择器又称多路开关，其功能是在选择输入（又称地址输入）信号的作用下，在多个数据输入通道中选择某一通道的数据传输至输出端。常用的数据选择器芯片有 4 选 1（如 74LS153）、8 选 1（如 74LS151）等产品。

5.3.1　双 4 选 1 数据选择器 74LS153

图 5.22（a）所示为集成双 4 选 1 数据选择器 74LS153 中的一个 4 选 1 数据选择器电路，其逻辑符号如图 5.22（b）所示，管脚图如图 5.22（c）所示。

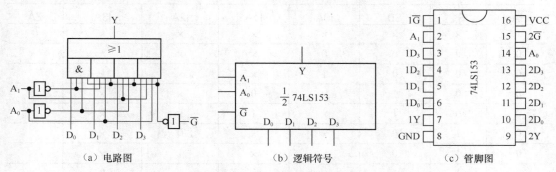

（a）电路图　　　　　（b）逻辑符号　　　　　（c）管脚图

图 5.22　双 4 选 1 数据选择器 74LS153

74LS153 包含两个完全相同的 4 选 1 数据选择器，其中 A_1、A_0 是公共的控制信号（也称地址信号），$D_3 \sim D_0$ 是数据输入端，Y 是数据输出端，$1\overline{G}$ 和 $2\overline{G}$ 是附加控制端。当 $1\overline{G} = 0$ 或者 $2\overline{G} = 0$ 时，由逻辑电路图写出一个数据选择器的输出表达式

$$Y = D_0 \overline{A_1}\,\overline{A_0} + D_1 \overline{A_1} A_0 + D_2 A_1 \overline{A_0} + D_3 A_1 A_0$$

在 $A_1 A_0$ 控制下，输出 Y 从 4 个数据输入中选出需要的一个作为输出，所以称为数据选择器。其功能见表 5-14。

表 5-14　　　　　　　　　　　　　　74LS153 功能表

使能端	地址输入控制端		输出
$\overline{G}$（$1\overline{G}$ 、 $2\overline{G}$）	A_1	A_0	1Y(2Y)
1	×	×	0
0	0	0	D_0
0	0	1	D_1
0	1	0	D_2
0	1	1	D_3

【做一做】实训 5-7：测试 74LS153 中一个 4 选 1 数据选择器的逻辑功能

实训流程如下所示。

① 4 个数据输入管脚 I0A、I1A、I2A、I3A 分别接电平开关 K5、K6、K7、K8，输出端 ZA 接电平指示（见图 5.23），使能管脚 $\overline{EA}$ 和地址输入管脚 S0、S1 分别接电平开关 K1、K2、K3，改变 S0、S1、$\overline{EA}$ 的电平，观察电平指示灯情况，将结果填入表 5-15 中。

② 4 个数据输入管脚 I0A、I1A、I2A、I3A 分别接实验台上的 5MHz、1MHz、500kHz、100kHz 脉冲源，使能管脚 $\overline{EA}$ 和地址输入管脚 S0、S1 分别接不同电平，产生 8 种不同的组合，观察每种组合下数据选择器的输出波形。

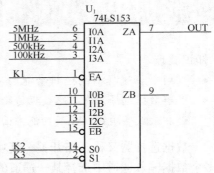

图 5.23　74LS153 实验接线

表 5-15　　　74LS153 实验表

选通	输入选择		数据输入				输出
$\overline{EA}$	S1	S0	I0A	I1A	I2A	I3A	ZA
1	×	×	×	×	×	×	0
0	0	0	0	×	×	×	
0	0	0	1	×	×	×	
0	0	1	×	0	×	×	
0	0	1	×	1	×	×	
0	1	0	×	×	0	×	
0	1	0	×	×	1	×	
0	1	1	×	×	×	0	
0	1	1	×	×	×	1	

5.3.2　8 选 1 数据选择器 74LS151

74LS151 有 3 个地址输入端 A_2、A_1、A_0，8 个数据输入端 $D_7 \sim D_0$，两个互补输出的数据输出端 Y 和 $\overline{Y}$，还有一个控制输入端 $\overline{G}$。其逻辑符号如图 5.24 所示，功能见表 5-16。

$\overline{G}$ 为低电平有效。当 $\overline{G}$ =1 时，电路处在禁止状态，输出 Y 为 0；当 $\overline{G}$ =0 时，电路处在工作状态，由地址输入端 A_2、A_1、A_0 的状态决定哪一路信号送到 Y 和 $\overline{Y}$。

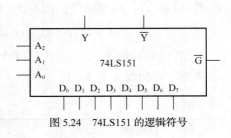

图 5.24　74LS151 的逻辑符号

表 5-16　　　74LS151 功能表

控制输入端	地址输入端			输出
$\overline{G}$	A_2	A_1	A_0	Y
1	×	×	×	0
0	0	0	0	D_0

续表

控制输入端	地址输入端			输出
$\overline{G}$	A_2	A_1	A_0	Y
0	0	0	1	D_1
0	0	1	0	D_2
0	0	1	1	D_3
0	1	0	0	D_4
0	1	0	1	D_5
0	1	1	0	D_6
0	1	1	1	D_7

5.3.3　应用举例

1. 功能扩展

用两片 8 选 1 数据选择器 74LS151，可以构成 16 选 1 数据选择器，具体电路如图 5.25 所示。

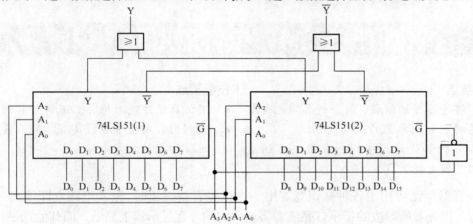

图 5.25　用 74LS151 构成 16 选 1 数据选择器电路

2. 实现组合逻辑函数

【例 5-2】　试用 8 选 1 数据选择器 74LS151 及门电路产生逻辑函数

$$F(A，B，C，D)=\sum\nolimits_m(0，5，8，9，10，11，14，15)$$

解：$F=\sum\nolimits_m(0，5，8，9，10，11，14，15)$

$=\overline{A}\,\overline{B}\,\overline{C}\,\overline{D}+\overline{A}B\overline{C}D+A\overline{B}\,\overline{C}\,\overline{D}+A\overline{B}\,\overline{C}D+A\overline{B}C\overline{D}+A\overline{B}CD+ABC\overline{D}+ABCD$

$=\overline{D}\,\overline{A}\,\overline{B}\,\overline{C}+D\overline{A}B\overline{C}+(\overline{D}+D)\,A\overline{B}\,\overline{C}+(\overline{D}+D)\,A\overline{B}C+(\overline{D}+D)\,ABC$

$=\overline{D}\,\overline{A}\,\overline{B}\,\overline{C}+D\overline{A}B\overline{C}+A\overline{B}\,\overline{C}+A\overline{B}C+ABC$

将 A、B、C 分别从 A_2、A_1、A_0 输入作为输入变量，把 Y 输出作为 F，根据 8 选 1 数据选择器的逻辑功能，令

$D_2=D$，$D_0=\overline{D}$，$D_4=D_5=D_7=1$，$D_1=D_3=D_6=0$，$\overline{G}=0$

即可实现题目要求的逻辑函数，电路如图 5.26 所示。

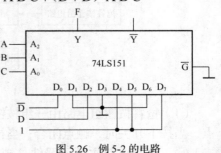

图 5.26　例 5-2 的电路

【做一做】实训 5-8：4 人多数表决器电路设计

（1）设计要求

某比赛裁判判定电路的具体要求为：设有 4 名裁判，当 3 名及以上裁判判定合格时，运动员的动作为成功，并发出成功的信号。

（2）设计步骤

① 根据题意列出真值表。

② 写出 74LS151 芯片所需要的逻辑表达式。

③ 画出逻辑图。

④ 根据逻辑图做出电路的安装图。

⑤ 根据安装图完成电路安装。

⑥ 验证裁判判定电路的逻辑功能。

【练一练】

设计用 3 个开关控制一个电灯的逻辑电路，要求改变任何一个开关的状态都能控制电灯由亮变灭或者由灭变亮。要求用双 4 选 1 数据选择器 74LS153 实现此功能。

实训任务 5.4　抢答器电路的设计

知识要点

- 了解抢答器的组成，能分析各单元电路的功能和抢答器的工作过程。
- 能分析和设计用中规模集成芯片组成的逻辑电路。

技能要点

- 用仿真软件能对抢答器进行仿真调试。
- 能利用常用的中规模集成芯片，设计简单、常用的功能电路。

抢答器广泛应用于各种知识竞赛中。当抢先者按按钮时，输入电路立即输出一个抢答信号，抢先者所对应的指示灯亮或者将选手的编号在显示器上显示，而其他选手再按按钮无效。抢答器可以通过分立门电路、中规模集成电路或单片机等多种方式实现。实训 4-7 所设计的抢答器是用基本门电路构成的简易型抢答器，通过对应的发光二极管（指示灯）被点亮来表示抢答成功。本设计用中规模集成电路来设计具有显示选手编号的抢答器。

5.4.1　抢答器的组成

本实训任务抢答器的组成如图 5.27 所示，它主要由抢答按钮组电路、锁存电路、锁存控制电路、编码电路、译码显示电路等几部分组成。

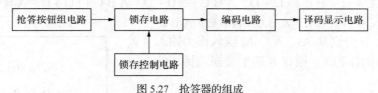

图 5.27　抢答器的组成

（1）抢答按钮组电路由一组按钮组成，每一名竞赛者控制一个按钮。按钮为常开型触点，当按下开关时，触点闭合；当松开开关时，触点能自动复位而断开。

（2）锁存电路主要元器件是锁存器。当该锁存器的使能端为有效电平（如低电平）

时，将当前输出锁定，并阻止新的输入信号通过锁存器。

（3）锁存控制电路根据要求使锁存电路处于锁存或解锁状态。一轮抢答完成后，应将锁存电路的封锁解除，使锁存器重新处于等待接收状态，以便进行下一轮的抢答。

（4）编码电路将锁存电路输出端产生的电平信号，编码为相应的 3 位二进制数码。

（5）译码显示电路将编码电路输出的二进制数码，经显示译码器，转换为数码管所需的逻辑电平，驱动 LED 数码管显示相应的十进制数码。

编码电路、译码显示电路在前面已作介绍，这里简单介绍锁存器的知识。

5.4.2   8 路数据锁存器 74LS373

74LS373 是 8 路数据锁存器，它能够记忆、锁存数据，其管脚图和逻辑符号如图 5.28 所示，功能见表 5-17。

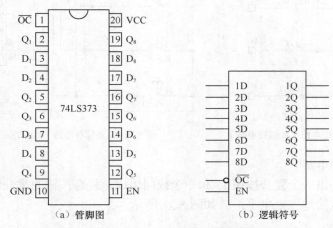

图 5.28   8 路数据锁存器 74LS373 的管脚图和逻辑符号

表 5-17　　　　　　　　　　8 路数据锁存器 74LS373 功能表

输　　　入			输　　　出
$\overline{OC}$	EN	D	Q
0	1	1	1
0	1	0	0
0	0	×	Q^n
1	×	×	Z

从表中可以看出，$\overline{OC}$ 为三态控制端（低电平有效），当 $\overline{OC}$ =1 时，8 个输出端均为高阻态（功能表中的 Z 表示高阻态）。$\overline{OC}$ =0 时，若使能端 EN=1，则锁存器处于接收数据状态，输出端 $Q_1 \sim Q_8$ 随着输入端数据 $D_1 \sim D_8$ 的变化而变化；若使能端 EN=0，锁存器处于锁存数据状态，输出端的数据锁存不变。

5.4.3   电路设计及元器件的选择

1. 电路组成和元器件的选择

（1）抢答按钮组电路

图 5.29 所示为 4 路抢答按钮组电路，4 个按钮均为常开型触点。

（2）锁存电路

锁存电路元器件是 8 路锁存器 74LS373，如图 5.30 所示。

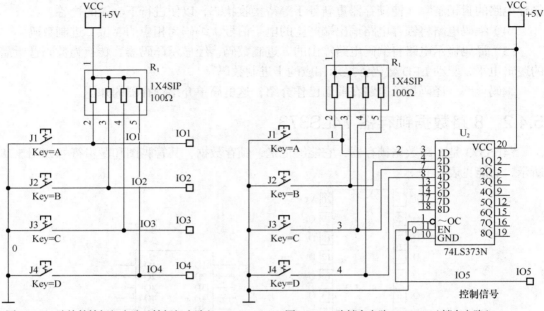

图 5.29　4 路抢答按钮组电路（按钮组电路）　　　　图 5.30　8 路锁存电路 74LS373（锁存电路）

（3）锁存控制电路

锁存控制电路由一个复合按钮 J5 和一个或门组成，复合按钮的常开触点接电源（高电平），而常闭触点接地（低电平），如图 5.31 所示。

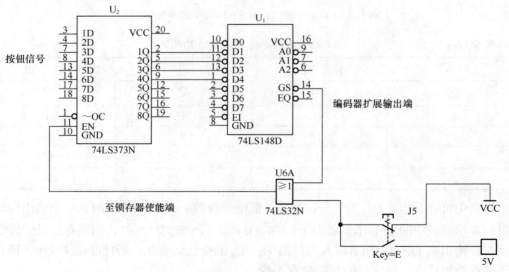

图 5.31　锁存控制电路

（4）编码电路

图 5.32 所示为编码电路，74LS148D 为 8 线–3 线优先编码器。当 $\overline{EI}$ 接低电平，编码器处于工作状态，任何一端输入有效信号（低电平）时，输出为相应编号的 3 位二进制数码。由于输出的数码为反码，用非门将其转换成原码，同时扩展端 $\overline{GS}$ 输出高电平。当编码器的

输入端均为高电平时,扩展端 $\overline{GS}$ 输出低电平,表示"此片工作,但无有效信号输入"。

（5）译码显示电路

图 5.33 所示为译码显示电路。显示译码器采用 74LS48N,数码管采用共阴极型,显示相应的十进制数码。数码管显示与否,由编码器 $\overline{GS}$ 端控制。

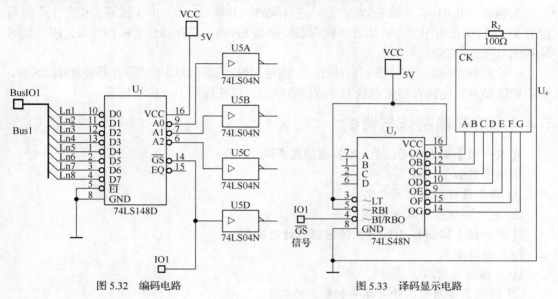

图 5.32   编码电路   图 5.33   译码显示电路

2. 工作过程分析

4 人抢答器总体电路如图 5.34 所示。

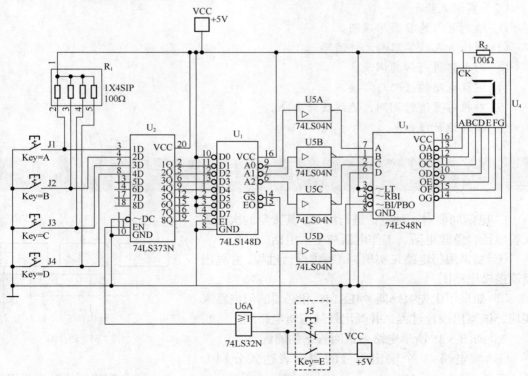

图 5.34   4 人抢答器总体电路

当按钮未被按下时，编码器 74LS148D1～D4 各端均为高电平，编码器处于工作，但"无有效信号输入状态"，$\overline{GS}$=1，通过或门，使锁存器使能端 EN=1，处于等待接收状态。

当按下某一按钮时，低电平脉冲输入锁存器，锁存器 Q 端输出信号等于输入信号，输入至编码器 74LS148。编码器对该信号进行编码，并使 $\overline{GS}$=0。由于抢答器正常工作时双控开关 J5 置于低电平状态，因此，锁存器使能端 EN=0，锁存器处于锁存状态，阻止新的输入信号通过锁存器。

一轮抢答完成后，按一下复合按钮 J5，高电平脉冲通过或门可使锁存器使能端 EN=1，电路解除锁存，使锁存器重新处于等待接收状态，以便进行下一轮的抢答。

5.4.4 抢答器制作与调试

【做一做】实训 5-9：4 人抢答器仿真调试

实训流程如下所示。

① 根据设计绘制仿真电路。

② 对电路进行仿真调试。

【做一做】实训 5-10：8 人抢答器设计与制作

（1）设计要求

① 8 路开关输入。

② 稳定显示与输入开关编号相对应的数字。

③ 显示具有第一性和唯一性。

④ 一轮抢答完成后，能进行解锁，准备下一轮抢答。

（2）实训流程

① 绘制 8 人抢答器原理图。

② 列出 8 人抢答器的元件清单。

③ 对电路进行仿真调试。

④ 完成电路的装配与焊接。

⑤ 对抢答器进行调测，达到设计要求。

⑥ 撰写设计报告。

习　题

1. 电信局要对 4 种电话进行编码，其紧急的次序为火警电话、急救电话、工作电话和生活电话。

① 如果用门电路来实现，试写出设计过程，并画出最简逻辑电路图。

② 如果用优先编码器 74LS148 和必要的门电路来实现，试写出设计过程，并画出最简逻辑电路图。

2. 如图 5.35 所示电路，试回答下列问题。

① 该电路 3 个输出信号的逻辑表达式分别为

Y_2=_____，Y_1=_____，Y_0=_____，根据写出的逻辑表达

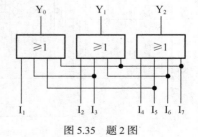

图 5.35　题 2 图

式，将该电路的真值表填入表 5-18 中。

表 5-18　　　　　　　　　　　　　　题 2 表

I	Y_2	Y_1	Y_0
I_0			
I_1			
I_2			
I_3			
I_4			
I_5			
I_6			
I_7			

② 该电路是由 3 个或门组成的_____位_____进制_____器。

③ 该电路输入信号为_____电平有效，当输入 $I_5 = 1$、其余输入为低电平时，则输出 $Y_2 Y_1 Y_0 =$_____；当输入 $I_1 \sim I_7$ 均为低电平时，输出 $Y_2 Y_1 Y_0 =$_____。

④ 该电路输入信号数目 $N=$_____，若输入信号为 16 个，则应该用_____个或门实现这种电路。

3. 设计一个编码器，输入是 5 个信号，输出是 3 位二进制码，其真值表见表 5-19。

4. 设计一个六进制译码器，其真值表见表 5-20，其中 $A_2 A_1 A_0 = 110$，111 为无效状态，可作约束项处理。

表 5-19　　　题 3 表

输入					输出		
I_0	I_1	I_2	I_3	I_4	Y_2	Y_1	Y_0
1	0	0	0	0	0	0	1
0	1	0	0	0	0	1	0
0	0	1	0	0	0	1	1
0	0	0	1	0	1	0	0
0	0	0	0	1	1	0	1

表 5-20　　　题 4 表

A_2	A_1	A_0	Y_5	Y_4	Y_3	Y_2	Y_1	Y_0
0	0	0	0	0	0	0	0	1
0	0	1	0	0	0	0	1	0
0	1	0	0	0	0	1	0	0
0	1	1	0	0	1	0	0	0
1	0	0	0	1	0	0	0	0
1	0	1	1	0	0	0	0	0

5. 用指定的集成电路及门电路产生逻辑函数：
$Z = \overline{A} B \overline{C} + A \overline{B} C + B C$。

① 3 线 − 8 线译码器 74LS138。

② 8 选 1 数据选择器 74LS151。

6. 3 线−8 线译码器 74LS138 连接如图 5.36 所示，写出它实现的最简函数表达式 S 和 C_0，并分析其逻辑功能。

7. 试分析图 5.37 所示的电路，要求列出真值表，写出最简函数表达式。

8. 用 8 选 1 数据选择器 74LS151 产生逻辑函数。

① $F_1(A, B, C, D) = \sum m(0, 2, 3, 5, 8, 10, 14, 15)$

② $F_2(A, B, C, D) = \sum m(0, 1, 2, 5, 8, 10, 12, 13)$

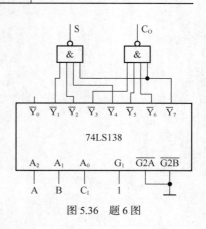

图 5.36　题 6 图

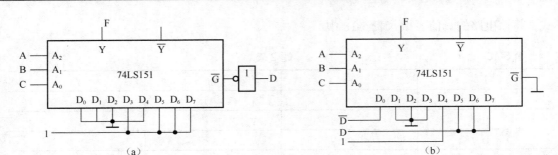

图 5.37　题 7 图

9. 有红、黄、绿 3 只指示灯，用来指示 3 台设备的工作情况，当 3 台设备都正常工作时，绿灯亮；当有一台设备有故障时，黄灯亮；当有两台设备同时发生故障时，红灯亮；当 3 台设备同时发生故障时，黄灯和红灯同时亮。试写出用 74LS138 实现红、黄、绿灯点亮的逻辑函数表达式，并画出接线图。

10. 用一片双 4 选 1 数据选择器 74LS153 和必要的门电路组成 8 选 1 数据选择器。

11. 某医院有 7 间病房：1，2，…，7 依次减轻，试用 74LS148、74LS48、半导体数码管组成一个呼叫、显示电路。

要求：有病人按下呼叫开关时，显示电路显示病房号（提示：可用 74LS148 的扩展端 $\overline{GS}$ 作为 74LS48 的灭灯信号）。

项目6　时序逻辑电路的分析与设计

实训任务6.1　集成触发器功能测试

知识要点

- 熟悉基本 RS 触发器的电路组成，掌握其逻辑功能，理解其工作原理。
- 了解同步 RS 触发器的电路结构，掌握其逻辑功能。
- 掌握几种触发方式的触发特点，能正确画出触发波形。
- 掌握 RS 触发器、D 触发器、JK 触发器、T 触发器的逻辑功能，能用功能表、状态真值表、特性方程、状态转换图和时序图等多种方法来描述逻辑功能。
- 掌握常用集成触发器及其应用方法。

技能要点

- 具有查阅集成触发器等集成电路的能力。
- 会识读集成触发器等集成电路的管脚。
- 能检测常用的集成触发器的逻辑功能。

6.1.1　RS 触发器

1. 触发器的基本概念

触发器是时序逻辑电路中最基本的电路器件，它是由门电路合理连接而成的（其中总有交叉耦合而成的正反馈环路），它与组合逻辑电路不同之处是具有"记忆"功能。

触发器有以下特点。

① 具有两个稳定存在的状态。触发器有两个输出端，分别用 Q 和 $\bar{Q}$ 表示。正常情况下，Q 和 $\bar{Q}$ 总是逻辑互补的。约定 Q 端的状态为触发器的状态，即 Q=1，$\bar{Q}$=0 为触发器"1"状态；Q=0，$\bar{Q}$=1 为触发器"0"状态。

② 在外加信号的作用下（称为触发）可以由一种状态转换成另一种状态（称为翻转），即可以由"0"状态翻转成"1"状态，或由"1"状态翻转成"0"状态。

③ 输入信号消失后，触发器能够把对它的影响保留下来，即具有记忆功能。

触发器有许多种，按照电路的结构形式进行分类，可以分为基本 RS 触发器、同步触发器（也称为时钟控制触发器）、主从触发器、维持阻塞触发器、边沿触发器等。各类触发器可以由 TTL 电路组成，也可以由 CMOS 电路组成。

2. 基本 RS 触发器

（1）电路组成

将两个门电路的输入端与输出端交叉耦合就组成一个基本 RS 触发器。其可以用两个与非门组成，也可以用两个或非门组成，集成触

基本 RS 触发器

发器中前者多见，我们以与非门组成的触发器为例进行介绍。

用与非门组成的基本 RS 触发器的逻辑图如图 6.1（a）所示，其逻辑符号如图 6.1（b）所示。

$\overline{S}_D$、$\overline{R}_D$ 为信号输入端，非号表示低电平有效（即低电平为有效的输入信号），在逻辑符号上用两个小圈表示。Q 和 $\overline{Q}$ 为两个输出端，正常工作时，两个输出端总是互补的。

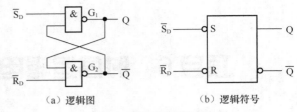

（a）逻辑图　　　　（b）逻辑符号

图 6.1　基本 RS 触发器

【测一测】实训 6-1：基本 RS 触发器功能测试

实训流程如下所示。

① 将两个 TTL 与非门 74LS00 首尾相连构成基本 RS 触发器，如图 6.1 所示。

② 在图 6.1 中将两个输入端 $\overline{S}_D$、$\overline{R}_D$ 接实验箱的逻辑电平开关，Q、$\overline{Q}$ 端接发光二极管。按表 6-1 的顺序在 $\overline{S}_D$、$\overline{R}_D$ 端加输入信号，观察 Q、$\overline{Q}$ 端的输出状态，将结果填入表 6-1 中，并说明其逻辑功能。

表 6-1　　　　　　　　　　　基本 RS 触发器功能表

输　入		输　出		逻辑功能
$\overline{S}_D$	$\overline{R}_D$	Q	$\overline{Q}$	
0	1			
1	0			
1	1			（Q 原状态为 1 时）
				（Q 原状态为 0 时）
0	0			

（2）逻辑功能

由于触发器输出端的状态会随着加入输入信号的变化而变化，为了区分加入信号之前的触发器的状态和加入输入信号以后触发器的状态，我们规定加入输入信号之前触发器输出端的状态称为原状态，用 Q^n 和 $\overline{Q^n}$ 表示；加入输入信号之后触发器输出端的状态称为新状态，用 Q^{n+1} 和 $\overline{Q^{n+1}}$ 表示。

将基本 RS 触发器的输入信号、触发器的原状态及触发器的新状态列成表格即为基本 RS 触发器的状态真值表，见表 6-2。

表 6-2　　　　　　　　　　基本 RS 触发器的状态真值表

输入		原状态	输出	逻辑功能
$\overline{R}_D$	$\overline{S}_D$	Q^n	Q^{n+1}	
0	1	0	0	置0
0	1	1	0	
1	0	0	1	置1
1	0	1	1	
1	1	0	0	保持
1	1	1	1	
0	0	0	×	不确定
0	0	1	×	

【功能分析】

① $\overline{R}_D=0$、$\overline{S}_D=1$，触发器的逻辑功能为"置0"，表示为 $Q^{n+1}=0$，$\overline{Q^{n+1}}=1$。

$\overline{R}_D=0$ 时，无论 $\overline{Q^n}$（原状态）如何，都可使 $\overline{Q^{n+1}}=1$，反馈到 G_1 的输入端，使 G_1 的输入全"1"，所以 G_1 输出 $Q^{n+1}=0$。$Q^{n+1}=0$ 再反馈到 G_2 的输入端，使 G_2 的输出 $\overline{Q^{n+1}}$ 保持状态不变，即使此时 $\overline{R}_D=0$ 的低电平信号消失，由于有 $Q^{n+1}=0$ 的作用，G_2 的输出也不会改变，一直保持到有新的输入信号到来。$\overline{R}_D$ 输入端称为"置0"输入端，或称为"复位端"。

② $\overline{S}_D=0$、$\overline{R}_D=1$，触发器的逻辑功能为"置1"，表示为 $Q^{n+1}=1$，$\overline{Q^{n+1}}=0$。

$\overline{S}_D=0$，使 $Q^{n+1}=1$，反馈到 G_2 的输入端，使 G_2 的输入全"1"，所以 G_2 输出 $\overline{Q^{n+1}}=0$。$\overline{Q^{n+1}}=0$ 再反馈到 G_1 的输入端，即使 $\overline{S}_D=0$ 的低电平信号消失，也能保证 $Q^{n+1}=1$。$\overline{S}_D$ 端称为"置1"输入端，或称为"置位端"。

③ $\overline{R}_D=1$、$\overline{S}_D=1$，触发器保持原状态不变，表示为 $Q^{n+1}=Q^n$，$\overline{Q^{n+1}}=\overline{Q^n}$。

$\overline{R}_D=1$、$\overline{S}_D=1$ 表示触发器没有有效的输入信号，触发器应该保持原状态不变。

设触发器原状态为"0"状态，即 $Q^n=0$，$\overline{Q^n}=1$。$Q^n=0$ 使 $\overline{Q^{n+1}}=1$，反馈到 G_1 的输入端，使 G_1 输入全"1"，所以 G_1 输出 $Q^{n+1}=0$，即 $Q^{n+1}=Q^n=0$，电路保持"0"状态。

设触发器原状态为"1"状态，即 $Q^n=1$，$\overline{Q^n}=0$。$\overline{Q^n}=0$ 使 $Q^{n+1}=1$，反馈到 G_2 的输入端，使 G_2 输出 $\overline{Q^{n+1}}=0$，即 $Q^{n+1}=Q^n=1$。电路保持"1"状态。

根据分析有如下结论：无论触发器的原状态如何，只要输入 $\overline{R}_D=1$、$\overline{S}_D=1$ 触发器都保持原状态不变。

④ $\overline{R}_D=0$、$\overline{S}_D=0$，触发器的状态不确定，可以用"×"表示。

$\overline{R}_D=0$，使 $\overline{Q^{n+1}}=1$；$\overline{S}_D=0$，使 $Q^{n+1}=1$，此时两个输出端 Q 和 $\overline{Q}$ 不再互补，即不是定义的"0"状态，也不是定义的"1"状态，属于非正常的工作情况，这是不允许的。当 $\overline{R}_D$、$\overline{S}_D$ 同时由"0"回到"1"时，无法确定触发器将回到"0"状态还是回到"1"状态。我们把这种不允许在 $\overline{R}_D$、$\overline{S}_D$ 同时输入低电平信号称为约束条件。可以表示为 $\overline{R}_D+\overline{S}_D=1$。即正常工作时输入信号应该满足 $\overline{R}_D+\overline{S}_D=1$ 的约束条件。

3. 同步 RS 触发器

在实际的数字系统中，通常由时钟脉冲 CP（也称为同步信号）来控制触发器按一定的节拍同步动作，即在控制信号到来时，根据输入信号统一更新触发器状态。这种有时钟控制端的触发器称为同步触发器，或称为时钟控制触发器。

（1）电路结构

同步 RS 触发器是在 G_1 和 G_2 组成的基本 RS 触发器的基础上，增加用来引入 R、S 及 CP 信号的两个与非门 G_3、G_4 而构成，其电路如图6.2（a）所示，逻辑符号如图6.2（b）所示。

（2）逻辑功能分析

① 无时钟脉冲作用时（CP=0），G_3、G_4 输出高电平，无论输入信号 R、S 怎样变化，基本 RS 触发器的输入端 $\overline{S}_D$、$\overline{R}_D$ 总是为1，所以触发器保持原状态不变。

② 有时钟脉冲作用时（CP=1），G_3、G_4 的输入完全取决于输入信号 R、S，并根据 RS 的状态更新触发器的状态。

同步 RS 触发器

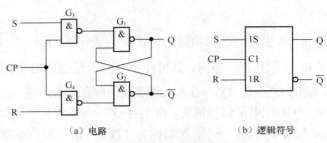

（a）电路　　　　　　　　（b）逻辑符号

图 6.2　同步 RS 触发器

同步 RS 触发器的状态真值表见表 6-3。

表 6-3　　　　　　　　　　　同步 RS 触发器的状态真值表

输入			输出 Q^{n+1}		逻辑功能
S	R	Q^n	CP=0	CP=1	
0	0	0		0	保持
0	0	1		1	
0	1	0		0	置 0
0	1	1	保持	0	
1	0	0		1	置 1
1	0	1		1	
1	1	0		×	不确定
1	1	1		×	

同步 RS 触发器的输入仍有约束，即 RS 不能同时为 "1"，可以表示为 RS=0。

在一般情况下，在 G_3、G_4 门上还有两个不受时钟脉冲控制端 $\overline{R}_D$、$\overline{S}_D$ 可直接置 0、置 1。$\overline{R}_D$ 称为异步置 0 端，$\overline{S}_D$ 称为异步置 1 端。逻辑电路及逻辑符号如图 6.3 所示。

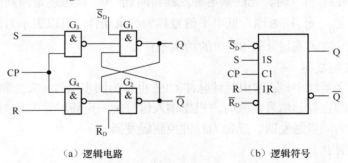

（a）逻辑电路　　　　　　　　（b）逻辑符号

图 6.3　带异步控制端同步 RS 触发器

【例 6-1】　图 6.2（b）所示的触发器中的 CP、S、R 波形如图 6.4 所示，试画出 Q 和 $\overline{Q}$ 的波形，设初始状态 Q=0，$\overline{Q}$=1。

解：图 6.2（b）所示的是同步 RS 触发器，属电平触发，在 CP=1 期间，Q 和 $\overline{Q}$ 端跟随 S、R 变化，Q 和 $\overline{Q}$ 波形如图 6.4 所示。

在 CP=1 期间，当触发器的输入 S=R=1 时，Q=$\overline{Q}$=1；接着进入 CP=0 以及 CP=1 且 S=R=0 期间，此时 Q 和 $\overline{Q}$ 的状态不能预先确定，

RS 触发器的应用——消颤开关

通常用虚线或阴影注明，以表示触发器处于不定状态，直至输入信号出现置 0 或置 1 信号时，输出的波形才可以确定。

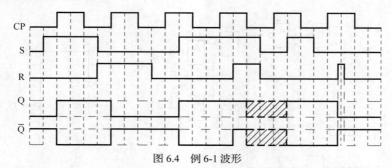

图 6.4　例 6-1 波形

从图 6.4 中可以看到，在第 6 个 CP 高电平期间，若 S=R=0，则触发器的输出状态应保持不变。但由于在此期间 R 端出现了一个干扰脉冲，触发器原来的"1"状态就变成了"0"状态。可见，电平触发的触发器，其抗干扰能力较差。

6.1.2　触发器的常见触发方式

触发器触发方式有异步触发和同步触发（即时钟脉冲触发）。同步触发又有同步式触发、边沿式触发和主从式触发等几种类型。

1.　同步式触发

同步式触发采用电平触发方式，一般为高电平触发，即在 CP 高电平期间，触发器输出状态由输入信号 R 和 S 决定。

在 CP=1 期间，只要输入信号 R、S 的状态发生变化，触发器的输出状态就会随之变化，因而不能保证在一个 CP 脉冲期间内触发器只翻转一次。同步触发器在一个 CP 脉冲期间，出现两次或两次以上翻转的现象称为空翻。在数字电路的许多应用场合中是不允许空翻现象存在的。

图 6.5 所示为同步式 RS 触发器的工作波形图（又称时序图）。

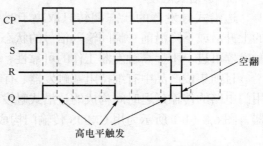

图 6.5　同步式 RS 触发器的工作波形

2.　主从式触发

主从式触发由两级触发器构成，其中一级直接接收输入信号，称为主触发器，另一级接收主触发器的输出信号，称为从触发器。两级触发器的时钟信号互补，可有效地克服空翻现象。

图 6.6 所示为主从 RS 触发器的结构。其中图 6.6（a）所示为主从 RS 触发器的逻辑图，图 6.6（b）所示为主从 RS 触发器的逻辑符号。

当 CP=1 时，主触发器接收 R、S 的输入信号，并将其保存在 Q' 和 $\overline{Q'}$ 两端。同时由于 $CP'=0$，G_3、G_4 被封，主触发器保存在 Q' 和 $\overline{Q'}$ 两端的状态，不能送到触发器的输出端，即 Q 和 $\overline{Q}$ 并不更新状态。

当 CP 脉冲的下降沿（用 ↘ 符号表示）到来时，CP=0、$CP'=1$，$CP'=1$ 把 G_3、G_4 打开，将 Q' 和 $\overline{Q'}$ 保存的信号送到触发器的输出端，使触发器更新状态。与此同时，由于 CP=0，

G_7、G_8 被封，R、S 信号不能影响主触发器的状态。因此在一个 CP 脉冲期间，触发器的状态只改变一次。

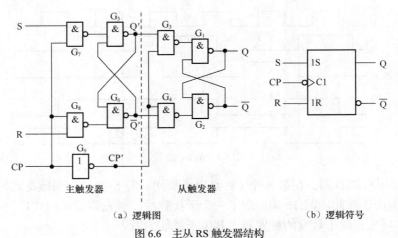

（a）逻辑图　　　　　　　　　　（b）逻辑符号

图 6.6　主从 RS 触发器结构

　　总之，主从触发器的工作方式为：CP=1 期间主触发器工作而从触发器不工作，将输入信号保存在主触发器的 Q' 和 $\overline{Q'}$ 端；当 CP 脉冲的下降沿到来，主触发器不工作而从触发器工作，将主触发器保存的状态送到输出端。主从式 RS 触发器波形如图 6.7 所示。

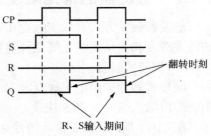

图 6.7　主从式 RS 触发器波形

3. 边沿式触发

　　边沿式触发器的状态翻转只取决于时钟脉冲的上升沿或下降沿前一瞬间输入信号的状态，而与其他时刻的输入信号状态无关。边沿式触发器可进一步提高触发器工作的可靠性，增强抗干扰能力。

　　目前集成产品中有维持阻塞触发器、有利用 CMOS 传输门构成的边沿式触发器、有利用门电路的传输延迟时间构成的边沿式触发器等多种。图 6.8（a）所示为维持阻塞 D 触发器，图 6.8（b）所示为用 CMOS 传输门构成的边沿式 D 触发器。

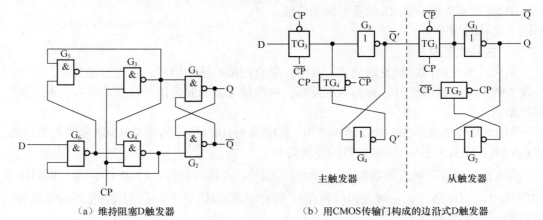

（a）维持阻塞 D 触发器　　　　　（b）用 CMOS 传输门构成的边沿式 D 触发器

图 6.8　边沿式 D 触发器

边沿式触发器根据时钟脉冲的上升沿或下降沿触发的不同，可分为正边沿触发器（上升沿触发器）和负边沿触发器（下降沿触发器）两类。图 6.9 所示为上升沿触发 RS 触发器波形，图 6.10 所示为下降沿触发 RS 触发器波形。

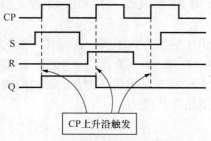

图 6.9　上升沿触发 RS 触发器波形

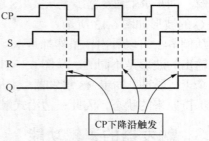

图 6.10　下降沿触发 RS 触发器波形

图 6.11 所示为上升沿触发 RS 触发器的逻辑符号，图 6.12 所示为下降沿触发 RS 触发器的逻辑符号。

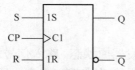

图 6.11　上升沿触发 RS 触发器的逻辑符号

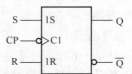

图 6.12　下降沿触发 RS 触发器的逻辑符号

【例 6-2】　在 RS 触发器中，CP、R、S 端的信号变化状态如图 6.13 所示，试分析同步 RS 触发器（见图 6.2）、主从式 RS 触发器（见图 6.6）、上升沿 RS 触发器（见图 6.11）、下降沿 RS 触发器（见图 6.12）的输出端 Q 的波形（设 Q 初始为 0 状态）。

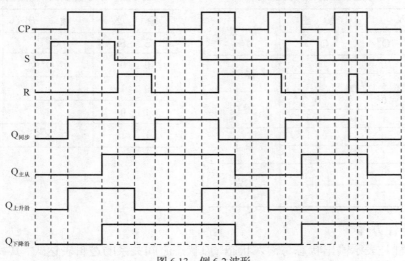

图 6.13　例 6-2 波形

解题方法如下。

① 同步 RS 触发器属电平触发，在 CP=1 期间，触发器 Q 端跟随 S、R 变化。

② 主从式 RS 触发器属脉冲触发，主触发器跟随 CP=1 期间的 S、R 变化，从触发器（总输出端 Q）不变。当 CP 脉冲下降沿到来时，主触发器锁定 CP 脉冲下降沿前的最后一个 S、R 有效信号，从触发器（总输出端 Q）根据主触发器锁定的信号变化。

③ 上升沿 RS 触发器属脉冲触发，触发器 Q 端跟随 CP 脉冲上升沿时刻的输入信号变化。

④ 下降沿 RS 触发器属脉冲触发，触发器 Q 端跟随 CP 脉冲下降沿时刻的输入信号变化。

解：同步 RS 触发器、主从式 RS 触发器、上升沿 RS 触发器、下降沿 RS 触发器的输出端 Q 的波形如图 6.13 所示。

从例 6-2 可以看出，虽然都是 RS 触发器，但由于触发方式不同，在同样的输入作用下，输出的波形是不同的。从图 6.13 中还可以看到，在第 5 个 CP 高电平期间，R 端出现了一个干扰脉冲，同步 RS 触发器、主从式 RS 触发器的状态都发生了变化，而边沿式触发器能保持原来的状态，因此，边沿式触发器有很强的抗干扰能力。

6.1.3　触发器的逻辑功能

按照触发器的逻辑功能不同，触发器一般有 RS 触发器、JK 触发器、D 触发器、T 触发器和 T′ 触发器等几种。触发器的逻辑功能通常用功能表、状态真值表、特性方程、状态转换图和时序图等多种方法来描述。

1. RS 触发器

（1）状态真值表

状态真值表是一种表格，表中列出的是新状态与触发器原状态、输入信号之间的关系。用状态真值表表示触发器逻辑功能的特点是触发器的输出状态与输入状态、原状态之间的关系明了且直观。

在 CP=1 期间，同步 RS 触发器的状态真值表见表 6-4。

如果将表 6-4 的状态真值表进行简化，可得到 RS 触发器的功能表，见表 6-5。

表 6-4　RS 触发器的状态真值表

输　入		输　出		功　能
S　R		Q^n	Q^{n+1}	
0　0		0	0	保持
0　0		1	1	
0　1		0	0	置 0
0　1		1	0	
1　0		0	1	置 1
1　0		1	1	
1　1		0	×	不定
1　1		1	×	

表 6-5　RS 触发器的功能表

输　入		输　出	功　能
S　R		Q^{n+1}	
0　0		Q^n	保持
0　1		0	置 0
1　0		1	置 1
1　1		×	不定

（2）特性方程

特性方程是表示输出状态与输入状态、原状态之间关系的逻辑表达式，其特点是方便、容易记忆。

将 CP=1 期间 RS 触发器的状态真值表数据填到卡诺图中（输入 R、S、Q^n 是变量，输出 Q^{n+1} 是函数），如图 6.14 所示。

用卡诺图化简以后可以得到表达式 $Q^{n+1}=S+\overline{R}\,Q^n$。因为 RS 触发器的输入端有约束，所以这个方程不足以表示 RS 触发器的逻辑功能，还必须把约束条件加上，才能得到 RS 触发器的特性方程，即

$$\begin{cases} Q^{n+1} = S + \overline{R}Q^n \\ SR = 0(约束条件) \end{cases}$$

（3）状态转换图

状态转换图是将触发器的状态及其之间的转换所需要的条件列在图中表示触发器逻辑功能的一种方法。其特点是两种状态的转换条件清楚，便于设计电路。

RS 触发器的状态转换图如图 6.15 所示。

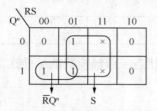

图 6.14　RS 触发器卡诺图

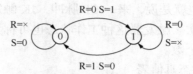

图 6.15　RS 触发器的状态转换图

两个圆圈表示触发器的两个状态 0 和 1 的，用箭头表示状态转换的方向，箭尾为触发器的原状态，箭头为触发器的新状态，箭头旁边标注的是状态转换所需要的条件。

2. JK 触发器

JK 触发器是在 RS 触发器基础上改进而来的，它克服了 RS 触发器输入的约束，利用输出端的互补信号，即将输出端 Q 和 $\overline{Q}$ 引回到输入端，分别控制 G_3、G_4，使 G_3、G_4 不能同时输出 "0"。同步 JK 触发器的逻辑图如图 6.16（a）所示，图 6.16（b）所示为它的逻辑符号。

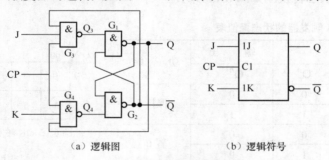

（a）逻辑图　　　　　（b）逻辑符号

图 6.16　同步 JK 触发器

当 J=1，K=1 时，设触发器原状态为 "0" 状态，即 Q^n=0，$\overline{Q^n}$=1。Q^n=0 使 Q_4=1；J=1，$\overline{Q^n}$=1 使 G_3 的输入全 "1"，所以 Q_3=0，相当于基本 RS 触发器 "10" 输入，所以触发器 "置1"，即 Q^{n+1}=1，$\overline{Q^{n+1}}$=0。

设触发器原状态为 "1" 状态，即 Q^n=1，$\overline{Q^n}$=0。$\overline{Q^n}$=0 使 Q_3=1；Q^n=1，K=1 使 G_4 的输入全 "1"，所以 Q_4=0，相当于基本 RS 触发器 "01" 输入，所以触发器置 "0"，即 Q^{n+1}=0，$\overline{Q^{n+1}}$=1。

因此，无论触发器的原状态如何，只要 J=1，K=1，触发器都要变成和原来状态相反的状态，称为 "翻转"，用 $Q^{n+1}=\overline{Q^n}$ 表示。其他情况，请读者自己分析。

常见的 JK 触发器有主从结构的，也有边沿型的。边沿 JK 触发器又有上升沿触发和下降沿触发，其逻辑符号如图 6.17 所示。

（1）功能表

JK 触发器具有保持、置 0、置 1、翻转 4 种功能，其功能表见表 6-6。

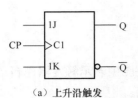

（a）上升沿触发

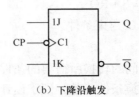

（b）下降沿触发

图 6.17　边沿 JK 触发器的逻辑符号

表 6-6　　　JK 触发器功能表

输　　入		输　　出	功　　能
J	K	Q^{n+1}	
0	0	Q^n	保持
0	1	0	置 0
1	0	1	置 1
1	1	$\overline{Q^n}$	翻转

当 $J=K=1$ 时，JK 触发器处于翻转状态，$Q^{n+1}=\overline{Q^n}$。也就是说，来一 CP 脉冲，JK 触发器就翻转一次。触发器这种工作状态也可称为计数状态，由触发器的翻转次数可以计算出时钟脉冲的个数。

（2）状态真值表

从 JK 触发器的功能表不难得出它的状态真值表见表 6-7。

（3）特性方程

根据表 6-7 数据可得，如图 6.18 所示卡诺图。

化简以后可以得到 JK 触发器的特性方程为

$$Q^{n+1}=J\,\overline{Q^n}+\overline{K}\,Q^n$$

（4）状态转换图

JK 触发器的状态转换图如图 6.19 所示。

表 6-7　　　JK 触发器的状态真值表

输　　入			输　　出	功　　能
J	K	Q^n	Q^{n+1}	
0	0	0	0	保持
0	0	1	1	
0	1	0	0	置 0
0	1	1	0	
1	0	0	1	置 0
1	0	1	1	
1	1	0	1	翻转
1	1	1	0	

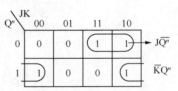

图 6.18　JK 触发器的卡诺图

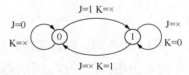

图 6.19　JK 触发器的状态转换图

3. D 触发器

D 触发器具有置 0、置 1 两种功能，其逻辑符号如图 6.20 所示。

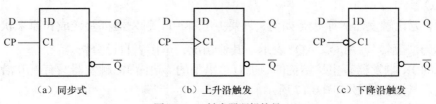

（a）同步式　　　　　　（b）上升沿触发　　　　　　（c）下降沿触发

图 6.20　D 触发器逻辑符号

（1）D 触发器功能表

D 触发器的功能表见表 6-8。

（2）状态真值表

D 触发器的状态真值表见表 6-9。

表 6-8　　D 触发器的功能表

输入	输出	功能
D	Q^{n+1}	
0	0	置 0
1	1	置 1

表 6-9　　D 触发器的状态真值表

输入		输出	功能
D	Q^n	Q^{n+1}	
0	0	0	置 0
0	1	0	
1	0	1	置 1
1	1	1	

（3）特性方程

由于 D 触发器的逻辑功能简单，可以直接根据表 6-8 写出特性方程。

$$Q^{n+1}=D$$

（4）状态转换图

从表 6-9 中可得到状态转换图如图 6.21 所示。

4. T 触发器

T 触发器逻辑符号如图 6.22 所示。它没有专门的集成组件，都是由其他的触发器转换而得到的。例如，可以将 JK 触发器的 JK 接在一起作为 T 输入端。

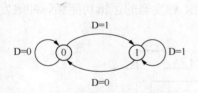

图 6.21　D 触发器的状态转换图

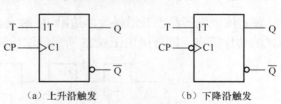

（a）上升沿触发　　　（b）下降沿触发

图 6.22　T 触发器逻辑符号

（1）T 触发器功能表

T 触发器的功能表见表 6-10。

（2）状态真值表

T 触发器的状态真值表见表 6-11。

表 6-10　　T 触发器的功能表

输入	输出	功能
T	Q^{n+1}	
0	Q^n	保持
1	$\overline{Q^n}$	翻转

表 6-11　　T 触发器的状态真值表

输入		输出	功能
T	Q^n	Q^{n+1}	
0	0	0	保持
0	1	1	
1	0	1	翻转
1	1	0	

（3）特性方程

T 触发器的特性方程可以由状态真值表直接写出。

$$Q^{n+1}=T\overline{Q^n}+\overline{T}Q^n$$

（4）状态转换图

T 触发器的状态转换图如图 6.23 所示。

5. T' 触发器

（1）T' 触发器的功能

当 T 触发器的输入端永远接 "1" 时，就构成了 T' 触发器。显然，T' 触发器只有一个 "翻转" 的逻辑功能，故也能实现计数功能，因此 T' 触发器又称为计数型触发器。

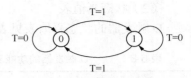

图 6.23 T 触发器的状态转换图

（2）特性方程

在 T 触发器的特性方程中，令 T=1，可以得到 T' 触发器的特性方程。

$$Q^{n+1}=\overline{Q^n}$$

【例 6-3】 有一触发器逻辑图，如图 6.24（a）所示，已知 CP、J、K 信号波形如图 6.24（b）所示，画出 Q 端的波形。（设 Q 的初始状态为 1）

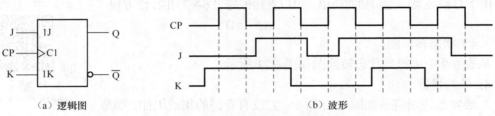

（a）逻辑图　　　　　　　　　　　（b）波形

图 6.24　例 6-3 触发器的逻辑图和波形图

解： 该触发器是上升沿触发的边沿 JK 触发器。根据 JK 触发器的逻辑功能和脉冲触发方式的动作特点，即可画出图 6.25 所示的输出波形。

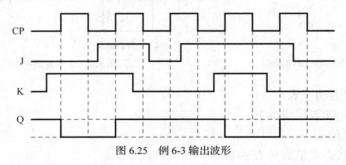

图 6.25　例 6-3 输出波形

6. 触发器之间的转换

目前国产集成触发器品种很多，可以自由选择。但是有的时候往往不需要某一触发器的全部逻辑功能。例如 JK 触发器具有 "置 0" "置 1" "保持" "翻转" 4 种逻辑功能，如果只需要它的 "保持" "翻转" 功能，就要将它转换成 T 触发器（例如计数器），这样就需要一定的转换，以适应需要。我们接下来介绍几种一般的转换方法。

（1）将 JK 触发器转换成 T 触发器

转换方法：分别列出两种触发器的特性方程，联立求解，得出输入端的连接方法。

JK 触发器的特性方程为 $Q^{n+1}=J\overline{Q^n}+\overline{K}Q^n$。

T 触发器的特性方程为 $Q^{n+1}=T\overline{Q^n}+\overline{T}Q^n$。

比较两式可以看出，只要令 J=T，K=T 两式就完全相等，如图 6.26 所示。

（2）将 JK 触发器转换成 T′ 触发器

因为 T′ 触发器是 T 触发器的特例，只要令 T=1 即可以实现 T′ 触发器的逻辑功能，如图 6.27 所示。

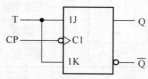

图 6.26　JK 触发器接成 T 触发器

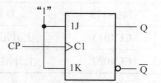

图 6.27　JK 触发器接成 T′ 触发器

（3）将 D 触发器转换成 T′ 触发器

D 触发器的特性方程为 $Q^{n+1}=D$。

T′ 触发器的特性方程为 $Q^{n+1}=\overline{Q^n}$。

比较两式后可以令 $D=\overline{Q^n}$，如图 6.28 所示。

（4）将 JK 触发器转换成 D 触发器

JK 触发器的特性方程为 $Q^{n+1}=J\overline{Q^n}+\overline{K}Q^n$。

D 触发器的特性方程为 $Q^{n+1}=D$。将 D 触发器的特性方程变换成与 JK 触发器的特性方程一致的形式，$Q^{n+1}=D(\overline{Q^n}+Q^n)=D\overline{Q^n}+DQ^n$。

两式比较后令 J=D；$\overline{K}=D$，即 $K=\overline{D}$，如图 6.29 所示。

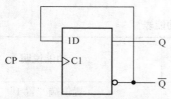

图 6.28　D 触发器接成 T′ 触发器

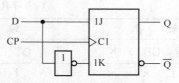

图 6.29　JK 触发器转换成 D 触发器

6.1.4　集成触发器

在集成触发器产品中，D 触发器和 JK 触发器的应用最为广泛。表 6-12 列出了部分常用集成触发器的型号、名称等。

表 6-12　　　　　　　　　　　　部分常用集成触发器

系列	型号	名称	数量	其他
TTL	74LS74	上升沿 D 触发器	2	带预置、清零端
	74LS76	高电平主从 JK 触发器	2	带预置、清零端
	74LS174	上升沿 D 触发器	6	公用清零端
	74LS175	上升沿 D 触发器	4	公用清零端
	74LS107	下降沿 JK 触发器	2	带清零端
	74LS112	下降沿 JK 触发器	2	带预置、清零端

续表

系列	型号	名称	数量	其他
TTL	74LS113	下降沿 JK 触发器	2	带预置端
	74LS109	上升沿 JK 触发器	2	带预置、清零端
	74LS373	D 锁存器	8	三态输出高电平触发
CMOS	CC4013	上升沿 D 触发器	2	带预置、清零端
	CC4027	上升沿 JK 触发器	2	带预置、清零端

1. 集成 JK 触发器 74LS112

74LS112 双 JK 下降沿触发器（带置位、清零端），管脚图如图 6.30 所示，功能表见表 6-13。

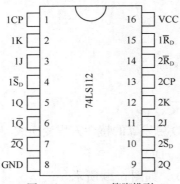

图 6.30　74LS112 管脚排列

JK 触发器的应用

表 6-13　　　　　　　　　　74LS112 的功能表

输入					输出		功能说明
$\overline{S}_D$	$\overline{R}_D$	CP	J	K	Q^{n+1}	$\overline{Q^{n+1}}$	
0	1	×	×	×	1	0	置位端"置1"
1	0	×	×	×	0	1	清零端"置0"
0	0	×	×	×	1*	1*	$\overline{S}_D$、$\overline{R}_D$ 不能同时为"0"
1	1	↓	0	0	Q^n	$\overline{Q^n}$	保持
1	1	↓	0	1	0	1	置0
1	1	↓	1	0	1	0	置1
1	1	↓	1	1	$\overline{Q^n}$	Q^n	翻转
1	1	1	×	×	Q^n	$\overline{Q^n}$	无有效的时钟脉冲"保持"

逻辑功能如下。

① 当 $\overline{S}_D=1$，$\overline{R}_D=1$ 时，电路实现 JK 触发器的逻辑功能。

② 当 $\overline{S}_D=1$，$\overline{R}_D=0$ 时，不管 J、K、Q^n 和 CP 为何状态，触发器都将被置为 0，故称 $\overline{R}_D$（低电平有效）为异步置 0 端或直接置 0 端。

③ 当 $\overline{S}_D=0$，$\overline{R}_D=1$ 时，不管 J、K、Q^n 和 CP 为何状态，触发器都将被置为 1，故称 $\overline{S}_D$（低电平有效）为异步置 1 端或直接置 1 端。

④ 当 $\overline{S}_D$ =0，$\overline{R}_D$ =0 时，触发器会出现 $Q^{n+1}=\overline{Q^{n+1}}=1$ 的不定状态，这通常是不被允许的。

2. 集成 D 触发器 74LS74

74LS74 双 D 型上升沿触发器（带预置和清零端），管脚图如图 6.31 所示，功能表见表 6-14。

逻辑功能如下。

① 当 $\overline{S}_D$ =1，$\overline{R}_D$ =1 时，电路实现 D 触发器的逻辑功能。

② 当 $\overline{S}_D$ =1，$\overline{R}_D$ =0 时，触发器置 0。

③ 当 $\overline{S}_D$ =0，$\overline{R}_D$ =1 时，触发器置 1。

④ 当 $\overline{S}_D$ =0，$\overline{R}_D$ =0 时，触发器会出现 $Q^{n+1}=\overline{Q^{n+1}}=1$ 的不定状态。

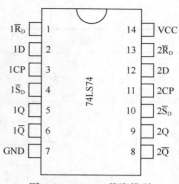

图 6.31　74LS74 管脚排列

表 6-14　74LS74 功能表

输　　　入				输　　出		功能说明
$\overline{S}_D$	$\overline{R}_D$	CP	D	Q^{n+1}	$\overline{Q^{n+1}}$	
0	1	×	×	1	0	置位端"置 1"
1	0	×	×	0	1	清零端"置 0"
0	0	×	×	1*	1*	$\overline{S}_D$、$\overline{R}_D$ 不能同时为"0"
1	1	↑	1	1	0	置 1
1	1	↑	0	0	1	置 0
1	1	0	×	Q^n	$\overline{Q^n}$	保持

【做一做】实训 6-2：D 触发器逻辑功能测试

实训流程如下。

① 将 D 触发器 74LS74 的 V_{CC} 端（14 管脚）接至+5V 电源上，将 GND（7 管脚）接到接地端，用万用表检查集成片上的+5V 电压。按表 6-15 测试 D 触发器的逻辑功能。

② D 触发器的置"0"和置"1"功能测试

$\overline{R}_D$ 和 $\overline{S}_D$ 分别为低电平，D 端和 CP 端任意（此时悬空即可）。输出接发光二极管，指示 Q 的高低（或用万用表测量）。把测试结果填入表 6-15。

③ D 触发器 D 输入端的功能测试

将 $\overline{R}_D$ 和 $\overline{S}_D$ 都接高电平+5V，D 端分别接高、低电平，将 CP 端接单次脉冲输出端，每按一下开关得到一个脉冲。Q、$\overline{Q}$ 端接发光二极管。按表 6-15 顺序输入信号，观察并记录 Q、$\overline{Q}$ 端状态填入表中，并说明其逻辑功能。

④ 使 D 触发器处于计数状态，即 $\overline{R}_D$ 和 $\overline{S}_D$ 接高电平，将 D 和 $\overline{Q}$ 连接，从 CP 端输入 1kHz 的连续方波，用示波器观察 CP、D、Q 的工作波形并记录。

表 6-15　D 触发器的逻辑功能测试

输　　　入				输　　出				逻　辑　功　能
				Q 初态为 0		Q 初态为 1		
$\overline{S}_D$	$\overline{R}_D$	D	CP	Q	$\overline{Q}$	Q	$\overline{Q}$	
1	0	×	×					
0	1	×	×					

续表

输　　入				输　　出				逻 辑 功 能
$\bar{S}_D$	$\bar{R}_D$	D	CP	Q 初态为 0		Q 初态为 1		
				Q	$\bar{Q}$	Q	$\bar{Q}$	
1	1	1	0					
			$\uparrow(0\rightarrow1)$					
			1					
			$\downarrow(1\rightarrow0)$					
1	1	0	0					
			$\uparrow(0\rightarrow1)$					
			1					
			$\downarrow(1\rightarrow0)$					

【做一做】实训 6-3：JK 触发器逻辑功能测试

实训流程如下。

① 双下降沿触发 JK 触发器 74LS112 的管脚排列如图 6.30 所示。

② 将图 6.30 中 $\bar{S}_D$、$\bar{R}_D$ 端分别接低电平，Q、$\bar{Q}$ 端接发光二极管，按表 6-16 顺序输入信号，观察并记录 Q、$\bar{Q}$ 端状态填入表中，并说明其逻辑功能。

③ $\bar{S}_D$ 和 $\bar{R}_D$ 端接高电平，J、K 端分别接高电平和低电平，CP 输入点动脉冲，观察并记录 Q、$\bar{Q}$ 端状态填入表 6-16 中，并说明其逻辑功能。

④ 使 JK 触发器处于计数状态（J=K=1），从 CP 端输入 1kHz 的连续方波，用示波器观察 CP、J、K、Q 的工作波形并记录。

表 6-16　　　　　　　　　　　　JK 触发器的逻辑功能测试表

输　　入					输　　出				逻辑功能
$\bar{S}_D$	$\bar{R}_D$	J	K	CP	Q 初态为 0		Q 初态为 1		
					Q	$\bar{Q}$	Q	$\bar{Q}$	
1	0	×	×	×					
0	1	×	×	×					
1	1	0	0	0					
				$\uparrow(0\rightarrow1)$					
				1					
				$\downarrow(1\rightarrow0)$					
1	1	0	1	0					
				$\uparrow(0\rightarrow1)$					
				1					
				$\downarrow(1\rightarrow0)$					

续表

输入					输出				逻辑功能
$\bar{S}_D$	$\bar{R}_D$	J	K	CP	Q 初态为 0		Q 初态为 1		
					Q	$\bar{Q}$	Q	$\bar{Q}$	
1	1	1	0	0					
				↑(0→1)					
				1					
				↓(1→0)					
1	1	1	1	0					
				↑(0→1)					
				1					
				↓(1→0)					

实训任务 6.2　用触发器构成的计数器

知识要点

- 掌握用触发器组成异步二进制计数器的方法。
- 掌握用触发器组成同步二进制、同步二-十进制计数器的方法。
- 掌握时序电路的分析方法。

技能要点

- 能用集成触发器组成同步或异步计数器，并进行逻辑功能的测试。

能够累计 CP 脉冲（又称为计数脉冲）个数的逻辑电路称为计数器。计数器是数字系统中应用场合最多的时序电路，它不仅具有计数功能，还可用于定时、分频、产生序列脉冲等。

二进制计数器

计数器种类很多，特点各异。它的主要分类如下。

按照时钟（称为计数）脉冲的引入方式分类有同步计数器和异步计数器。所有的触发器受同一个 CP 脉冲的控制时，称为同步计数器；所有的触发器不是受同一个 CP 脉冲的控制时，称为异步计数器。

计数器按照计数长度分类包括二进制计数器、二-十进制计数器和任意进制计数器。按照二进制的规律计数的计数器称为二进制计数器；按照二-十进制编码（如 8421BCD 码）的规律计数的计数器称为二-十进制计数器；能够完成任意计数长度的计数器称为任意进制计数器（如六进制、十二进制、六十进制等）。

按照计数器的状态的变化规律分类有加法计数器、减法计数器和可逆计数器。如果计数器的状态随着 CP 脉冲个数的增加而增加，称为加法计数器；如果计数器的状态随着 CP 脉冲个数的增加而减少，称为减法计数器；在控制信号的作用下，既可以加法计数又可以减法计数的计数器称为可逆计数器。

6.2.1　异步二进制计数器

图 6.32 所示为由 CP 下降沿触发的 JK 触发器组成的 4 位异步二进制加法计数器的逻

辑电路图。

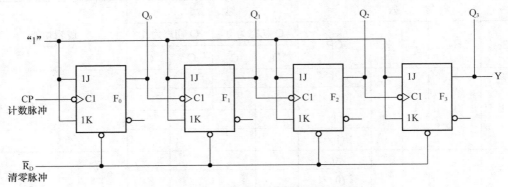

图 6.32　异步二进制加法计数器的逻辑电路图

JK 触发器均接成计数型（T′）触发器，其输入端 J、K 都接高电平，计数脉冲 CP 作为最低位触发器 F_0 的时钟脉冲，低位触发器的 Q 输出端依次接到相邻高位触发器的时钟端。

因为计数往往习惯从零开始，所以将各级触发器的 $\overline{R}_D$ 引出，计数之前在 $\overline{R}_D$ 端送一个低电平，使所有的触发器都"置零"，称为"清零"。Q_3、Q_2、Q_1、Q_0 为计数器状态输出端，Y 为本计数器向高位计数器的输出。

找出各级触发器的翻转条件并写出状态方程。T′ 触发器来一个下降沿就翻转一次。

F_0：　$Q_0^{n+1}=\overline{Q_0^n}$，$CP_0=CP$，即每来一个 CP 脉冲的下降沿 Q_0 翻转一次。

F_1：　$Q_1^{n+1}=\overline{Q_1^n}$，$CP_1=Q_0$，即 Q_0 每有一个下降沿 Q_1 翻转一次。

F_2：　$Q_2^{n+1}=\overline{Q_2^n}$，$CP_2=Q_1$，即 Q_1 每有一个下降沿 Q_2 翻转一次。

F_3：　$Q_3^{n+1}=\overline{Q_3^n}$，$CP_3=Q_2$，即 Q_2 每有一个下降沿 Q_3 翻转一次。

假设在计数之前，各触发器的置零端 $\overline{R}_D$ 加一低电平进行清零。根据上述分析可画出时序图（见图 6.33），并得到表 6-17 的 4 位二进制加法计数器的状态表。

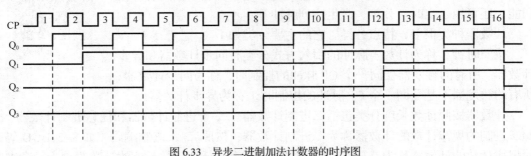

图 6.33　异步二进制加法计数器的时序图

表 6-17　　　　　　　　　　　　4 位二进制加法计数器的状态表

计数顺序	计数器状态			
	Q_3	Q_2	Q_1	Q_0
0	0	0	0	0
1	0	0	0	1
2	0	0	1	0
3	0	0	1	1

续表

计数顺序	计数器状态			
	Q_3	Q_2	Q_1	Q_0
4	0	1	0	0
5	0	1	0	1
6	0	1	1	0
7	0	1	1	1
8	1	0	0	0
9	1	0	0	1
10	1	0	1	0
11	1	0	1	1
12	1	1	0	0
13	1	1	0	1
14	1	1	1	0
15	1	1	1	1
16	0	0	0	0

由表 6-17 和图 6.33 可以看出，如果计数器从 0000 状态开始计数，在第 16 个脉冲输入后，计数器又重新回到 0000 状态，完成了一次计数循环。因此，该计数器也叫十六进制加法计数器，模 $M=16$。

从图 6.33 中还可以看出，如果计数脉冲 CP 的频率为 f_0，那么 Q_0 输出波形的频率为 $\frac{1}{2}f_0$，Q_1 输出波形的频率为 $\frac{1}{4}f_0$，Q_2 输出波形的频率为 $\frac{1}{8}f_0$，Q_3 输出波形的频率为 $\frac{1}{16}f_0$，所以计数器也是分频器。

如果将低位触发器的 $\overline{Q}$ 端接到相邻高位触发器的 CP 端，可以完成异步二进制减法计数，如图 6.34 所示。

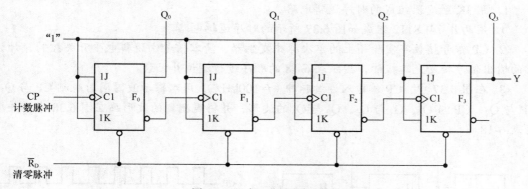

图 6.34　异步二进制减法计数器

如果使用上升沿触发的 D 触发器，首先将 D 触发器接成计数型。如果进位信号从 $\overline{Q}$ 端引出接到相邻高位触发器的 CP 端，构成异步二进制加法计数器，如图 6.35 所示；如果借位信号从 Q 端引出接到相邻高位触发器的 CP 端，则构成异步二进制减法计数器，如图 6.36 所示。具体分析请读者自行完成。

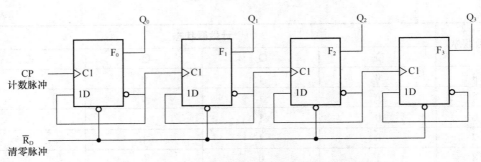

图 6.35　由 D 触发器构成的异步二进制加法计数器

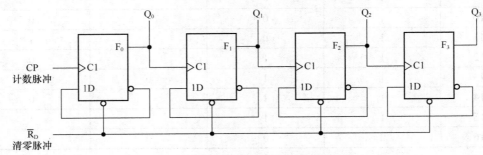

图 6.36　由 D 触发器构成的异步二进制减法计数器

用触发器组成异步二进制计数器的方法可归纳如下。

① n 位异步二进制计数器由 n 个计数型触发器组成。

② 计数脉冲 CP 作为最低位触发器的时钟脉冲。

③ 使用下降沿触发的触发器，加法计数器进位信号从低一位的 Q 端引入；减法计数器借位信号从低一位的 $\overline{Q}$ 端引入；使用上升沿触发的触发器，加法计数器进位信号从低一位的 $\overline{Q}$ 端引入；减法计数器借位信号从低一位的 Q 端引入。

【做一做】实训 6-4：异步时序逻辑电路逻辑功能的分析

实训流程如下所示。

1. 用 JK 触发器组成的时序逻辑电路

① 用两片 74LS112 组成如图 6.37 所示的时序逻辑电路。

② CP 信号接数字实验箱上的单次脉冲发生器，清零信号由逻辑电平开关控制，计数器的输出信号接发光二极管，按照表 6-18 的顺序进行测试并记录。

③ 在图 6.37 中，CP 端输入连续脉冲（$f=100\text{kHz}$），用双踪示波器同时观测 CP 与 Q_1、CP 与 Q_2、CP 与 Q_3、Q_1 与 Q_2、Q_2 与 Q_3 的波形，并将观测到的波形画在图 6.38 中，并填写表 6-18。

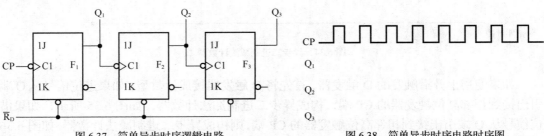

图 6.37　简单异步时序逻辑电路　　　　　图 6.38　简单异步时序电路时序图

表 6-18　　　　　　　　　　　　图 6.38 的状态真值表

CP	Q_3	Q_2	Q_1
0	0	0	0

④ 根据工作波形分析图 6.37 所示电路的逻辑功能。

2. 用 D 触发器组成的时序逻辑电路

① 按照图 6.39 接线，组成一个 3 位异步二进制加法计数器。

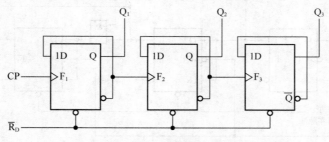

图 6.39　异步二进制加法计数器

② CP 信号接数字实验箱上的单次脉冲发生器，清零信号 $\overline{R}_D$ 由逻辑电平开关控制，计数器的输出信号接发光二极管，按照表 6-19 的顺序进行测试并记录。

表 6-19　　　　　　　　　　　　图 6.39 电路状态真值表

$\overline{R}_D$	CP	Q_3	Q_2	Q_1	代表十进制数
0	×				
	0				
	1				
	2				
	3				
	4				
1	5				
	6				
	7				
	8				

③ 根据状态真值表，画出 Q_3、Q_2、Q_1 的输出波形的时序图，如图 6.40 所示。将 CP 改为 100kHz 连续脉冲，用示波器观察验证 Q_3、Q_2、Q_1 的输出波形。

CP ‖‖‖‖‖‖‖‖‖‖

Q_1

Q_2

Q_3

图 6.40 异步二进制加法计数器时序图

6.2.2 同步二进制计数器

在同步计数器中，时钟脉冲同时触发计数器中所有的触发器，各触发器的翻转与时钟脉冲同步，所以同步计数器工作速度较快，工作频率较高。

同步二进制计数器的逻辑图如图 6.41 所示。为了分析方便，下面以 3 位同步二进制计数器为例进行分析。

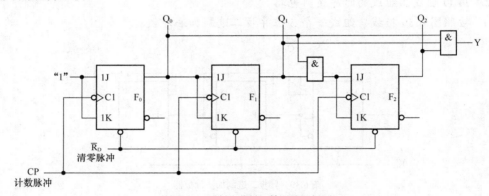

图 6.41 同步二进制计数器的逻辑图

每一级触发器都接成 T 触发器，T=1 时触发器翻转；T=0 时触发器不翻转。按照时序逻辑电路的分析方法，首先写出各类方程。

驱动方程 $\begin{cases} F_0: & T_0=1 \\ F_1: & T_1=Q_0^n \\ F_2: & T_2=Q_0^n \, Q_1^n \end{cases}$

输出方程 $Y=Q_0^n \, Q_1^n \, Q_2^n$。

将驱动方程代入特性方程可得到：

状态方程 $\begin{cases} F_0: & Q_0^{n+1}=\overline{Q_0^n} \\ F_1: & Q_1^{n+1}=Q_0^n \, \overline{Q_1^n}+\overline{Q_0^n} \, Q_1^n \\ F_2: & Q_2^{n+1}=Q_0^n \, Q_1^n \, \overline{Q_2^n}+\overline{Q_0^n Q_1^n} \, Q_2^n \end{cases}$

根据状态方程和输出方程列出状态转换表见表 6-20。表 6-20 为状态转换表的另一种表示形式，相邻两行之间，上面一行为原状态，下面一行为新状态。

由状态转换表，画出状态转换图如图 6.42 所示。

表 6-20 同步二进制加法计数器的状态转换表

CP 个数	Q_2	Q_1	Q_0	Y
0	0	0	0	0
1	0	0	1	0
2	0	1	0	0
3	0	1	1	0
4	1	0	0	0
5	1	0	1	0
6	1	1	0	0
7	1	1	1	1

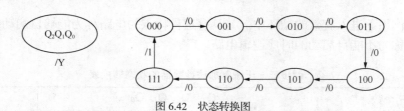

图 6.42　状态转换图

由状态转换图可以得出电路的逻辑功能：同步二进制加法计数器从 000 开始计数，当计数到第 8 个脉冲时，计数器被清零，同时由 Y 端向高一级计数器输出进位信号，完成一轮循环计数。因此 3 位二进制计数器又称为 8 进制计数器。

6.2.3　同步二-十进制加法计数器

要计数 10 个 CP 脉冲需要 4 级触发器，但是 4 级触发器有 16 个状态，按照二-十进制编码的方式计数，计数器必须能够自动跳过 6 个（1010～1111）无效状态。图 6.43 所示为同步二-十进制计数器的逻辑图，可按照同步时序逻辑电路分析的步骤进行分析。

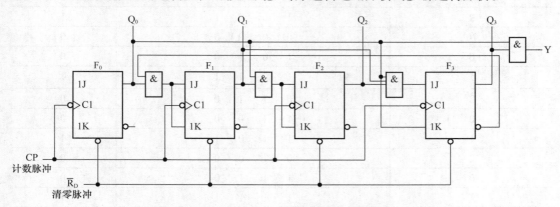

图 6.43　同步二-十进制计数器的逻辑图

根据图 6.43 写出各类方程。

驱动方程 $\begin{cases} F_0: & J_0=K_0=1 \\ F_1: & J_1=K_1=Q_0^n\ \overline{Q_3^n} \\ F_2: & J_2=K_2=Q_0^n\ Q_1^n \\ F_3: & J_3=Q_0^n\ Q_1^n\ Q_2^n,\ K_3=Q_0^n \end{cases}$

状态方程 $\begin{cases} F_0: & Q_0^{n+1}=\overline{Q_0^n} \\ F_1: & Q_1^{n+1}=Q_0^n\ \overline{Q_3^n}\ \overline{Q_1^n}+\overline{Q_0^n}\overline{Q_3^n}\ Q_1^n \\ F_2: & Q_2^{n+1}=Q_0^n\ Q_1^n\ \overline{Q_2^n}+\overline{Q_0^n}\overline{Q_1^n}\ Q_2^n \\ F_3: & Q_3^{n+1}=Q_0^n\ Q_1^n\ Q_2^n\ \overline{Q_3^n}+\overline{Q_0^n}\ Q_3^n \end{cases}$

输出方程 $Y=Q_0^n\ Q_3^n$。

根据状态方程和输出方程列出状态转换表，见表 6-21。

根据表 6-21 画出状态转换图，如图 6.44 所示。

由状态转换图得出电路的逻辑功能：同步二-十进制加法计数器能够自启动，在有限个时钟脉冲的作用下进入有效的循环中。其具有这种特点的电路称为能够自启动的时序逻辑电路，否则称为不能自启动的时序逻辑电路。

表 6-21　　　　　　　　　同步二－十进制加法计数器的状态转换表

CP 个数	Q_3	Q_2	Q_1	Q_0	Y
0	0	0	0	0	0
1	0	0	0	1	0
2	0	0	1	0	0
3	0	0	1	1	0
4	0	1	0	0	0
5	0	1	0	1	0
6	0	1	1	0	0
7	0	1	1	1	0
8	1	0	0	0	0
9	1	0	0	1	1
10	0	0	0	0	0
0	1	0	1	0	0
1	1	0	1	1	1
2	0	1	1	0	0
0	1	1	0	0	0
1	1	1	0	1	1
2	0	1	0	0	0
0	1	1	1	0	0
1	1	1	1	1	1
2	0	0	1	0	0

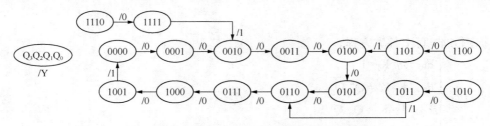

图 6.44　同步二-十进制加法计数器状态转换图

二-十进制计数器除了同步计数器以外还有异步计数器，除了加法计数器以外还有减法计数器，二者的组合可以实现可逆计数。篇幅所限不再一一介绍，读者可以查看其他参考书。

6.2.4　同步时序逻辑电路的分析方法

同步时序逻辑电路分析的目的与组合逻辑电路分析相同，即找出给定的时序逻辑电路的逻辑功能。其分析的步骤如下。

（1）观察逻辑图，弄清情况

电路的输入变量、输出变量是哪些；是组合逻辑电路的还是时序逻辑电路。如果是时序逻辑电路，该电路是同步还是异步的、是由何种触发器组成的。

（2）写出各类方程

包括特性方程、驱动方程、输出方程、状态方程。其中驱动方程在各触发器的输入端直接写出，输出方程在时序逻辑电路的输出端直接写出，状态方程必须将驱动方程代入所用触发器的特性方程中得到。

（3）列出状态转换表

根据状态方程，将各触发器的原状态代入状态方程，通过计算可以得到各触发器的新状态，并填到相对应的位置上。

（4）画出状态转换图

根据状态转换表，画出状态转换图。

（5）分析得出电路的逻辑功能

根据状态转换图或状态转换表可以得出给定电路的逻辑功能。有时还要分析其时序图。

【例6-4】 分析图 6.45 所示时序电路的逻辑图的逻辑功能，并画出该电路的时序图。

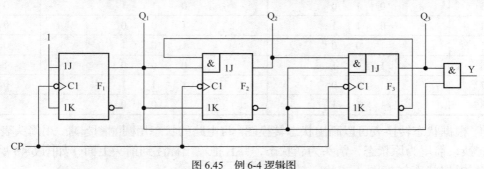

图 6.45 例 6-4 逻辑图

解： ① 观察逻辑图：此电路没有输入变量，输出变量为 Y；它为同步时序逻辑电路，由 3 个下降沿触发的 JK 触发器组成。

② 写出各类方程。

特性方程 F_1： $Q_1^{n+1} = J_1\overline{Q_1^n} + \overline{K_1}Q_1^n$

F_2： $Q_2^{n+1} = J_2\overline{Q_2^n} + \overline{K_2}Q_2^n$

F_3： $Q_3^{n+1} = J_3\overline{Q_3^n} + \overline{K_3}Q_3^n$

驱动方程 F_1： $J_1 = K_1 = 1$

F_2： $J_2 = \overline{Q_3^n}Q_1^n$， $K_2 = Q_1^n$

F_3： $J_3 = Q_2^nQ_1^n$， $K_3 = Q_1^n$

将驱动方程代入 JK 触发器的特性方程得到状态方程。

状态方程 F_1： $Q_1^{n+1} = J_1\overline{Q_1^n} + \overline{K_1}Q_1^n = \overline{Q_1^n}$

F_2： $Q_2^{n+1} = J_2\overline{Q_2^n} + \overline{K_2}Q_2^n = \overline{Q_3^n}Q_1^n\overline{Q_2^n} + \overline{Q_1^n}Q_2^n$

F_3： $Q_3^{n+1} = J_3\overline{Q_3^n} + \overline{K_3}Q_3^n = Q_2^nQ_1^n\overline{Q_3^n} + \overline{Q_1^n}Q_3^n$

输出方程 $Y = Q_3^nQ_1^n$。

③ 列出状态转换表。

表中 Q_3^n Q_2^n Q_1^n 为原状态， Q_3^{n+1} Q_2^{n+1} Q_1^{n+1} 为新状态，Y 为输出。第一个 CP 脉冲时将原状态 Q_3^n Q_2^n $Q_1^n = 000$ 代入状态方程可以求出新状态 Q_3^{n+1} Q_2^{n+1} $Q_1^{n+1} = 001$ 填到第一行；再将

$Q_3^n Q_2^n Q_1^n = 001$ 作为原状态代入状态方程求出新状态，依次求出所有原状态下的新状态列于表 6-22 中，即为该时序电路的状态转换表。

也可通过分析状态方程，写出状态转换表。Q_1^{n+1} 为 Q_1^n 的取反；Q_2^{n+1} 为 1 的条件是：$\overline{Q_3^n}Q_1^n\overline{Q_2^n}$ 为 1 或者 $\overline{Q_1^n}Q_2^n$ 为 1，即 Q_3^n、Q_2^n、Q_1^n 分别取 001 或者取 ×10（× 表示可取 0，也可取 1）；Q_3^{n+1} 为 1 的条件是：$Q_2^n Q_1^n\overline{Q_3^n}$ 为 1 或者 $\overline{Q_1^n}Q_3^n$ 为 1，即 Q_3^n、Q_2^n、Q_1^n 分别取 011 或者取 1×0。

输出方程 $Y = Q_3^n Q_1^n$，即当 Q_3^n、Q_2^n、Q_1^n 分别取 1、×、1 时，输出 Y 为 1（见表 6-22）。

表 6-22　　　　　　　　　　　　　　例 6-4 状态转换表

CP	Q_3^n Q_2^n Q_1^n			Q_3^{n+1} Q_2^{n+1} Q_1^{n+1}			Y
1	0	0	0	0	0	1	0
2	0	0	1	0	1	0	0
3	0	1	0	0	1	1	0
4	0	1	1	1	0	0	0
5	1	0	0	1	0	1	0
6	1	0	1	0	0	0	1
7	1	1	0	1	1	1	0
8	1	1	1	0	0	0	1

④ 根据状态转换表可以画出状态转换图。将电路的状态用圆圈圈起来，用箭头表示状态的转换，箭尾为原状态，箭头为新状态，并且把输出标注到箭头上面，如图 6.46 所示。

⑤ 根据状态转换图（或状态转换表）得出电路的逻辑功能。

该电路为 6 个有效状态循环，且计数状态随 CP 脉冲个数以二进制数增加，故为六进制加法计数器。

⑥ 画出时序图。

因为触发器为 CP 脉冲的下降沿触发，所以先找出 CP 脉冲的下降沿，根据状态转换表画出时序图如图 6.47 所示。

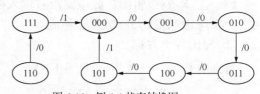

图 6.46　例 6-4 状态转换图

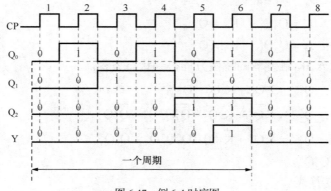

图 6.47　例 6-4 时序图

3 个触发器有 $2^3 = 8$ 种状态，题中只用了 6 种状态（称为有效状态）形成有效循环。还有 2 种状态（称为无效状态）在有效循环中没有出现，我们也列在了表 6-22 中，只有把所有状态都列出来才是完整的状态转换表。同时将这 2 种状态画在状态转换图中。由图 6.46 可以看出 2 种无效状态都在有限个时钟脉冲的作用下进入了有效的循环中，故该电路能够自启动。

【做一做】实训 6-5：同步时序逻辑电路逻辑功能的分析

实训流程如下所示。

由图 6.48 电路可知，这是一个由 JK 触发器组成的同步时序逻辑电路。

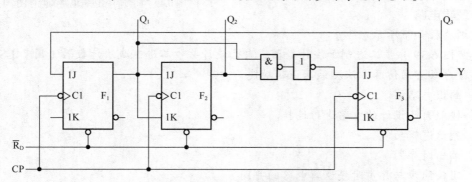

图 6.48　由 JK 触发器组成的同步时序逻辑电路

① 分析图 6.48 的逻辑功能（输入端悬空相当于接"高电平"）。

按照时序逻辑电路的分析步骤，首先写出各类方程。

驱动方程：$J_1=$　　　　　$K_1=$

$\quad\quad\quad\ \ J_2=$　　　　　$K_2=$

$\quad\quad\quad\ \ J_3=$　　　　　$K_3=$

输出方程：$Y=$

因为 JK 触发器的特性方程为：$Q^{n+1}=J\overline{Q^n}+\overline{K}Q^n$，

所以得到状态方程为：$Q_1^{n+1}=$

$\quad\quad\quad\quad\quad\quad Q_2^{n+1}=$

$\quad\quad\quad\quad\quad\quad Q_3^{n+1}=$

② 按照图 6.48 连接电路，CP 接单次脉冲，每输入一次脉冲，观察 Q_3、Q_2、Q_1 的状态，将结果填入表 6-23 中（注意 4 次脉冲后的输出），并与理论值相比较。

表 6-23　　　　　　　　　　　　图 6.48 的状态真值表

CP 的顺序	Q_3	Q_2	Q_1	Y
0				
1				
2				
3				
4				
5				
6				
7				
8				

③ 根据状态真值表，画出 Q_3、Q_2、Q_1 的输出波形的时序图，如图 6.49 所示。将 CP 改为 100kHz 连续脉冲，用示波器观察验证 Q_3、Q_2、Q_1 的输出波形。

④ 根据真值表（或时序图）分析图 6.48 所示电路的逻辑功能。

【练一练】实训 6-6：设计简单的异步时序逻辑电路

实训流程如下所示。

参照图 6.39 异步二进制加法计数器，自己设计异步二进制减法计数器（用 74LS74），并用实验台或者用仿真方法测试其逻辑功能。

① 画出电路图。

② 按照自己设计的电路进行连接。

③ 测试逻辑功能。

④ 画出时序图。

⑤ 比较同步与异步时序逻辑电路的异同。

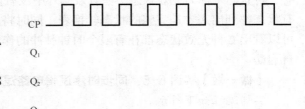

图 6.49 同步时序逻辑电路的时序图

实训任务6.3 任意进制计数器设计

知识要点

- 掌握集成计数器 74LS160 和 74LS290 的逻辑功能。
- 掌握集成计数器组成任意进制计数器的方法。

技能要点

- 能用集成计数器组成任意进制计数器，并测试其逻辑功能。
- 能识读集成计数器等集成电路的管脚。
- 能检测常用集成计数器的逻辑功能。

6.3.1　集成二进制计数器

集成二进制计数器的品种很多，如 4 位二进制同步计数器 74LS161（异步清零）、4 位二进制可逆计数器 74LS191、可预置二进制可逆计数器 74LS169、双四位二进制同步加法计数器 CC4520 等。CC4520 的管脚排列如图 6.50（a）所示，功能表见表 6-24；74LS169 的管脚排列如图 6.50（b）所示，功能表见表 6-25。

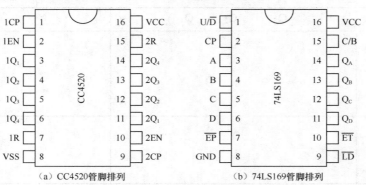

（a）CC4520管脚排列　　　　（b）74LS169管脚排列

集成二进制计数器

图 6.50　集成二进制计数器管脚排列

表 6-24 中 R 为清零端，高电平有效，即 R=1 时，$Q_1 \sim Q_4=0$。正常计数时 R 接“0”。CP、EN 为计数脉冲输入端，CP（EN=1）上升沿加计数，EN（CP=0）下降沿加计数。在其他输入的情况下，计数器不计数，保持原状态不变。

表 6-24　　CC4520 的功能表

CP	EN	R	功能
↑	1	0	加计数（上升沿）
0	↓	0	加计数（下降沿）
↓	×	0	不变
×	↑	0	不变
↑	0	0	不变
1	↓	0	不变
×	×	1	$Q_1 \sim Q_4=0$

由表 6-25 可以看出 $\overline{EP}$、$\overline{ET}$ 为控制输入端，低电平有效。$U/\overline{D}$ 为加/减计数控制端，$U/\overline{D}=1$ 时计数器进行加法计数；$U/\overline{D}=0$ 时计数器减法计数。$\overline{LD}$ 是同步置数控制端，低电平有效，即 $\overline{LD}=0$ 时送入 CP 后计数器 $Q_DQ_CQ_BQ_A=D_DD_CD_BD_A$，再送 CP 脉冲，计数器从 $D_DD_CD_BD_A$ 开始计数。C/B 为动态进位输出端。合理利用这些端钮，可以组成任意计数长度的计数器。

表 6-25　　74LS169 功能表

输入					输出					功能
$\overline{LD}$	$U/\overline{D}$	CP	$\overline{EP}$	$\overline{ET}$	Q_D	Q_C	Q_B	Q_A	C/B	
1	1	↑	0	0						加计数
1	0	↑	0	0						减计数
0	×	↑	×	×	D_D	D_C	D_B	D_A		置数
×	1	×	×	0	1	1	1	1	↑	
×	0	×	×	0	0	0	0	0	0	

6.3.2　集成二-十进制计数器

目前集成二-十进制计数器品种较多，如同步十进制加法计数器 74LS160（同步置数、异步清零）、同步十进制加法计数器 74LS162（同步清零）、可预置十进制可逆计数器 74LS168、二-五-十进制异步计数器 74LS290、可预置十进制可逆计数器 CC40192（双时钟）、双 BCD 同步加法计数器 CC4518 等。下面仅举两个例子说明使用方法。

同步十进制加法计数器 74LS160 管脚排列如图 6.51（a）所示，功能表见表 6-26。二-五-十进制异步计数器 74LS290 的管脚排列如图 6.51（b）所示，功能表见表 6-27。

表 6-26 中 EP、ET 计数控制端，高电平有效，即 EP=ET=1 时，计数器正常计数，否则不计数；CP 计数脉冲输入端，上升沿计数；$\overline{R}_D$ 清零端，低电平有效，异步清零（即清零不受 CP 的控制）；$\overline{LD}$ 置数控制端，低电平有效，即 $\overline{LD}=0$ 时 $Q_DQ_CQ_BQ_A$=DCBA，使计数器可以从任何数值开始计数。图 6.51 中 C_O 为计数器的输出端，用于向高位计数器输出进位脉冲。

160 同步计数器

74LS290 有多种用途，从 CP_A 输入计数脉冲，从 Q_A 输出为 1 位二进制计数器，如图 6.52（a）所示；从 CP_B 输入计数脉冲，从 $Q_DQ_CQ_B$ 输出为五进制计数器，如图 6.52（b）所示；将 Q_A 与 CP_B 相连，从 $Q_DQ_CQ_BQ_A$ 输出为 8421 码十进制计数器，如图 6.52（c）所示。另外还有一些置数输入端见表 6-27。

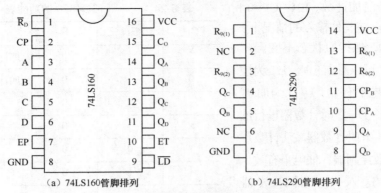

（a）74LS160管脚排列　　　　　　（b）74LS290管脚排列

图 6.51　集成二-十进制计数器管脚排列

表 6-26　　　74LS160 功能表

输入					输出 Q^n
CP	$\bar{R}_D$	$\overline{LD}$	EP	ET	
×	0	×	×	×	清零
↑	1	0	×	×	置数
↑	1	1	1	1	计数
×	1	1	0	×	保持
×	1	1	×	0	保持

表 6-27　　　74LS290 功能表

输入				输出			
$R_{0(1)}$	$R_{0(2)}$	$R_{9(1)}$	$R_{9(2)}$	Q_D	Q_C	Q_B	Q_A
1	1	0	×	0	0	0	0
1	1	×	0	0	0	0	0
×	×	1	1	1	0	0	1
×	0	×	0	计数			
0	×	0	×	计数			
0	×	×	0	计数			
×	0	0	×	计数			

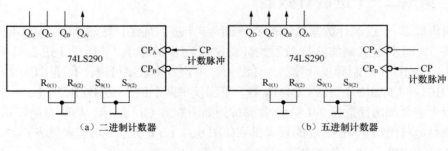

（a）二进制计数器　　　　　　　　（b）五进制计数器

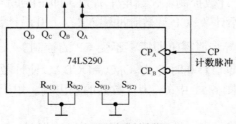

（c）8421码十进制计数器

图 6.52　74LS290 不同接法组成不同进制计数器

由表 6-27 得出以下结论。

$R_{9(1)}$、$R_{9(2)}$ 为"置 9"输入端，高电平有效。当 $R_{9(1)}=R_{9(2)}=1$ 时，计数器 $Q_DQ_CQ_BQ_A=1001$，即直接实现置 9 功能。

$R_{0(1)}$、$R_{0(2)}$ 为"置 0"输入端，高电平有效。当 $R_{0(1)}=R_{0(2)}=1$，且 $R_{9(1)}$、$R_{9(2)}$ 至少有一个为低电平时，计数器 $Q_DQ_CQ_BQ_A=0000$，即实现清零功能。

正常计数时，$R_{9(1)}$、$R_{9(2)}$ 和 $R_{0(1)}$、$R_{0(2)}$ 二组均至少有一端接低电平。

【做一做】实训 6-7：集成计数器的功能测试

实训流程如下所示。

1. 二–五–十进制异步计数器 74LS290 功能测试

（1）置"9"功能测试

将 74LS290 的 14 管脚接+5V 电源，7 管脚接地。将 $R_{9(1)}$ 和 $R_{9(2)}$ 接实验箱的逻辑电平开关，并置"1"，其他端任意（可暂时悬空），观察数码管是否显示数字"9"。

（2）清"0"功能测试

令 $R_{9(1)}=R_{9(2)}=0$，将 $R_{0(1)}$ 和 $R_{0(2)}$ 置为"1"（直接接+5V 即可），观察数码管是否显示数字"0"。

（3）二分频（二进制计数）

令 $R_{0(1)}=R_{0(2)}=R_{9(1)}=R_{9(2)}=0$，将电路的 CP_A 端接 CP 单脉冲，从 Q_A 输出，将 Q_A 接发光二极管，按动轻触开关，观察计数过程。

（4）五分频（五进制计数）

令 $R_{0(1)}=R_{0(2)}=R_{9(1)}=R_{9(2)}=0$，将电路的 CP_B 端接 CP 单脉冲，从 Q_D、Q_C、Q_B 输出，将 Q_D、Q_C、Q_B 接发光二极管，按动轻触开关，观察计数过程。

（5）十进制计数器

令 $R_{0(1)}=R_{0(2)}=R_{9(1)}=R_{9(2)}=0$，将 Q_A 与 CP_B 端相连，将电路的 CP_A 端接 CP 单脉冲，从 Q_D、Q_C、Q_B、Q_A 输出，将 Q_D、Q_C、Q_B、Q_A 接发光二极管，观察计数过程。然后 CP_A 接 1Hz 连续脉冲（从信号发生器获得），用示波器分别观察 Q_D、Q_C、Q_B、Q_A 对应 CP_A 的波形，按照表 6-28 测试 74LS290 的各项功能，并将结果填入表 6-28 中。

表 6-28　　　　　　　　　　74LS290 的功能表

功能	输入						输出			
	$R_{0(1)}$	$R_{0(2)}$	$R_{9(1)}$	$R_{9(2)}$	CP_A	CP_B	Q_D	Q_C	Q_B	Q_A
置 9	×	×	1	1	×	×				
清 0	1	1	0	0	×	×				
二进制计数器	0	0	0	0	↓	×	Q_A:			
五进制计数器	0	0	0	0	×	↓	$Q_D Q_C Q_B$: 000→			
十进制计数器	0	0	0	0	↓	Q_A	0000→			

2. 同步十进制加法计数器 74LS160 功能测试

（1）74LS160 计数功能

将 74LS160 的 16 管脚接+5V 电源，8 管脚接地。清零端 $\overline{R}_D$ 接地清零，然后接高电平；计数控制端 EP、ET 接+5V，置数控制端 $\overline{LD}$ 接高电平（或悬空），将 Q_D、Q_C、Q_B、Q_A 接

发光二极管，CP 端接 CP 单脉冲，观察计数过程。

（2）置数控制端 $\overline{\text{LD}}$ 功能

将 $\overline{\text{R}}_\text{D}$ 悬空，其他端钮不变，C_O 端经非门后接置数控制端 $\overline{\text{LD}}$，DCBA 置为 0011。在 CP 端送 CP 单脉冲，观察计数过程，并判断为几进制计数器。（当 $Q_DQ_CQ_BQ_A$=1001 时，C_O=0，在下一个单脉冲时，$Q_DQ_CQ_BQ_A$ 被置为 DCBA 值。）

按照表 6-29 测试 74LS160 的各项功能，并将结果填入表 6-29 中。

表 6-29   74LS160 的功能表

功能	输入					输出			
	EP	ET	$\overline{\text{R}}_\text{D}$	$\overline{\text{LD}}$	CP	Q_D	Q_C	Q_B	Q_A
清 0	×	×	0	×	×				
计数	1	1	1	1	↑	0000→			
置数	1	1	1		↑	0011→			

6.3.3 任意进制（N 进制）计数器的设计方法

在日常生活中，除了二进制、十进制计数规律以外，还有十二进制、二十四进制、六十进制等计数规律。广义地讲，除了二进制、十进制以外的计数器统称为任意进制计数器。从集成电路产品的成本考虑，没有现成的任意进制计数器产品。要实现任意进制计数器，可以用现有的集成计数器加以改造。下面讨论几种常用的实现任意进制计数器的方法。

构成任意进制计数器的方法很多，这里仅介绍常用的反馈法和级联法。

1. 反馈法

（1）反馈到"置 0"端实现任意进制计数

对于具有"置 0"端的集成计数器，利用"置 0"端，让计数器跳过不需要（无效）的状态，可实现任意进制计数。图 6.53（a）就是用同步十进制计数器 74LS160 和附加的门电路接成的六进制计数器。

74LS160 是十进制计数器，异步清零。要接成六进制，需要让计数器跳过 0110～1001 这 4 个无效状态，因此需要让计数器一旦出现 0110 时，产生一个清零信号"0"，并送到 $\overline{\text{R}}_\text{D}$ 端，使计数器自动清零，跳过 4 个无效状态。由于 74LS160 是异步清零，所以 0110 不会稳定存在，从而实现六进制计数。其连接电路如图 6.53（a）所示，状态转换图如图 6.53（b）所示。

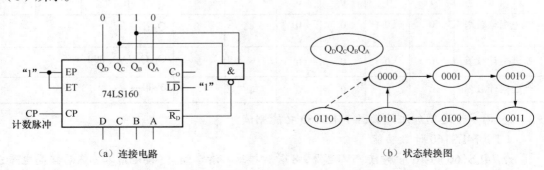

（a）连接电路   （b）状态转换图

图 6.53   反馈到置零端的六进制计数器

连接规律：将计数到 N 时，恰为"1"的输出端接到与非门的输入端，与非门的输出端接到清零端，可以实现任意（小于集成块计数）长度的计数器。

（2）反馈到"置数"端实现任意进制计数

对于具有"置数"功能的计数器，可以利用"置数"端，合理置入数据，跳过无效状态，实现任意进制计数。

74LS160 为同步置数，即 $\overline{LD}=0$ 送 CP 脉冲后，计数器才有 $Q_D Q_C Q_B Q_A=DCBA$。所以当置数值 DCBA 为 0000 时，译码输入应该为 6 的前一个状态，即 $Q_D Q_C Q_B Q_A=0101$ 时产生置数脉冲 $\overline{LD}=0$，下一个 CP 脉冲到来时，置入 0000 状态，跳过 4 个无效状态，实现六进制计数，连接电路如图 6.54 所示。若置数值 DCBA 不为 0000 时，如图 6.55 所示的连接也能实现六进制计数，具体原理读者可自己分析。

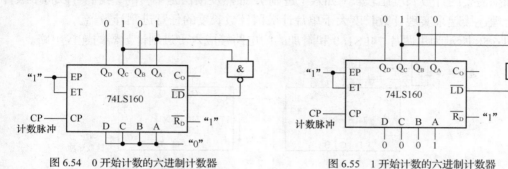

图 6.54　0 开始计数的六进制计数器　　　　图 6.55　1 开始计数的六进制计数器

图 6.56（a）所示电路是将进位输出 C_O 经反相器连接到 $\overline{LD}$ 端，若预置输入端接成 0100，也可实现六进制计数。当计数器的状态 $Q_D Q_C Q_B Q_A=1001$ 时，$C_O=1$，$\overline{LD}=0$，CP 脉冲上升沿到来时，计数器将置为 0100 状态，然后又从 0100 开始计数。图 6.56（b）是计数器的状态转换图，计数器是按 0100～1001 进行计数。改变预置数值 DCBA 的状态，可以实现其他进制计数。

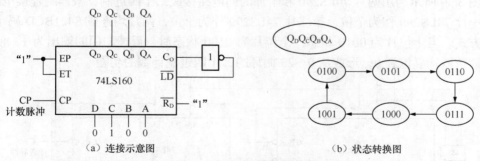

（a）连接示意图　　　　　　　　　（b）状态转换图

图 6.56　4 开始计数的六进制计数器

同样，利用 74LS290，通过反馈法可实现不同进制的计数器。图 6.57（a）所示为六进制计数器，图中 Q_C、Q_B 反馈到置 0 输入端 $R_{0(1)}$、$R_{0(2)}$，当计数器出现 0110 状态时，$R_{0(1)}$、$R_{0(2)}$ 为高电平，计数器迅速复位到 0000 状态，与此同时，$R_{0(1)}$、$R_{0(2)}$ 又变为低电平，使其重新从 0000 状态开始计数。0110 状态存在时间极短，可认为实际出现的记数状态只有 0000 到 0101 六种，故为六进制计数器。图 6.57（b）所示为七进制计数器，当计数器出现 0111 状态时，Q_C、Q_B、Q_A 通过与门反馈使 $R_{0(1)}$、$R_{0(2)}$ 为高电平，计数器迅速复位到 0000 状态，从而实现七进制计数。

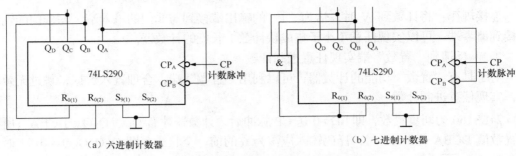

（a）六进制计数器　　　　　　　　（b）七进制计数器

图 6.57　用 74LS290 构成六进制与七进制计数器

2. 级联法

如果需要的计数长度比较长（如六十进制），显然反馈法是不行的，我们可以将多级计数器合理连接起来实现计数长度大于单片计数器计数长度的任意进制计数器。

图 6.58 所示为用两片 74LS160 和附加的门电路接成六十进制计数器的连接电路。

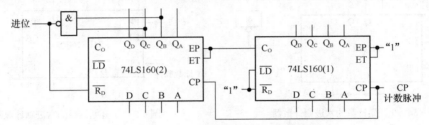

图 6.58　74LS160 接成六十进制计数器

将第一片 74LS160 作为个位（十进制计数），将第二片 74LS160 接成六进制计数器作为十位，个位的进位输出接到十位的 EP、ET 端。计数脉冲从个位的 CP 端送入，每送入 10 个 CP 脉冲，个位清零同时向十位进 1，EP、ET 端为 1，计一次数。当计到第 60 个脉冲后，整个计数器清零，完成一轮循环计数。由十位的 C_o 向更高位输出进位信号。

图 6.59 所示为用两片 74LS290 和附加的门电路接成二十四进制计数器的连接电路。其中第一片 74LS290 作为个位，第二片 74LS290 作为十位，两片均连成 8421BCD 码十进制计数方式。当十位片为 0010 状态，个位片为 0100 状态时，反馈与门的输出为 1，使个、十位计数器均复位到 0，形成从 0~23 循环的二十四进制计数的功能。

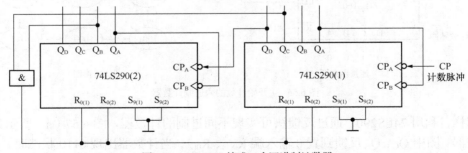

图 6.59　74LS290 接成二十四进制计数器

【做一做】实训 6-8：任意进制计数器的设计

实训流程如下所示。

1. 用 74LS160 设计六进制计数器

（1）画出电路图（注意处理好所有的控制端）

（2）测试电路

用单脉冲作为 CP 的输入，观察在 CP 脉冲作用下输出端的变化，将数据填入表 6-30 中。

表 6-30　　　　　　　　　　　　　　六进制计数器的测试表

CP 的顺序	Q_D　Q_C　Q_B　Q_A	数码管显示的数字
0		
1		
2		
3		
4		
5		
6		
7		
8		

2. 用 74LS160 设计一个二十四进制计数器

（1）画出电路图

（2）测试电路

将测试结果填入表 6-31 中。

表 6-31　　　　　　　　　　　　　　二十四进制计数器的测试表

CP 的顺序	数码管显示的数字	
	高位	低位
0		
1		
2		
3		
4		
5		
⋮		
18		
19		
20		
21		
22		
23		
24		

【练一练】实训 6-9：任意进制计数器的仿真测试

实训流程如下所示。

1. 用 74LS160 组成六十进制计数器

根据图 6.58 所示的电路，画出仿真电路图，观察计数状态。参考电路如图 6.60 所示。其中 DCD_HEX 是带有显示译码器的数码管；V_1 是时钟电压源，用来产生计数信号。

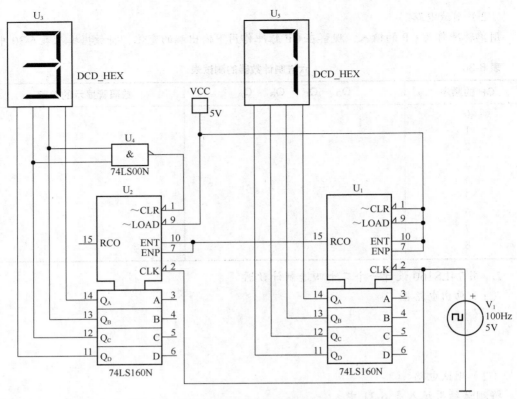

图 6.60　74LS160 组成六十进制计数器仿真参考电路图

2．用 74LS290 组成二十四进制计数器

根据图 6.59 所示的电路，进行仿真实验。

实训任务 6.4　循环灯电路的设计

知识要点

- 了解数码寄存器和移位寄存器的电路组成和工作原理。
- 熟悉寄存器的一般应用。

技能要点

- 会识读寄存器等集成器件的管脚，能检测常用寄存器等集成器件的逻辑功能。
- 学会寄存器等使用方法，能利用寄存器等集成器件组成应用电路。

具有存放数码功能的逻辑电路称为寄存器。寄存器由具有记忆功能的触发器和门电路组合而成。一个触发器存放 1 位二进制代码，存放 n 位二进制代码需要 n 个触发器。寄存器分为数码寄存器和移位寄存器两种。数码寄存器只能用于存放二进制代码，移位寄存器不仅能够存放代码还可以进行数据的串、并变换。

6.4.1　数码寄存器

1．由 D 触发器构成的数码寄存器

数码寄存器的逻辑功能是：接收数码、保存数码、输出数码。图 6.61 所示电路是由 4 位 D 触发器组成的数码寄存器。

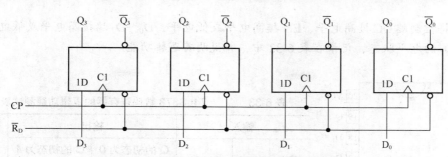

图 6.61　4 位 D 触发器组成的数码寄存器逻辑电路图

$\overline{R}_D$ 为异步清零端，$\overline{R}_D=0$，可立即使所有触发器都复位到 0 状态。$\overline{R}_D=1$ 且 CP 的上升沿到来时，$Q_3Q_2Q_1Q_0=D_3D_2D_1D_0$，加在并行数据输入端的数据 $Q_3 \sim Q_0$ 立刻送入，并保存在触发器的输出端，一直到新的数据送入为止。由此可见，数据在同一个 CP 的控制下存入寄存器，输出也是同时建立的，所以称为并行输入、并行输出。

常用的集成触发器包括四 D 型触发器 74LS175、六 D 型触发器 74LS174、八 D 型触发器 74LS374 等。

图 6.62 所示为集成数码寄存器 74LS175 管脚排列，功能表见表 6-32。

在图 6.62 中 4D、3D、2D、1D 为数码输入端；4Q、3Q、2Q、1Q 和 4 个 $\overline{Q}$ 端为数码输出端，数据可以从 Q 端输出，也可以从 $\overline{Q}$ 端（反相）输出；$\overline{R}_D$ 为异步清零端，低电平有效。

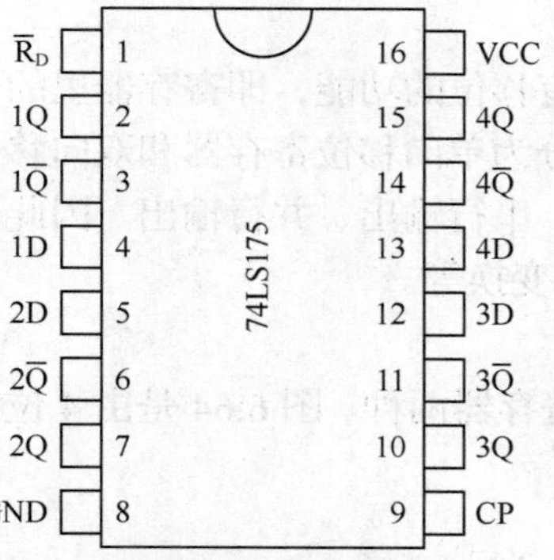

图 6.62　集成数码寄存器 74LS175 管脚图

表 6-32　74LS175 功能表

输入			输出
$\overline{R}_D$	CP	D	Q^{n+1}
0	×	×	0
1	↑	1	1
1	↑	0	0
1	0	×	Q^n

由表 6-32 可以知道，CP 的上升沿存入数据。输出端的状态与 D 端的状态一致。

2. 由锁存器构成的数码寄存器

锁存器的特点是：在不锁存数据时，输出端的信号随输入信号变化；一旦锁存器起锁存作用时，数据被锁住，输出端的信号不再随输入信号而变化。74LS373 就是最常用的八 D 型锁存器。74LS373 的知识在项目 5 中有所介绍，这里只对其逻辑功能进行测试。

【做一做】实训 6-10：数码寄存器 74LS373 逻辑功能测试

实训流程如下所示。

① 74LS373 数码寄存器的管脚排列如图 6.63 所示。

② 将控制端 $\overline{OC}$ 接低电平、EN 接高电平，$D_0 \sim D_7$ 端分别接高电平和低电平，观察 $Q_0 \sim Q_7$ 的电平状态，记录在表 6-33 中，并说明其逻辑功能。

③ 将控制端 $\overline{OC}$ 接低电平、EN 也接低电平，$D_0 \sim D_7$ 端分别接高电平或者低电平，观察 $Q_0 \sim Q_7$ 的电平状态，记录在表 6-33 中，并说明其逻辑功能。

④ 将控制端 $\overline{OC}$ 接高电平、EN 接高电平或低电平，$D_0\sim D_7$ 端接高电平或低电平，观察 $Q_0\sim Q_7$ 的电平状态，记录在表 6-33 中，并说明其逻辑功能。

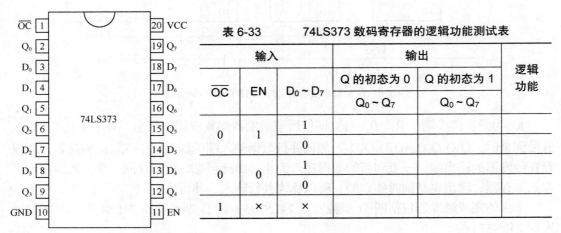

图 6.63　74LS373 管脚图

表 6-33　　74LS373 数码寄存器的逻辑功能测试表

输入			输出		逻辑功能
$\overline{OC}$	EN	$D_0\sim D_7$	Q 的初态为 0	Q 的初态为 1	
			$Q_0\sim Q_7$	$Q_0\sim Q_7$	
0	1	1			
		0			
0	0	1			
		0			
1	×	×			

⑤ 归纳 74LS373 数码寄存器的逻辑功能。

6.4.2　移位寄存器

移位寄存器除了具有存放数码的功能以外，还具有移位的功能，即寄存器里的数码可以在移位脉冲（CP）的作用下依次移动。移位寄存器分为单向移位寄存器和双向移位寄存器两种，其输入、输出方式包括串行输入、并行输入，串行输出、并行输出。因此移位寄存器的逻辑功能为存放数码，二进制数的串/并、并/串变换等。

1. 单向移位寄存器

单向移位寄存器分为左向移位寄存器、右向移位寄存器两种。图 6.64 是由 4 位维持阻塞 D 触发器组成的左向移位寄存器逻辑图。

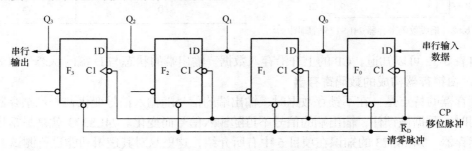

图 6.64　左向移位寄存器逻辑图

图 6.64 中 Q_3 为最高位，Q_0 为最低位。低位触发器的输出端接到相邻高位的输入端，被移动的数据从最低位触发器的 D 端送入（要把 $d_3d_2d_1d_0$ 存放在 $Q_3Q_2Q_1Q_0$ 端，需要从 d_3 开始输入）依次前移，这种依次输入的方式称为串行输入。

下面以输入数据 $d_3d_2d_1d_0=1011$ 为例，说明数据移入寄存器的过程。送 CP 脉冲之前，在 $\overline{R}_D$ 加"0"，使 $Q_3Q_2Q_1Q_0=0000$。第 1 个 CP 脉冲的上升

4 位右移寄存器

沿到来之前，$d_0=1$，$d_1=d_2=d_3=0$，第 1 个 CP 脉冲的上升沿到来后 $Q_3Q_2Q_1Q_0=0001$；第 2 个 CP 脉冲的上升沿到来之前 $d_0=0$，$d_1=1$，$d_2=d_3=0$，第 2 个 CP 脉冲的上升沿到来后 $Q_3Q_2Q_1Q_0=0010$；第 3 个 CP 脉冲的上升沿到来之前 $d_0=1$，$d_1=0$，$d_2=1$，$d_3=0$，第 3 个 CP 脉冲的上升沿到来后 $Q_3Q_2Q_1Q_0=0101$；第 4 个 CP 脉冲的上升沿到来之前 $d_0=1$，$d_1=1$，$d_2=0$，$d_3=1$，第 4 个 CP 脉冲的上升沿到来后 $Q_3Q_2Q_1Q_0=1011$；4 个 CP 过后，数据被移入寄存器中。数据从 $Q_3Q_2Q_1Q_0$ 同时输出称为并行输出，还可以再送入 4 个 CP 脉冲，从 Q_3 端按照 $Q_3Q_2Q_1Q_0$ 的顺序依次输出，称为串行输出。数码在寄存器中移动的情况见表 6-34，移位寄存器的时序图如图 6.65 所示。

表 6-34　　　　　　　　　　移位寄存器数据移动表

CP 个数	寄存器状态				输入数据 $d_3d_2d_1d_0=1011$
	Q_3	Q_2	Q_1	Q_0	
0	0	0	0	0	1
1	0	0	0	1	0
2	0	0	1	0	1
3	0	1	0	1	1
4	1	0	1	1	

由图 6.65 可以看出，4 个 CP 过后，数据被移入寄存器中，$Q_3Q_2Q_1Q_0$ 得到了并行输出的数据，因此移位寄存器除了存放数据以外还可以实现数据的串/并变换。如果将数据以并行的方式存入寄存器中，然后送 4 个 CP 脉冲，从 Q_3 依次移出，又可以实现数据的并/串变换。

单向移位寄存器还有右向移位寄存器。所不同的是，高位的输出接到低位的输入，数据从最高位的输入端送入（先送 d_0）依次移入，串行输出取自最低位触发器的输出端。

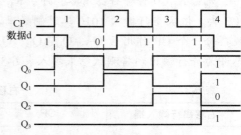

图 6.65　左向移寄存器时序图

2. 双向移位寄存器

将左向移位寄存器和右向移位寄存器组合起来，并增加一些控制端，就可以构成既可以左移又可以右移的双向移位寄存器。4 位通用移位寄存器 74LS194 管脚排列如图 6.66 所示，功能表见表 6-35。

双向移位寄存器

表 6-35　　　　74LS194 功能表

$\overline{R}_D$	S_1	S_0	CP	逻辑功能
0	×	×	×	清零
1	0	0	×	保持
1	0	1	↑	右移
1	1	0	↑	左移
1	1	1	↑	并行置数

图 6.66　74LS194 管脚排列

$\overline{R}_D$ 清零端，低电平有效。S_1、S_0 为控制端，S_1、S_0 取值不同，寄存器的工作状态不同。

移位脉冲 CP 上升沿有效。

【做一做】实训 6-11：移位寄存器 74LS194 的逻辑功能测试

实训流程如下。

（1）$\overline{R}_D$ 清除功能测试

将 16 管脚接+5V 电源，8 管脚接地。将 $\overline{R}_D$、S_1、S_0、D、C、B、A 端接逻辑电平开关，CP 接单脉冲，Q_D、Q_C、Q_B、Q_A 端接发光二极管。按表 6-36 所给的数值进行测试并将结果填在相应的位置上。

表 6-36 　　　　　　　　　　　　$\overline{R}_D$ 功能表

输　　　　入				输　　　出				功　　能
$\overline{R}_D$ S_1 S_0 CP				D C B A				
0	×	×	×	× × × ×				
1	0	0	0	× × × ×				
1	1	1	↑	1 0 0 1				

（2）右移串行输入测试

先令 $\overline{R}_D$=0 将寄存器清零，再令 $\overline{R}_D$=1、S_1S_0=01，CP 接单次脉冲。由右移串行输入端（2 脚）依次串行输入 1010 二进制数码。每输入一个数码，由 CP 送一个单次脉冲信号，观察每一个 CP 作用后 Q_D、Q_C、Q_B、Q_A 的状态，4 个 CP 作用后 Q_D、Q_C、Q_B、Q_A 的状态即为并行输出。将测试结果填入表 6-37 中。

表 6-37 　　　　　　　　右移串行输入功能表

右移串行输入端	CP	Q_D	Q_C	Q_B	Q_A
×	×	0	0	0	0
1	1				
0	2				
1	3				
0	4				

（3）左移串行输入测试

先令 $\overline{R}_D$=0 将寄存器清零，再令 $\overline{R}_D$=1、S_1S_0=10，CP 接单次脉冲。由左移串行输入端（7 脚）依次串行输入 1010 二进制数码。每输入一个数码，由 CP 送一个单次脉冲信号，观察每一个 CP 作用后 Q_D、Q_C、Q_B、Q_A 的状态，4 个 CP 作用后 Q_D、Q_C、Q_B、Q_A 的状态即为并行输出。将测试结果填入表 6-38 中。

表 6-38 　　　　　　　　左移串行输入功能表

左移串行输入端	CP	Q_D	Q_C	Q_B	Q_A
×	×	0	0	0	0
1	1				
0	2				
1	3				
0	4				

6.4.3　寄存器应用实例

1. 用移位寄存器构成计数器

把移位寄存器的输出反馈到它的串行输入端，就可以进行循环移位，如图 6.67（a）所示，把输出端 Q_D 与右移串行输入端 D_{SR} 相连接。当正脉冲启动信号加入 S_1 端时，$S_1S_0=11$，在 CP 作用下执行并行置数功能操作，使 $Q_AQ_BQ_CQ_D=1000$。当 S_1 信号由 1 变为 0 之后，$S_1S_0=01$，在 CP 作用下移位寄存器进行右移操作，状态转换图如图 6.67（b）所示。当第 4 个 CP 到来时，由于 $D_{SR}=Q_D=1$，在此 CP 作用下，$Q_AQ_BQ_CQ_D=1000$。可见该计数器共有 4 个有效状态，是模 4 计数器。这种类型的计数器通常称为环形计数器。

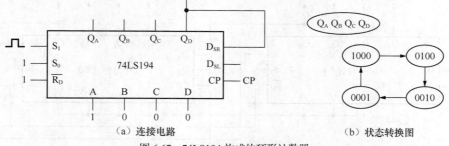

（a）连接电路　　　　　　　　　　　　（b）状态转换图

图 6.67　74LS194 构成的环形计数器

如果将移位寄存器输出端 Q_D 反相后接到右移串行输入端 D_{SR}，就构成了扭环形计数器，如图 6.68（a）所示，其状态转换图如图 6.68（b）所示。该电路有 8 个计数状态，其为模 8 计数器。

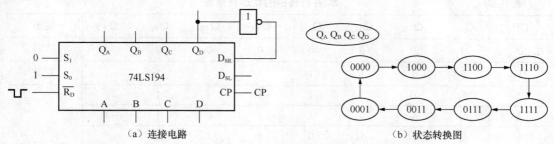

（a）连接电路　　　　　　　　　　　　（b）状态转换图

图 6.68　74LS194 构成的扭环形计数器

如果将移位寄存器输出端经过一定门电路后接到串行输入端 D_{SR} 或者 D_{SL}，可以构成一定进制的计数器。图 6.69（a）所示为 74LS194 构成的带有自启动的模 5 计数器，其状态转换图如图 6.69（b）所示。

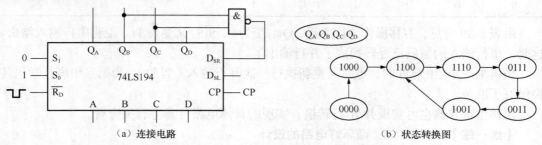

（a）连接电路　　　　　　　　　　　（b）状态转换图

图 6.69　74LS194 构成的模 5 计数器

2. 用移位寄存器实现串/并行转换

串/并行转换是指串行输入的数码，经转换电路之后变换成并行输出。图 6.70 是用两片 74LS194 四位双向移位寄存器组成的七位串/并行数据转换电路。

电路中 S_0 端接高电平 1，S_1 受第 II 片 Q_{IID} 控制，两片寄存器连接成串行输入右移工作模式。Q_{IID} 是转换结束标志。当 $Q_{IID}=1$ 时，S_1 为 0，使之成为 $S_1S_0=01$ 的串行输入右移工作方式；当 $Q_{IID}=0$ 时，$S_1=1$，有 $S_1S_0=11$，则串行送数结束，标志着串行输入的数据已转换成并行输出。

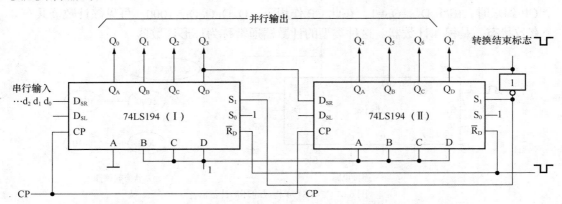

图 6.70　两片 74LS194 四位双向移位寄存器组成的七位串/并行转换器电路

表 6-39 是串/并行转换的状态转换表。

表 6-39　　　　　　　　　　　串/并行转换的状态转换表

CP	Q_{IA}	Q_{IB}	Q_{IC}	Q_{ID}	Q_{IIA}	Q_{IIB}	Q_{IIC}	Q_{IID}	说明
0	0	0	0	0	0	0	0	0	清零
1	0	1	1	1	1	1	1	1	置数
2	d_0	0	1	1	1	1	1	1	
3	d_1	d_0	0	1	1	1	1	1	
4	d_2	d_1	d_0	0	1	1	1	1	右移操作 7 次
5	d_3	d_2	d_1	d_0	0	1	1	1	
6	d_4	d_3	d_2	d_1	d_0	0	1	1	
7	d_5	d_4	d_3	d_2	d_1	d_0	0	1	
8	d_6	d_5	d_4	d_3	d_2	d_1	d_0	0	
9	0	1	1	1	1	1	1	1	置数

由表 6-39 可见，右移操作 7 次之后，Q_{IID} 变为 0，S_1S_0 又变为 11，说明串行输入结束。这时，串行输入的数码已经转换成了并行输出了。

当再来一个 CP 脉冲时，电路又重新执行一次并行输入（置数），为第二组串行数码转换做好了准备。

用移位寄存器也可实现并/串行转换，实现的具体电路可参考有关资料。

【练一练】实训 6-12：循环灯电路的设计

（1）设计要求

用两片 74LS194 和其他门电路设计循环灯电路，当 CP 脉冲连续不断输入时，电路中

8 个发光二极管从左到右一个一个全部点亮，然后又从左到右一个一个全部熄灭，以此规律不断循环。

要求：写出设计过程，画出电路图并测试。

（2）设计流程

① 分析题意。

② 画电路图。

③ 在实验台上连接电路。

④ 检测电路逻辑功能。

实训任务 6.5　波形产生变换电路的设计

知识要点	技能要点
• 掌握 555 定时器的基本知识。 • 了解 555 定时器构成的单稳态触发器、多谐波振荡器和施密特触发器的应用。	• 能按工艺要求制作 555 振荡电路。 • 掌握利用 555 定时器组成施密特电路、多谐振荡器、单稳态触发器等各种电路的方法。

6.5.1　555 定时器的电路结构及工作原理

555 定时器是一种应用极为广泛的中规模集成电路，因集成电路内部含有 3 个 5kΩ 电阻而得名。该电路使用灵活、方便，只需外接少量的阻容元件就可以构成施密特触发器、单稳态触发器和多谐振荡器，且价格便宜，广泛应用于信号的产生、变换、控制与检测中。

目前生产的 555 定时器有双极型和 CMOS 两种类型，主要厂商生产的产品有 NE555、FX555、LM555 和 C7555 等，他们的结构和工作原理大同小异，引出线也基本相同，有的还有双电路封装，称为 556。通常双极型定时器具有较强的带负载能力，而 CMOS 定时器具有功耗低、输入阻抗高等优点。555 定时器工作的电源电压范围很宽，并可承受较大的负载电流。双极型定时器的电源电压范围为 5～16V，最大负载电流可达 200mA，因此可以直接驱动小电动机、继电器、喇叭和发光二极管；CMOS 定时器电源电压范围为 3～18V，最大负载电流一般在 4mA 以下。

1. 电路结构

555 定时器是一种将模拟电路和数字电路混合集成于一体的电子器件，其内部结构的简化原理图如图 6.71 所示。图 6.72 所示为 555 定时器的管脚图。

由图 6.71 可知，555 定时器由 3 个阻值为 5kΩ 的电阻组成的分压器、两个电压比较器 C_1 和 C_2、基本 RS 触发器、放电三极管 VT_D 和缓冲反相器 G_4 组成。虚线边沿标注的数字为管脚号。其中，1 脚接地端。2 脚低电平触发端，由此输入低电平触发脉冲。6 脚为高电平触发端，由此输入高电平触发脉冲。4 脚复位端，输入负脉冲（或使其电压低于 0.7V）可使 555 定时器直接复位。5 脚电压控制端，在此端外加电压可以改变比较器的参考电压。不用时，经 0.01μF 的电容接"地"，以防止引入干扰。7 脚放电端，555 定时器输出低电平时，放电三极管 VT_D 导通，外接电容元件通过 VT_D 放

555 定时器的
电路结构

电。3 脚输出端，输出高电压约低于电源电压 1～3V，输出电流可达 200mA，因此可直接驱动继电器、发光二极管、扬声器、指示灯等。8 脚为电源端，可在 5～18V 范围内使用。

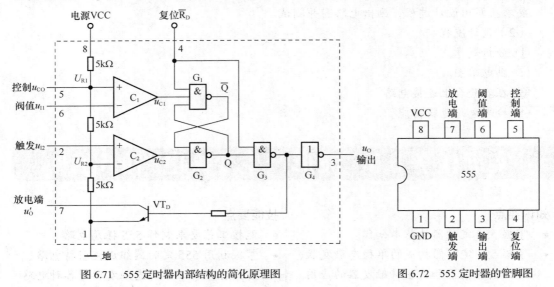

图 6.71　555 定时器内部结构的简化原理图　　　　图 6.72　555 定时器的管脚图

2. 工作原理

555 定时器工作过程分析如下。

5 脚经 0.01μF 的电容接"地"，比较器 C_1 和 C_2 的比较电压为 $U_{R1}=\dfrac{2}{3}V_{CC}$、$U_{R2}=\dfrac{1}{3}V_{CC}$。

当 $u_{I1}>\dfrac{2}{3}V_{CC}$，$u_{I2}>\dfrac{1}{3}V_{CC}$ 时，比较器 C_1 输出低电平，比较器 C_2 输出高电平，基本 RS 触发器"置 0"，G_3 输出高电平，放电三极管 VT_D 导通，定时器输出低电平，$u_O=U_{OL}$。

555 定时器的
工作原理

当 $u_{I1}<\dfrac{2}{3}V_{CC}$，$u_{I2}>\dfrac{1}{3}V_{CC}$ 时，比较器 C_1 输出高电平，比较器 C_2 输出高电平，基本 RS 触发器保持原状态不变，555 定时器输出状态亦保持不变。

当 $u_{I1}>\dfrac{2}{3}V_{CC}$，$u_{I2}<\dfrac{1}{3}V_{CC}$ 时，比较器 C_1 输出低电平，比较器 C_2 输出低电平，基本 RS 触发器两端都被置 1，G_3 输出低电平，放电三极管 VT_D 截止，定时器输出高电平，$u_O=U_{OH}$。

当 $u_{I1}<\dfrac{2}{3}V_{CC}$，$u_{I2}<\dfrac{1}{3}V_{CC}$ 时，比较器 C_1 输出高电平，比较器 C_2 输出低电平，基本 RS 触发器置 1，G_3 输出低电平，放电三极管 VT_D 截止，定时器输出高电平，$u_O=U_{OH}$。

综合上述的分析，可以得到表 6-40 所示的 555 定时器的功能表。

表 6-40　　　　　　　　　　　　　　555 定时器的功能表

复位端 $\overline{R}_D$	高电平触发端 u_{I1}	低电平触发端 u_{I2}	放电三极管 VT_D	输出端 u_O
0	×	×	导通	0
1	$>\dfrac{2}{3}V_{CC}$	$>\dfrac{1}{3}V_{CC}$	导通	0

续表

复位端 $\bar{R}_D$	高电平触发端 u_{I1}	低电平触发端 u_{I2}	放电三极管 VT_D	输出端 u_O
1	$<\dfrac{2}{3}V_{CC}$	$>\dfrac{1}{3}V_{CC}$	不变	不变
1	$>\dfrac{2}{3}V_{CC}$	$<\dfrac{1}{3}V_{CC}$	截止	1
1	$<\dfrac{2}{3}V_{CC}$	$<\dfrac{1}{3}V_{CC}$	截止	1

如果在 555 定时器的电压控制端（5 脚）施加一个外接电压（其值在 $0\sim V_{CC}$ 之间），比较器的参考电压将发生变化，电路相应的高电平触发电压、低电平触发电压也将发生变化，进而影响电路的工作状态。有兴趣的读者可以自己去分析。

6.5.2　555 定时器的应用

555 定时器用途极为广泛，例如可以构成施密特触发器、单稳态触发器、多谐振荡器等。

1. 用 555 定时器构成施密特触发器

将 555 定时器的 2 脚和 6 脚接在一起，可以构成施密特触发器，我们简记为"二六一搭"。由于施密特触发器不需放电端，所以利用放电端与输出端状态相一致的特点，从放电端加一上拉电阻后，可以获得与 3 脚相同的输出。如果上拉电阻单独接另外一组电源，如图 6.73（a）所示，则可以获得与 3 脚输出不同的逻辑电平。

假定输入的触发信号 u_I 为三角波，u_{O1} 工作波形如图 6.73（b）所示，根据输入波形分析电路的工作过程如下。

设 u_I 为低电平时（$u_I<\dfrac{1}{3}V_{CC}$），根据 555 定时器的功能表可知，定时器的输出为高电平。当 u_I 的电压逐渐升高到 $\dfrac{1}{3}V_{CC}<u_I<\dfrac{2}{3}V_{CC}$ 时，555 定时器的输出状态保持不变。

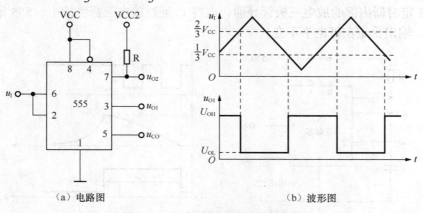

（a）电路图　　　　　　　　　　　　　（b）波形图

图 6.73　555 定时器构成施密特触发器

当输入电压 u_I 继续上升到 $u_I>\dfrac{2}{3}V_{CC}$ 时，555 定时器的输出状态发生翻转，跳变成低电平，此时对应的输入电压即为这个施密特触发器的正向阈值电压，记为

$$U_{T+} = \frac{2}{3}V_{CC}$$

输入电压继续增加，555 定时器仍然处于低电平，输入电压增加到最高点后逐渐下降，当 $\frac{1}{3}V_{CC} < u_1 < \frac{2}{3}V_{CC}$ 时，555 定时器的输出状态保持不变，输出还是低电平。

当输入电压下降到 $u_1 < \frac{1}{3}V_{CC}$ 时，电路状态又一次发生翻转，输出重新跳变成高电平，又返回到开始讨论的情况。从这里可以看出这个施密特触发器的负向阈值电压为

$$U_{T-} = \frac{1}{3}V_{CC}$$

回差电压

$$\Delta U = U_{T+} - U_{T-} = \frac{1}{3}V_{CC}$$

以上的结论是在 5 脚没有外接控制电压的情况下得出的，如果在电压控制端外接控制电压，则可以通过改变控制电压来调节施密特触发器的正向阈值电压、负向阈值电压及回差。例如在控制端外加电压 U_{CO}，由图 6.71 可以看出，施密特触发器的正向阈值电压为 $U_{T+} = U_{CO}$、负向阈值电压为 $U_{T-} = \frac{1}{2}U_{CO}$，则回差 $\Delta U = \frac{1}{2}U_{CO}$，也就是说正向阈值电压、负向阈值电压、回差随控制端的输入电压的变化而变化。

2. 用 555 定时器构成单稳态触发器

将 555 定时器的 6 脚和 7 脚接在一起，并添加一个电容 C 和一个电阻 R，就可以构成单稳态触发器，如图 6.74（a）所示。

由图 6.74 可见，电容接在 6 脚与地之间，电阻接在 7 脚和电源之间，可简记为"七六一搭，下 C 上 R"。这个单稳态触发器是负脉冲触发的。稳态时，这个单稳态触发器输出低电平；暂稳态时，触发器输出高电平。

刚接通电源时，假如没有触发信号，电路先自己有一个稳定的过程，即电源通过电阻 R 向电容 C 充电，当电容上的电压超过高电平触发电压时，触发器被复位，输出为低电平，此时，555 定时器内部的放电三极管导通，电容 C 通过放电三极管放电，555 定时器进入保持状态，输出稳定在低电平不变。

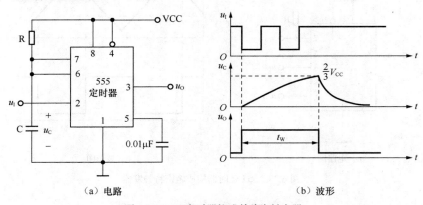

（a）电路　　　　　　　　　　（b）波形

图 6.74　555 定时器构成单稳态触发器

若在触发输入端（2 脚）施加一个负向、窄的触发脉冲，由于此时 u_1 低于 $\frac{1}{3}V_{CC}$，使得

触发器发生状态翻转，触发器的输出为高电平，电路进入暂稳态。因为此时 555 定时器内部的放电三极管截止，所以电源又经过电阻 R 向电容 C 充电，充电时间常数 $\tau = RC$。电容上的电压按指数规律上升。很短时间后，触发负脉冲消失，低电平触发端又回到高电平，而此时高电平触发端电压（即为电容 C 上的电压）还没有上升到 $\frac{2}{3}V_{CC}$，所以 555 定时器进入保持状态，内部的放电三极管还是截止的。电源继续通过电阻 R 向电容充电，一直到电容上的电压超过 $\frac{2}{3}V_{CC}$。即使在充电的过程中再来一个负窄脉冲，也不会对电路状态有影响。

555 定时器构成
单稳态触发器

当电容上的电压达到 $\frac{2}{3}V_{CC}$ 时，电路又一次发生翻转，触发器的输出跳变为低电平，555 定时器内部的放电三极管导通，电容 C 又通过放电三极管放电，电路恢复到初始的稳定状态，静待第二个负触发脉冲的到来，从上面的分析可知，这样构成的是一个非可重触发的单稳态触发器。

图 6.74（b）所示为在触发信号作用下 u_C 和 u_O 的相应波形。

如果忽略 555 内部的放电三极管的饱和压降，则触发器输出电压 u_O 的脉冲宽度即为电容上的电压从 0 上升到 $\frac{2}{3}V_{CC}$ 的时间。根据 RC 电路过渡公式可求得

$$t_W = \tau \ln \frac{U_C(\infty) - U_C(0)}{U_C(\infty) - U_{T+}}$$

其中，$\tau = RC$，$U_C(\infty) = V_{CC}$，$U_C(0) \approx 0$，$U_{T+} = \frac{2}{3}V_{CC}$，代入得

$$t_W = RC \ln \frac{V_{CC} - 0}{V_{CC} - \frac{2}{3}V_{CC}} = RC \ln 3 \approx 1.1RC$$

由上式可知，脉冲宽度取决于定时元件 R、C 的值，与触发脉冲宽度无关，调节定时元件，可以改变输出脉冲的宽度。这种电路产生的脉冲可以从几个微秒到数分钟，精度可达 0.1%。通常电阻的取值为几百欧姆到几兆欧姆，电容的取值为几百皮法到几百微法。

3. 用 555 定时器构成多谐振荡器

我们知道，利用施密特触发器可以构成多谐振荡器。于是，我们先用 555 定时器构成施密特触发器，再把这个施密特触发器改接成多谐振荡器，如图 6.75（a）所示。

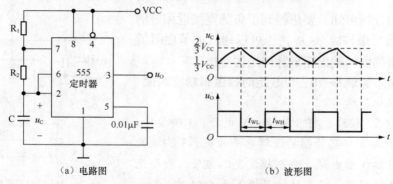

（a）电路图　　　　　　　　　　（b）波形图

图 6.75　555 定时器构成多谐振荡器

555 定时器构成
多谐振荡器

由图 6.75（a）可见，这个施密特触发器稍微复杂一些，除了"二六一搭"以外，又增加了一个电阻 R_1。R_1 与 555 定时器内部的放电三极管 VT_D 构成了一个反相器。逻辑上，这个反相器的输出与 555 定时器的输出完全相同。因此，这个施密特触发器有两个输出端，分别为 555 定时器的 3 脚和 7 脚。我们看到，电阻 R_2 和电容 C 构成了 RC 积分电路，施密特触发器的一个输出端（7 脚）接 RC 积分电路的输入端，RC 积分电路的输出端接施密特触发器的输入端。这样，一个多谐振荡器就构成了。施密特触发器的另外一个输出端（3 脚）专门作为多谐振荡器的输出，所以我们可以最大限度地保证多谐振荡器的带负载能力。这个多谐振荡器可以驱动小型继电器。

由图 6.75（b）波形图可知，接通电源后，电源经过电阻 R_1 和 R_2 向电容 C 充电，电容两端电压上升，当 $u_C > \frac{2}{3} V_{CC}$ 时，触发器被复位，此时 u_O 输出为低电平，同时 555 定时器内部的放电三极管导通，电容 C 通过电阻 R_2 和放电三极管放电，使电容两端电压下降，当 $u_C < \frac{1}{3} V_{CC}$ 时，触发器又被置位，u_O 输出翻转为高电平。电容器放电所需的时间为

$$t_{WL} = \tau \ln \frac{V_{CC} - \frac{1}{3} V_{CC}}{V_{CC} - \frac{2}{3} V_{CC}} = R_2 C \ln 2 \approx 0.7 R_2 C$$

当电容 C 放电结束时，放电三极管截止，电源又开始经过 R_1 和 R_2 向电容器 C 充电。电容电压由 $\frac{1}{3} V_{CC}$ 上升到 $\frac{2}{3} V_{CC}$ 所需的时间为

$$t_{WH} = \tau \ln \frac{V_{CC} - \frac{1}{3} V_{CC}}{V_{CC} - \frac{2}{3} V_{CC}} = (R_2 + R_1) C \ln 2 \approx 0.7 (R_2 + R_1) C$$

当电容电压上升到 $\frac{2}{3} V_{CC}$ 时，触发器又发生翻转，如此周而复始，在输出端就得到一个周期性的矩形脉冲，其频率为

$$f = \frac{1}{t_{WH} + t_{WL}} \approx \frac{1.43}{(R_1 + 2R_2) C}$$

从上面的分析可知，要想得到正负脉宽接近相等的矩形波，需满足条件 $R_2 \gg R_1$，还可以通过调节电阻值来调节多谐振荡器的输出矩形脉冲的占空比。

【做一做】实训 6-13：555 定时器逻辑功能测试

实训流程如下所示。

① 按图 6.76 接线，将 8 脚接+5V 电源，1 脚接地，4 脚（$\overline{R}_D$ 复位端）接实验箱的逻辑电平开关，3 脚（输出端 u_O）和 7 脚（放电端）分别接发光二极管，检查无误后，方可进行测试。将测试结果填入表 6-41 中。

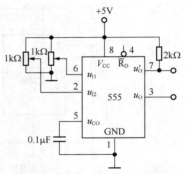

图 6.76　555 定时器逻辑功能测试图

表 6-41　　　　　　　　　　　　　　555 定时器逻辑功能表

阈值端 u_{I1}	触发端 u_{I2}	复位端 $\overline{R}_D$	放电三极管 VT_D	输出端 u_O
×	×	0		
$> \dfrac{2}{3}V_{CC}$	$> \dfrac{1}{3}V_{CC}$	1		
$< \dfrac{2}{3}V_{CC}$	$> \dfrac{1}{3}V_{CC}$	1		
$> \dfrac{2}{3}V_{CC}$	$< \dfrac{1}{3}V_{CC}$	1		
$< \dfrac{2}{3}V_{CC}$	$< \dfrac{1}{3}V_{CC}$	1		

② 将表 6-41 与表 6-40 比较，可以得到什么结果？

【做一做】实训 6-14：555 定时器应用

实训流程如下所示。

1. 用 555 定时器构成施密特触发器

① 将 555 定时器的 2 脚和 6 脚接在一起，可以构成施密特触发器。画出电路图，在实验箱上连接电路。

② 在输入端输入振幅为 5V，频率为 1kHz 的正弦波（使用信号发生器），用示波器观测输入、输出波形，并绘出波形。

2. 用 555 定时器构成多谐振荡器

① 将 555 定时器接成图 6.77 所示电路。

② 用示波器观察输出端 u_O（3 脚）的波形。

③ 测试出 u_O 的振荡周期 T 并计算出频率 f 填入表 6-42 中。

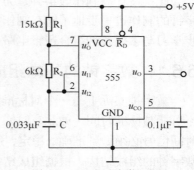

图 6.77　555 构成自激振荡器

表 6-42　　　　　　　　　　　　多谐振荡器周期 T、频率 f 测试表

$R_1/k\Omega$	$R_2/k\Omega$	$C/\mu F$	T		f	
			计算值	实验值	理论值	实验值
15	5	0.033				
15	5	0.1				

3. 用 555 定时器构成单稳态触发器

① 将 555 定时器接成图 6.74（a）所示电路，$R=10k\Omega$，$C=0.01\mu F$。在其 2 脚上加输入信号 u_I（u_I 为方波，振幅 0～5V 逐渐增大，$f=10kHz$），用示波器观察输入、输出的波形。

② 绘出输入、输出波形。

③ 如果改变输入信号频率（例如 $f=1kHz$、$f=20kHz$），观测输出波形的变化情况。

多谐振荡器用作
简易温控报警
电路

251

【想一想】
555 定时器可实现哪些逻辑功能?

实训任务 6.6　数字钟的设计与制作

知识要点
- 了解数字钟的基本组成和工作原理，能分析数字钟电路。

技能要点
- 掌握数字电路系统的制作、调试技巧和方法。
- 掌握通过逻辑分析查找数字电路故障的方法。
- 会安装并调试数字钟。

数字钟是一种用数字电路技术实现时、分、秒计时的装置，与机械式时钟相比具有更高的准确性和直观性，且无机械装置，具有更长的使用寿命，因此得到了广泛的使用。

数字钟从原理上讲是一种典型的数字电路，其中包括了组合逻辑电路和时序逻辑电路。目前，数字钟的功能越来越强，并且有多种专门的大规模集成电路可供选择。

此次设计与制作数字钟是为了了解数字钟的原理，从而学会制作数字钟，而且通过数字钟的制作进一步地了解在制作中用到的各种中小规模集成电路的作用及使用方法，进一步学习与掌握各种组合逻辑电路与时序逻辑电路的原理与使用方法。

6.6.1　数字钟的基本组成

数字钟实际上是一个对标准频率（1Hz）进行计数的计数电路。由于计数的起始时间不可能与标准时间（如北京时间）一致，需要在电路上加一个校时电路，同时标准的 1Hz 时间信号必须做到准确、稳定，通常使用石英晶体振荡器电路构成数字钟。图 6.78 所示为数字钟的组成结构，根据组成结构分析如下。

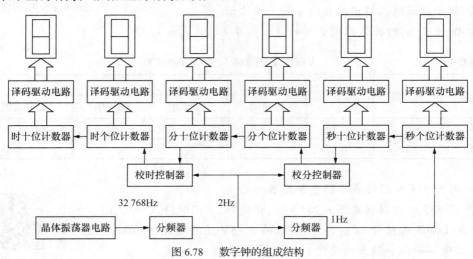

图 6.78　数字钟的组成结构

1. 秒信号产生电路

秒信号产生电路，是用来产生时间标准的电路。时间标准信号的准确度与稳定性，直接关系到数字钟计时的准确度与稳定性，所以秒信号产生电路多采用晶体振荡器以获得频率较高的高频信号，再经过若干次分频后获得每秒钟一次的秒信号。

2. 时间计数器电路

时间计数器电路由秒个位和秒十位计数器、分个位和分十位计数器及时个位和时十位计数器电路构成，其中秒个位和秒十位计数器、分个位和分十位计数器为六十进制计数器，而时个位和时十位计数器为十二进制计数器或者二十四进制计数器。

3. 校时电源电路

当重新接通电源或走时出现误差时都需要对时间进行校正。通常，校正时间的方法是：首先截断正常的计数通路，然后再进行人工触发计数或将频率较高的方波信号加到需要校正的计数单元的输入端，校正好后，再转入正常计时状态即可。

4. 译码驱动电路

译码驱动电路将计数器输出的 8421BCD 码转换为数码管需要的逻辑状态，并且为保证数码管正常工作提供足够的工作电流。

5. 数码管

数码管通常有发光二极管（LED）数码管和液晶（LCD）数码管，本设计提供 LED 数码管。

6.6.2　电路设计及元器件的选择

1. 秒信号产生电路

（1）555 定时器构成秒信号产生电路

555 定时器可以构成多谐振荡器，能周期性地产生方波信号，其电路图及输出波形如图 6.75 所示。

输出方波信号的周期计算如下。

电容器充电时间为 $t_{\mathrm{WH}} \approx 0.7(R_2 + R_1)C$。

电容器放电时间为 $t_{\mathrm{WL}} \approx 0.7R_2C$。

所以方波信号的周期为 $t = t_{\mathrm{WH}} + t_{\mathrm{WL}} \approx 0.7(R_1 + 2R_2)C$。

频率为 $f = \dfrac{1}{t} \approx \dfrac{1.43}{(R_1 + 2R_2)C}$。

因此，通过调节电阻值可以调节多谐振荡器的输出矩形脉冲的占空比。若 $R_2 \gg R_1$，可得到正负脉宽接近相等的矩形波。

如果要使方波信号的频率为 1Hz，即秒信号，则只需选择合适的电阻 R_1、R_2 值和电容 C 值即可。LM555 电路要求 R_1 与 R_2 值均应大于或等于 $1\mathrm{k}\Omega$，但 $R_1 + R_2$ 应不大于 $3.3\mathrm{M}\Omega$。

（2）用晶体振荡器产生秒信号电路

一般选用集成 14 级 2 分频器 CD4060 中的两个非门和钟表专用晶体 32768Hz 及电阻 R_1、电容 C_1、C_2（C_2 用来调整走时的快慢）组成振荡电路，产生 32768Hz 的信号，经过 CD4060 内部电路的 14 级分频，从其 Q_{14} 端输出每秒 2 Hz 的信号，再经过 74LS74 的 2 分频，获得每秒 1Hz 的秒信号，加给秒计数电路，参考电路如图 6.79 所示。

2. 时间计数器电路

时间计数器电路一般为十二进制计数器或二十四进制计数器，其输出为两位 8421BCD 码形式，分计数和秒计数器为六十进制计数器，其输出也为 8421BCD 码。一般采用十进制计数器如 74HC290、74HC390 等来实现时间计数器的计数功能。欲实现二十四进制和六十进制计数还需进行计数模值转换。

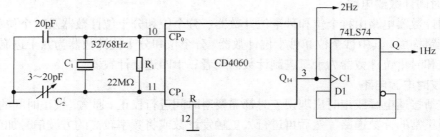

图 6.79　秒信号产生电路

为减少器件使用数量，我们这个选用 74HC390，其内部逻辑电路如图 6.80 所示。该器件为双二-五-十异步计数器，并且每一计数器均提供一个异步清零端（高电平有效）。

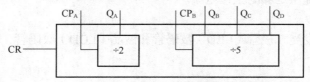

图 6.80　74HC390(1/2)内部逻辑框图

秒个位计数器为十进制计数器，不需进制转换，只需将 Q_A 与 CP_B（下降沿有效）相连即可。CP_A（下降沿有效）与 1Hz 秒输入信号相连，Q_D 可作为向上的进位信号与十位计数器的 CP_A 相连。秒十位计数器为六进制计数器，需要进制转换。将十进制计数器转换为六进制计数器的电路连接方法如图 6.81 所示，其中 Q_C 可作为向上的进位信号与分个位的计数器的 CP_A 相连。

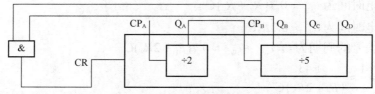

图 6.81　十进制-六进制计数器转换电路

分个位和分十位计数器电路结构分别与秒个位和秒十位计数器电路结构完全相同。

时个位计数器电路结构仍与秒或分个位计数器电路结构相同，但是要求，整个时计数器应为二十四进制计数器，不是 10 的整数倍，因此需将个位和十位计数器合并为一个整体才能进行二十四进制转换。利用 1 片 75HC390 实现二十四进制计数功能的电路如图 6.82 所示。

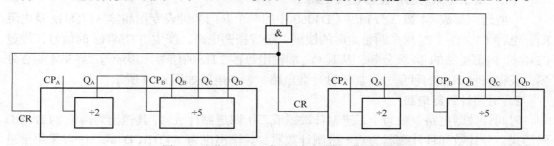

图 6.82　1 片 75HC390 实现二十四进制计数器电路

另外，图 6.82 所示电路中，尚余一个二进制计数器，正好可作为分频器 2Hz 输出信号转化为 1Hz 信号之用。

3. 译码驱动电路

计数器实现了对时间的累计以 8421BCD 码形式输出，为了将计数器输出的 8421BCD 码显示出来，需用译码驱动电路将计数器的输出数码转换为数码显示器件所需要的输出逻辑和一定的电流，一般这种译码器通常称为七段译码显示驱动器。常用的七段译码显示驱动器有 CD4511。

综合计数器电路和译码驱动电路，下面给出十进制、六进制、二十四进制、六十进制计数译码显示器的参考电路。

（1）十进制计数译码显示电路

十进制计数译码显示电路如图 6.83 所示。

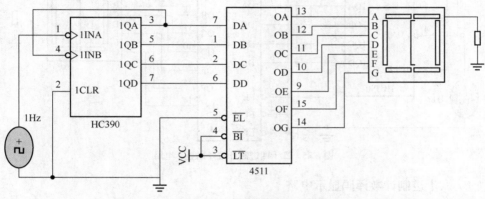

图 6.83　十进制计数译码显示电路

（2）六进制计数译码显示电路

六进制计数译码显示电路如图 6.84 所示。

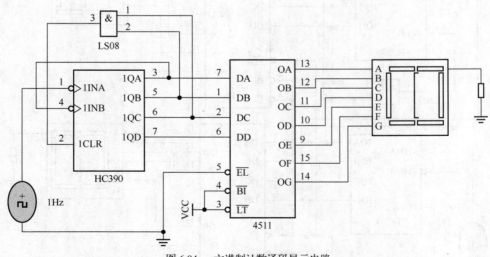

图 6.84　六进制计数译码显示电路

（3）二十四进制计数译码显示电路

二十四进制计数译码显示电路如图 6.85 所示。

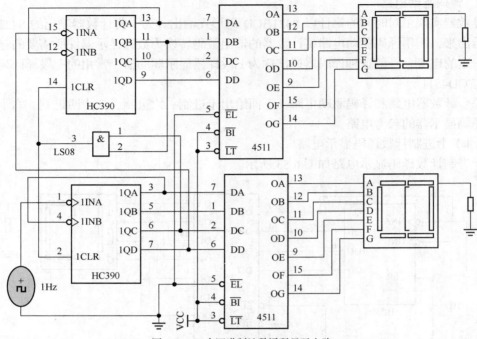

图 6.85　二十四进制计数译码显示电路

（4）六十进制计数译码显示电路

六十进制计数译码显示电路如图 6.86 所示。

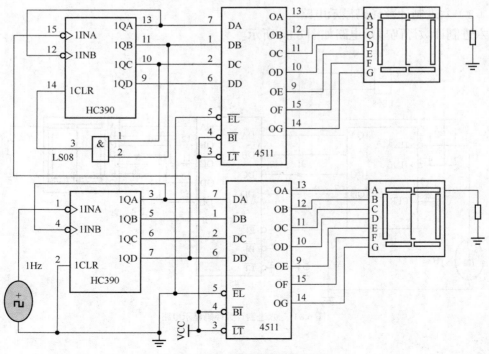

图 6.86　六十进制计数译码显示电路

4. 校时电路

根据要求，数字钟应具有分校正和时校正功能，因此，应截断分个位和时个位的直接计数通路，并采用正常计时信号与校正信号可以随时切换的电路接入其中。图 6.87 所示为用 COMS 与或非门实现的时或分校时电路，图中，In$_1$ 端与低位的进位信号相连；In$_2$ 端与校正信号相连，校正信号可直接取自分频器产生的 1Hz 或 2Hz（不可太高或太低）信号；输出端则与分或时个位计时输入端相连。

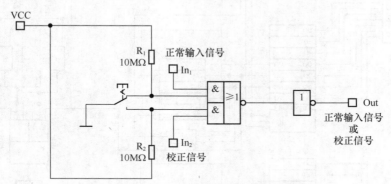

图 6.87　COMS 与或非门实现的时或分校时电路

在图 6.87 中，当开关拨向下时，因为校正信号和 0 相与的输出为 0，而开关的另一端接高电平，正常输入信号可以顺利通过与或门，故校时电路处于正常计时状态；当开关拨向上时，情况正好与上述相反，这时校时电路处于校时状态。显然数字钟需要分校时和时校时电路。

图 6.87 所示校时电路存在开关抖动问题，使电路无法正常工作，因此实际使用时，须对开关的状态进行消除抖动处理。通常采用基本 RS 触发器构成开关消抖动电路图 6.88 所示为带有该电路的校正电路，其中与非门可选为 74HC00 等。

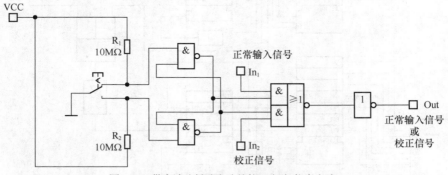

图 6.88　带有消除抖动电路的校正电路(仿真电路)

图 6.89 所示为带校正的数字钟仿真参考电路，时计数为二十四进制，秒信号产生电路用时钟电压源来代替。由于仿真的时间与真实的时间是不一样的，为了加快仿真，时钟电压源的频率设置为 500Hz（实际值应为 1Hz）。数码管旁的 R$_1$、R$_2$、R$_3$ 的阻值，在实际制作中应根据数码管的亮度进行调整。分校正电路使用带有消抖动的电路，时校正电路没有使用带有消抖动的电路，读者根据要求可以加上。

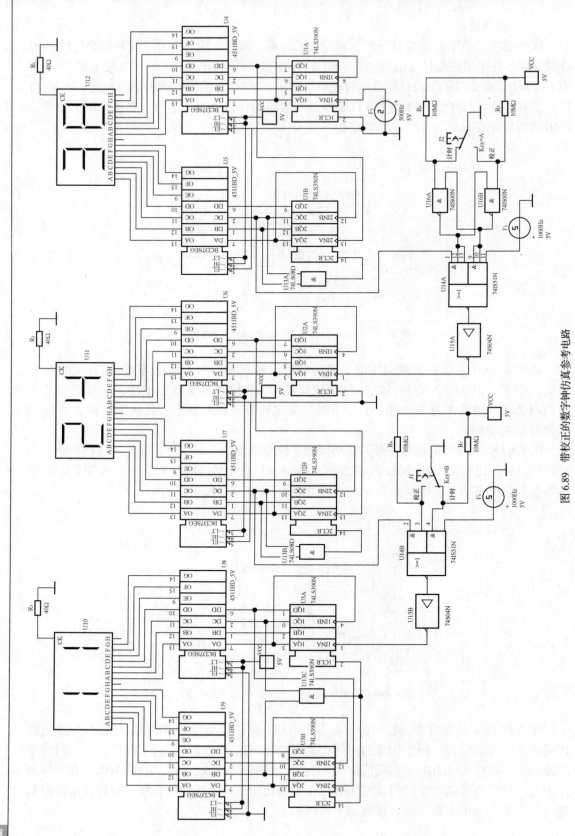

图 6.89　带校正的数字钟仿真参考电路

6.6.3 设计制作数字钟

【做一做】实训 6-15：数字钟的设计与制作

（1）设计要求

① 时间以 12 小时为一个周期。

② 显示时、分、秒。

③ 有校时功能，可以分别对时及分进行单独校时，使其校正到标准时间。

④ 为了保证计时的稳定及准确，须由晶体振荡器提供表针时间基准信号。

（2）实训流程

① 绘制电路原理图或仿真原理图。

② 列出数字钟的元件清单。

③ 对电路进行仿真调试。

④ 完成电路的装配与焊接。

⑤ 对数字钟进行调测，达到设计要求。

⑥ 撰写设计报告。

【练一练】

设计一个电子秒表，要求能显示 0～100s。通过仿真验证所设计电路的正确性。

（提示：可用 3 块 74HC390 计数器、3 块 CD4511 七段译码器、1 块 555 定时器、1 块 74LS00 四 2 输入与非门及电阻、电容等辅助元件。）

习 题

1. 触发器有两个互补输出端 Q、$\overline{Q}$，定义 Q = 1，$\overline{Q}$ = 0 为触发器的_____状态；Q = 0，$\overline{Q}$ = 1 为触发器的_____状态。可见触发器状态是指_____端的状态。因此触发器有_____个稳态。

2. 基本 RS 触发器有_____、_____、_____功能。用与非门组成的基本 RS 触发器在 $\overline{S}_D$ = 1、$\overline{R}_D$ = 0 时，触发器_____；在 $\overline{S}_D$ = 0、$\overline{R}_D$ = 1 时，触发器_____；在 $\overline{S}_D$ = 1、$\overline{R}_D$ = 1 时，触发器_____；在正常工作时，不允许 $\overline{S}_D$ = $\overline{R}_D$ = 0 的信号，即约束条件是_____。

3. 如图 6.90 所示是或非门组成的基本 RS 触发器，当输入信号 R_D、S_D 为以下几种情况，试填写触发器实现的具体功能。

① 当 R_D = 0、S_D = 0 时，触发器实现_____功能。

② 当 R_D = 0、S_D = 1 时，触发器实现_____功能。

③ 当 R_D = 1、S_D = 0 时，触发器实现_____功能。

④ 不允许 R_D=S_D =_____的信号，即约束条件是_____。

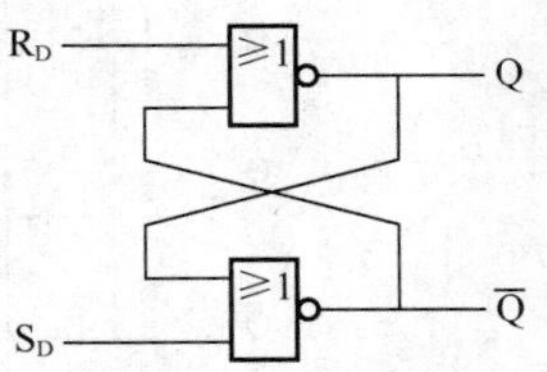

图 6.90 题 3 图

4. JK 触发器具有_____、_____、_____和_____4 项逻辑功能，其特性方程为_____。

5. 按逻辑功能分，触发器主要有_____、_____、_____和_____4

种类型。

6. 触发器的 $\overline{S}_D$ 端、$\overline{R}_D$ 端可以根据需要预先将触发器_____和_____，不受_____的同步控制。

7. 触发器的触发方式主要有_____、_____、_____和_____ 4 种类型。

8. 寄存器是用来存放_____制代码，按其功能可分为_____寄存器和_____寄存器。

9. 数码寄存器一般具有_____、_____、_____ 3 种基本功能。

10. 移位寄存器是一个____步时序电路，具有存放数码功能且还有数码____的功能，即在 CP 作用下，能将其存放的数码依次____移或____移。

11. JK 触发器如图 6.91 所示，若使 $Q^{n+1} = \overline{Q^n}$，则输入信号 $\overline{R}_D$ 应为____，$\overline{S}_D$ 应为____，J 应为____，K 应为____；若使 $Q^{n+1} = 1$，则 J 应为____，K 应为____。

12. 在 RS 触发器中，CP、R、S 端的信号波形如图 6.92 所示，试画出在下列 4 种触发方式情况下的输出波形（设 Q 的初始状态为 0）。

13. 在同步 RS 触发器中，CP、R、S 端的信号波形如图 6.93 所示，试画出输出 Q、$\overline{Q}$ 的波形（设 Q 的初始状态为 0）。

14. 在 D 触发器中，CP、D 端的信号波形如图 6.94 所示，试画出输出 Q、$\overline{Q}$ 的波形（设 Q 的初始状态为 0）。

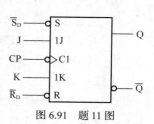

图 6.91　题 11 图

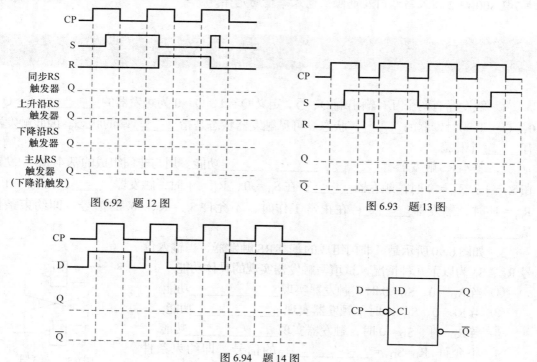

图 6.92　题 12 图　　图 6.93　题 13 图　　图 6.94　题 14 图

15. 在 JK 触发器中，CP、J、K 端的信号波形如图 6.95 所示，试画出输出 Q 的波形（设 Q 的初始状态为 1）。

16. 在 T 触发器中，CP、T 端的信号波形如图 6.96 所示，试画出输出 Q 的波形。

17. 电路及输入波形如图 6.97 所示，触发器初态为 0，试求以下问题。

① 在 CP 脉冲作用下，输入信号 A、B 与输出 Q 的逻辑关系（真值表）。

② 根据 A、B、CP 的波形，画出对应的输出 Q 的波形图。

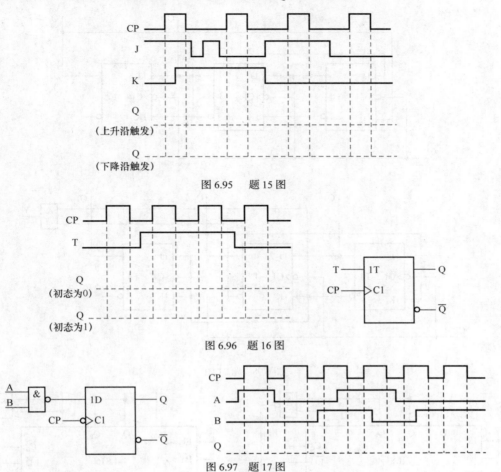

图 6.95 题 15 图

图 6.96 题 16 图

图 6.97 题 17 图

18. 将下降沿触发的 JK 触发器分别接成 3 位二进制异步加法和减法计数器，并分别画出波形图。

19. 将上升沿触发的 D 触发器分别接成 3 位二进制异步加法和减法计数器，并分别画出波形图。

20. 用下降沿触发的 JK 触发器和必要的门电路设计一个异步七进制计数器。

21. 分析图 6.98 所示的时序电路的逻辑功能。

22. 分析图 6.99 所示计数器电路，说明是几进制，并画出计数状态转换图。

23. 试用一片 74LS160 集成同步计数器，分别采用同步置数法和反馈清零法实现七进制计数器。

24. 试用一片 74LS290 集成异步计数器，分别实现 8421 码十进制计数器、六进制计数器。

25. 某药品灌装机械，灌装药片为 80 片一瓶，试利用两片 74LS290 为该机设计一个适合于计 80 片药片的计数器。

26. 试利用两片 74LS160 设计一个六十四进制的计数器。

27. 图 6.100 所示电路是一个由 4 个基本 RS 触发器和门电路组成的双拍接收式 4 位数码寄存器。该数码寄存器必须先清零，再接收。试分析其工作原理。

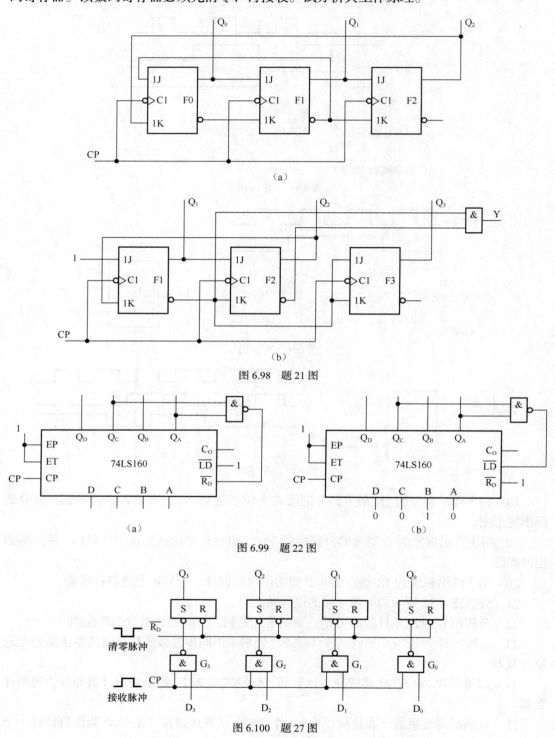

图 6.98　题 21 图

图 6.99　题 22 图

图 6.100　题 27 图

28. 图 6.101 所示电路是一个移位寄存器型计数器。试画出电路的状态转换图，并说明这是几进制计数器，能否自启动。

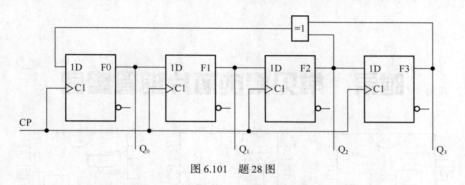

图 6.101　题 28 图

29．图 6.102 所示是一个由 555 定时器构成的防盗报警电路，a、b 两端被一细铜丝接通，此铜丝置于盗窃者必经之路，当盗窃者闯入室内将铜丝碰断后，扬声器即发出报警声。

① 试问 555 定时器接成何种电路？

② 说明本报警电路的工作原理。

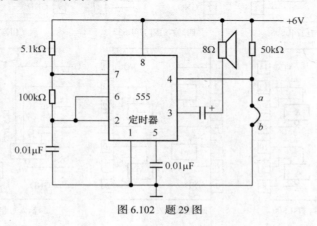

图 6.102　题 29 图

附录 常见集成芯片的管脚图

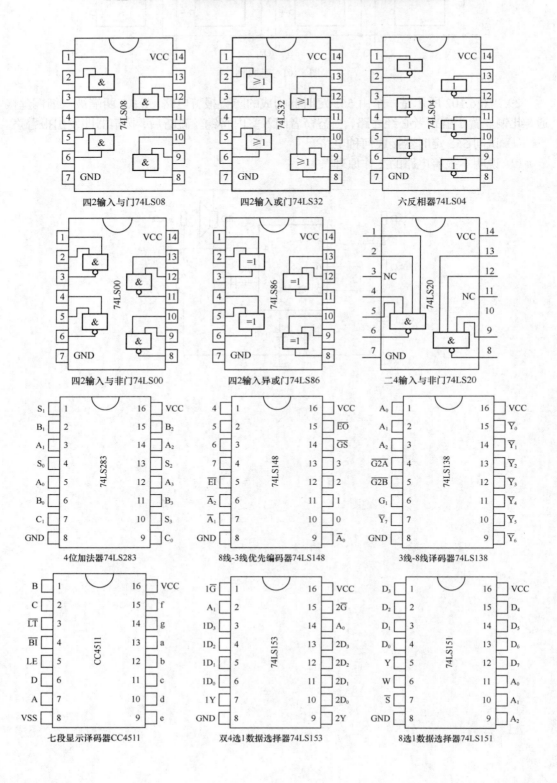

四2输入与门74LS08

四2输入或门74LS32

六反相器74LS04

四2输入与非门74LS00

四2输入异或门74LS86

二4输入与非门74LS20

4位加法器74LS283

8线-3线优先编码器74LS148

3线-8线译码器74LS138

七段显示译码器CC4511

双4选1数据选择器74LS153

8选1数据选择器74LS151

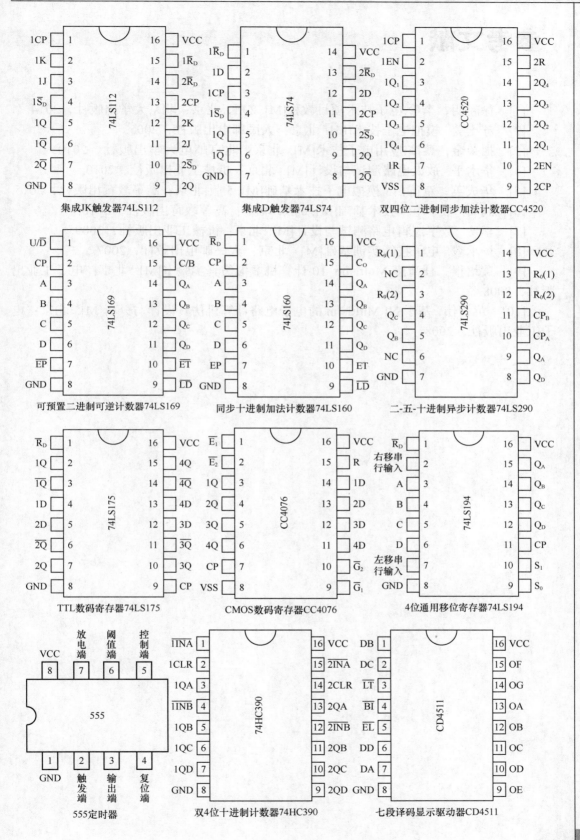

集成JK触发器74LS112

集成D触发器74LS74

双四位二进制同步加法计数器CC4520

可预置二进制可逆计数器74LS169

同步十进制加法计数器74LS160

二-五-十进制异步计数器74LS290

TTL数码寄存器74LS175

CMOS数码寄存器CC4076

4位通用移位寄存器74LS194

555定时器

双4位十进制计数器74HC390

七段译码显示驱动器CD4511

参考文献

[1] 徐超明，李珍.电子技术项目教程[M]. 2 版. 北京：北京大学出版社，2014.

[2] 苏士美. 模拟电子技术[M]. 北京：人民邮电出版社，2005.

[3] 揭荣金，蔡滨.应用电子技术[M]. 北京：北京邮电大学出版社，2010.

[4] 华水平. 放大电路测试与设计[M]. 北京：机械工业出版社，2010.

[5] 华成英，童诗白. 模拟电子技术基础[M]. 5 版.北京：高等教育出版社，2015.

[6] 阎石. 数字电子技术基础[M]. 6 版. 北京：高等教育出版社，2016.

[7] 李玲. 数字逻辑电路测试与设计[M]. 北京：机械工业出版社，2009.

[8] 杨承毅. 电子技能实训基础[M]. 北京：人民邮电出版社，2007.

[9] 黄培根，任清褒.Multisim 10 计算机虚拟仿真实验室[M]. 北京：电子工业出版社，2008.

[10] 黄智伟. 基于 NI Multisim 的电子电路计算机仿真设计与分析[M]. 北京：电子工业出版社，2008.